사고조사 개론

권영국

사고조사 개론

권영국

도서출판 디자인21

머리말

이 교재는 미국 에너지부의 사고조사 매뉴얼의 핵심을 번역 정리한 내용이 가장 중점 내용이다. 실제 대한민국의 많은 회사들이 사고조사 매뉴얼 하나 없는 실정을 감안하여 최소한 이 정도의 내용만이라도 회사에서 알고 대비를 할 수가 있다면 많은 사고를 체계적으로 조사할 수 있으리라는 희망으로 집필하게 되었다. 대학원에서 이런 내용을 기본으로 거의 10년 이상을 강의하면서 정리된 내용들을 중심으로 정리하였다.

여기에 추가로 사고조사에 대한 이해를 돕기 위해서 홀라겐 교수의 장벽과 사고예방(2014)의 핵심내용도 정리하여 Safety I과 Safety II의 개념을 전반적인 안전의 관점에서 이해하기 쉽도록 요약하였다. 원서인데다가 철학적 질문이 많아서 정리가 좀 어렵게 된 것은 같지만 다른데서는 찾을 수 없는 내용이라 참고의 목적으로 사용하면 좋을 것같다. 그리고 사고 예방 기술이라는 원서의 핵심 내용도 정리하여 안전과 사고 예방의 개념을 이해하는 데에 도움이 되도록 노력하였다.

Safety I의 방법이지만 근본원인분석과 보우타이 분석방법의 사용에 대해서도 간략히 소개하였다. Safety II가 만능은 아니므로 상황에 맞는 사고조사 분석방법을 사용하는 지혜를 가지기를 권한다. 보우타이 선도는 사고의 전체 그림을 보는 데에 유용하므로 시작은 이것으로 한다면 기업의 사고조사에 많은 도움이 되리라고 생각한다.

책의 말미에는 HFACS, STAMP, AcciMap, FRAM 등에 대해서도 간략히 소개하였다. 자세히는 아니지만 개념을 잡는 정도로 서술하였다. 책의 뒷부분에 여러 사례에 대한 FRAM 분석 예제를 수록해 두었으니 따라서 분석해 보고, 예제처럼 엑셀로 사건(또는 성공 이벤트)의 중요 기능을 정리하고, 6대 측면 특성을 정의한 후에, FRAM 프로그램을 실행하여 이것을 그대로 입력해 본다면 그렇게 어렵지 않게 분석이 가능할 것으로 생각한다.

부록에는 제자들의 석사와 박사 논문을 지도하면서, 이 정도는 여러분들도 알아두면 연구와 학습에 도움이 되리라고 추정이 되어 제자들의 논문에 사용된 핵심 설문 내용과 개발한 HFACS의 수정방법인 HFACS-OGAPI 방법도 제시하였으니, 다른 대학원생들이 검증하고 활용할 수 있기를 바라는 마음으로 핵심을 정리하여 수록하였다. 그리고 마지막 부분은 올해에 졸업하는 석사의 논문에서 홀라겐 교수의 4대 역량을 군대에 적용하여 응용한 설문지를 제시하였으니 이를 토대로 여러분들도 여러분의 직종에 맞게 4대 역량을 수정하여 사용해 보기를 권한다.

마지막으로 홀라겐 교수의 FRAM을 적용하여 분석하는 방법이 어렵다고 많은 대학원 학생들과 일반인들이 불평하였다. 그래서 전체 개요를 엑셀 1장으로 정리해서 이것을 FRAM 모델 프로그램에 적용하여 사용하는 예제를 최대한 많이 제시하였다. 홀라겐 교수의 저서에 나오는 예제는 엑셀을 이용한 쉬운 방법으로 재해석하였다. 이를 반복 학습한다면 여러분들도 쉽게 FRAM 분석을 할 수 있으리라 믿으면서 세상에 이 저서를 선보인다. 최대한 많은 사람들이 읽고 도움을 받을 수 있으면 좋겠다.

먹골역 사무실에서

저자 권영국

차례

04장 사고 예방 기술(Accident/Incident Prevention Technique)/119

05장 장벽과 사고 예방(Barriers & Accident Prevention)/173

06장 사고조사 방법론의 소개/203

07장 HFACS의 소개/207

08장 AcciMap의 소개/217

09장 STAMP의 소개/223

10장 FRAM의 소개/235

11장 사건 원인요인(ECF) 차트의 작성/247

12장 안전탄력성(Resilience) 공학과 안전 2(Safety II)의 소개 / 257

13장 FARM 방법에 대한 쉬운 작성법의 소개/263

14장 근본원인분석(RCA) 방법의 소개/297

01장
미국 에너지부(DOE)의 사고 예방 및 조사 프로그램

1.1 사고조사 기법의 소개

중대 재해를 감소하기 위해 하나의 방법은 과거의 사고조사를 통해 체계적인 사고조사를 하는 방법이 있다. 먼저 사고의 정의와 사고 발생 과정과 모델들을 살펴보면서 사고조사를 효과적으로 하는 방법들을 알아보도록 하자.

사고는 인간이 통제할 수 없는 현상으로 여겨졌고, 19세기 산업화는 석탄, 탄화수소, 수력 등 다양한 에너지원을 생산 목적으로 이용하였다. 사고를 산업 시스템의 에너지 측면에서 통제력 부족이나 상실로 개인 상해, 환경 훼손, 물질적 자산 손실이 발생하는 사건으로 분석된다. 산업재해, 환경적 물적 큰 피해를 초래하는 대형 사고도 이와 같은 방식으로 분석할 수 있다.

1.1.1 사고의 정의

사고란 원하지 않거나 바람직하지 않은 결과를 초래하는 예상치 못한 사건을 말한다.

① 원치 않는 결과 - 인적, 재산, 생산 또는 내재적 가치가 있는 거의 모든 것에 대한 피해나 손실이 포함될 수 있다.

② 손실 - 높은 생산 비용, 효율성 감소, 직원 사기 감소 및 불리한 여론의 장기적인 영향을 통해 조직의 운영비용이 증가한다.

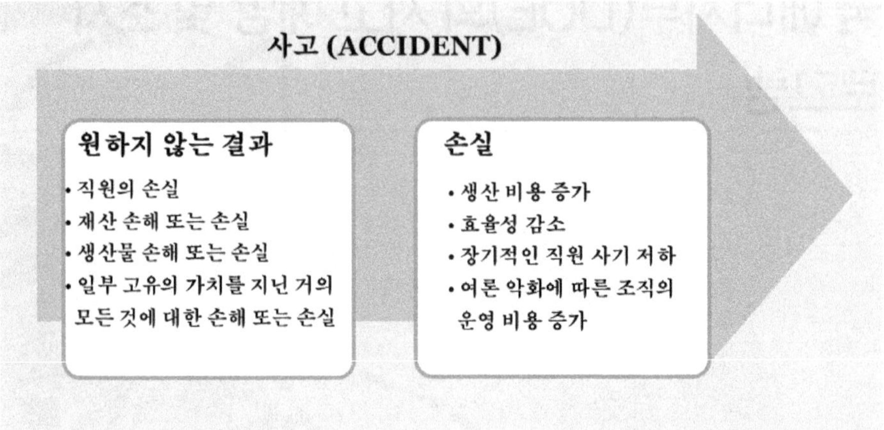

1.1.2 사고원인의 이해

사고조사를 수행하는 이유는 이를 내버려 두면 발생할 수 있는 미래의 사고 또는 허용할 수 없는 업무 중단이 발생하기 때문이다.

1.1.3 사고 모형 – 기본 이해

사고 모형은 사고가 어떻게 일어났는지 이해하려고 노력할 때 사용되는 기준 또는 사고에 대한 정형화된 사고방식이다. 사고를 이해하고 분석할 때 조사관들이 찾는 것은 사고의 발생 원인이다.

사고 모형은 관계를 설명할 방법을 제안하기 때문에 매우 유용하다. 그러나 모형은 다른 관점을 배제하고 특정한 방식으로 사고를 보기 때문에 보는 관점이 제한적일 수 있다는 것도 이해해야 한다.

사고 조사를 수행하는 근거
지침 개념의 4가지 요약

인간의 실수는 개인으로부터 나오는 것이 아니라 조직 문화와 전략적 의사 결정과 정의 복잡성에 기초하여 만들어진 현재의 잠재적 조건의 부산물이나 증상이다.

사고의 발생은 조직의 복잡성에서 발생하며, 시스템의 장벽네트워크를 극복하기 위해 많은 요소를 고려하고 위험이 발생할 수 있는 위험 원인을 차단한다.

조사를 위해서는 시스템의 안전에 가장 위협이 될 수 있는 종류의 잠재적 조건을 포함 하는 설계, 구성, 운영, 유지보수, 커뮤니케이션, 선택 및 훈련, 감독 그리고 관리와 같은 기본적인 조직 프로세스를 깊이 고려해야 한다.

시스템 및 조직의 복잡성은 모든 문제가 한번에 해결될 수 있는 것이 아니라는 것을 의미한다. 따라서 조사관들은 가장 시급한 관심이 필요한 잠재적인 상황들을 파악하여 이를 시정할 수 있도록 관리자들이 볼 수 있도록 해야한다.

3 가지 사고 모형

순차적 모형 → 역학적 모형 → 비선형 모형

1.1.3.1 사건 연쇄(sequence) 모형

일련의 사건/상황이 특정하고 인지할 수 있는 순서로 발생하는 자연적인 결과를 볼 수 있는 단순하고 선형적인 인과관계 모형이다.

모형을 연속으로 쓰러지는 도미노로 표현할 수 있다. 이러한 모형에서, 사고는 도미노를 제거하거나, 사이에 장애물을 놓음으로써 예방할 수가 있다. 장비 고장을 분석할 때 인과관계가 발견될 수 있지만 사고의 인간적 또는 조직적 측면을 다룰 때 인과관계는 약하다.

예를 들어, 시간 압박 때문에 근로자가 지름길을 이용한다고 주장하더라도, 근로자들이 시간 압박감을 받더라도 항상 지름길을 이용하지는 않는다.

1.1.3.2 역학적 (잠재적) 실패 모형

사고는 능동적 결함 (안전하지 않은 행동)과 잠재적인 조건 (안전하지 않은 조건)의 결과로 나타난다. 제임스 리즌은 안전하지 않은 행동 때문에 유발될 때까지 휴면 상태에 있는 인체의 병원체에 잠복 조건을 비유하는 의료적 은유를 사용한 역학 모형을 제시하였다. 제임스 리즌의 스위스 치즈 모형은 역학 모형의 한 예이다.

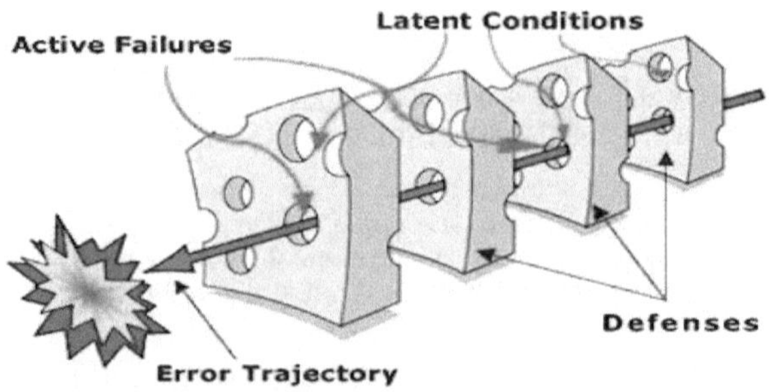

1.1.4 원인과 효과 관계 (Cause and Effect Relationships)

조사의 가장 중요한 목적으로 인정되지만, 원인 규명은 쉬운 문제가 아니다. 인과관계(인과 영향 관계)가 실제 존재하지 않는 경우도 종종 만들어지므로 사고조사 방법과 인과관계가 어떻게 결정되는지, 진정한 인과관계에 대한 요건을 자세히 살펴볼 필요가 있다.

역학 모형과 순차적 모형의 4가지 차이점

- 성능 편차 - 안전하지 않은 행동의 개념은 인간의 실수와 동의어에서 예상되는 성과에서 벗어나는 개념으로 바뀌었다.
- 조건 - 성능 편차로 이어지는 기여 요인을 고려하여 작업자로부터 업스트림 분석을 유도하고 공정 편차를 측정한다.
- 장벽 - 사고 발생의 모든 단계에서 장벽/방어 장치 고려.
- 잠재 조건 - 인식할 수 있는 사고 결과가 있기 전에 시스템 내에 존재하는 잠복 /휴면 상태의 도입

1.1.4.1 조사 검토

사고가 어떻게 조사되는지에 대한 가장 좋은 비유는 단순 미로이다. 대부분 미로는 시작으로부터 끝이 어려운 작업이 되도록 고안되었지만, 끝에서부터 시작으로는 비교적 간

단하게 파악된다. 미로처럼 사고조사도 작업자들에 대해 불확실한 것도 조사관이 사건을 뒤에서 거꾸로 본다면 분명해진다(hindsight bias). 거꾸로 뒤를 바라보았을 때의 문제는 조사관들이 논리적으로 타당하지 않은 경험에 의한 추측과 직관적인 판단, 상식에 기반한 결론을 도출하려는 경향이 있다.

1.1.4.2 원인과 효과 (Cause and Effect) 추정

원인과 효과의 관계는 일반적으로 관찰로부터 추론되지만, 직접 관찰할 수 있는 것은 아니다. 관찰자는 원인을 반복적으로 관찰한 후 결과는 원인에 의한 지속적이고 변함없는 반복인 경우, 실제 원인과 영향 관계를 설정하는 효과라는 결론을 내린다.

1.1.4.3 원인 및 효과 관계의 설정

실제 원인 및 효과 관계는 다음 요구사항을 충족해야 한다. 요구사항은 사고조사에서 확인된 원인의 대부분을 무효로 하는 것이다. 예를 들어, 부적절한 감독으로 인해 항상 사고가 발생하지 않기 때문에 "부적절한 감독으로 인한 사고"와 같은 원인 진술은 유효하지 않다.

원인을 사전에 조사.
원인과 결과는 같은 원인이 항상 동일한 결과를 갖도록 그들 사이에 필요하고 지속적인 연결이 되어야 함.

1.1.4.4 원인에 대한 순환 논법

부적절한 감독으로 인한 사고와 같은 예를 순환 논법이라고 한다. 감독자가 부재할 때마다 사고가 발생하지 않는다는 것은 명백한 사실이지만, 사고 당시 감독자가 존재하지 않았다는 사실은 기여 요인으로 식별될 수 있다. 순환 논법은 일반적으로 부적절하고, 불충분하며, 이와 같은 부정적인 기술어의 사용으로 입증된다. 사고조사위원회는 이러한 유형의 언어를 제거하고 사실을 진술해야 한다.

1.1.4.5 조건 법적 진술

미로는 여러 경로와 근로자에게 알려지지 않은 결과가 있는 복잡한 것이지만, 원인을 사전에 조사하여, 원인과 결과는 같은 원인이 항상 같은 결과를 갖도록 그들 사이에 필요하고 지속적인 연결이 되어야 한다.

조사관은 미로를 통해 근로자 경로를 쉽게 돌아보고 사고를 피한 경로가 아닌 사고로 이어지는 경로를 어디에서 선택했는지 확인할 수 있다. 그 결과는 사고를 피하고자 사람들이 해야 할 일이 무엇인지에 대한 반증이다.

1.1.5. 인간 성과 고려사항 (Human Performance Considerations)

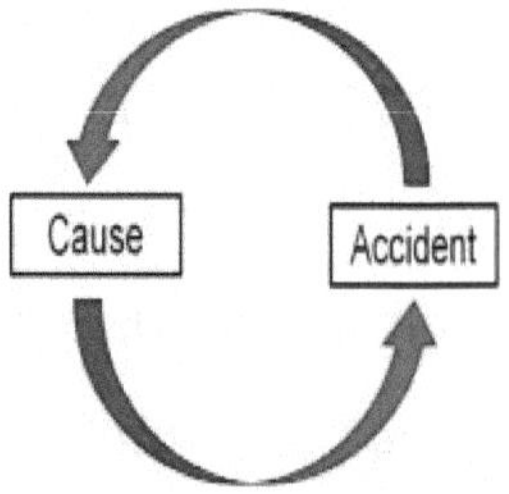

사고조사에 있어 인간 성과(human performance)를 이해하는 것이 중요하다. 운영을 개선하고 솔루션을 제공하기 위해 사람들의 행동을 파악하는 것이 중요하다.

국제원자력기구(IAEA)의 안전문화 성숙도 모델은 사고조사의 인간 성과 측면을 더욱 잘 이해할 수 있는 기반을 제공한다.

① 규칙 기반 - 안전은 규칙 및 규정에 기초한다. 실수하는 근로자들은 규칙을 지키지 않은 것에 대해 비난을 받는다.

② 목표 기반 - 안전은 조직의 목표(실수에 대한 경영진의 대응)가 된다.

③ 개선 기반 -지속적인 개선의 개념을 안전에 적용한다. 거의 모든 실수는 공정의 변동성 측면에서 볼 수 있으며, 비난할 사람을 찾는 것보다 무슨 일이 일어났는지 이해하는 데 중점을 두고 있으며, 근본적인 요인을 수정하기 위한 표적형 대응에도 중점을 둔다.

1.1.5.1 썩은 사과(Bad Apples) 이론

사람들이 일하는 시스템은 기본적으로 안전하지만, 작업자의 실수로 인해 사고가 발생한다는 믿음(나쁜 사과 이론)이 있다. 이 신념에 근거한 조사는 근로자가 절차를 준수하지 않는다는 결론에 초점을 맞춘다. 사후확신 편향 (Hindsight Bias)는 쉽게 특정 근로자를 비난하고(Easy to blame worker), 빨리 문제를 표면적으로 해결하는 땜질식 처방을 내린다(quick fix problem). 근로자의 위반이나 실수를 관찰하지 않은 감독자의 감독 미흡을 사고의 주요 원인으로 몰아가게 된다.

썩은 사과 이론은 사람들이 일하는 시스템이 기본적으로 안전하고 작업자 실수가 사고의 원인으로 여겨진다는 믿음에 근거한다. 이 신념에 근거한 조사는 근로자의 잘못된 결정이나 부적절한 행동 및 서면 지침으로부터의 이탈에 중점을 두어 근로자가 절차를 준수하지 않았다는 결론에 초점을 맞춘다. 감독자의 역할은 규칙을 시행하는 것으로 보기 때문에 조사는 종종 감독 활동에 초점을 맞추고 감독자가 근로자의 성과를 적절하게 감독하지 못하고 미준수 행동을 바로잡지 않았다고 결론을 내리게 된다.

1.1.5.2 인간 성과 모델 – 인지 요구 (Human Performance Modes – Cognitive Demands)

사람은 실수한다. 인간성능 개선의 첫 번째 원칙이며, 사고 조사관은 실수에 대한 적절한 대응을 판단하기 위해 실수의 성격을 이해해야 한다. 라스무센(Jen Rasmussen)은 산업 업무와 관련된 3가지 정보 처리 유형(SRK mode)의 분류를 개발하였다.

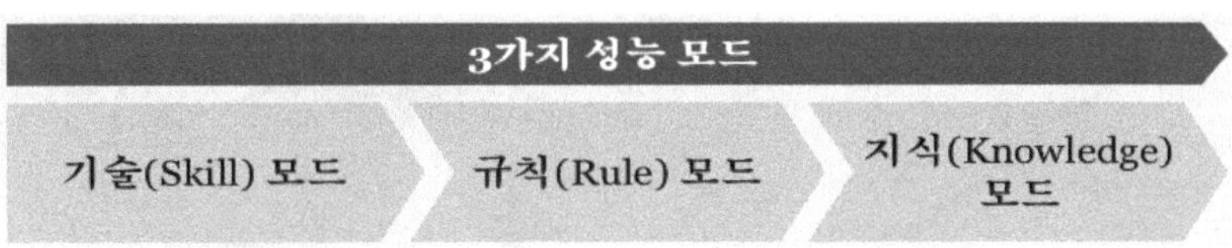

1.1.5.3 인간의 수행 모드 – 인지적 요구

① 기술(Skill) 모드의 오류는 보통 주의력이나 집중력의 정신적인 실수와 결점을 포함한다.

② 규칙(Rule) 모드는 오류율이 높으므로 근로자가 변경 사항에 동화하고 기술 모드로 돌아올 때까지 오류 및 사고가 증가하는 결과가 발생한다.

③ 지식(Knowledge) 모드는 근로자에 대한 시스템의 이해가 부적절한 경우 지식 모드에서 발생한 오류에 대해서 교육이 적절할 수 있다. 그러나 이 문제는 부적절한 지식보다는 사건 중 의사소통 및 문제 해결과 같은 문제일 수 있다.

1.1.5.4 오류 선행 인자

현대 안전 과학에서 실수의 개념은 단순히 의도하지 않은 결과가 인간의 수행 중에 발생했을 때이다. 연구에서 여러 요소가 함께 존재하면 오류 가능성이 커진다는 사실이 입증되었다. 이러한 요소는 오류 선행 인자라고 할 수 있다. TWIN (The Task, Work Environment, Individual Capabilities and Human Nature) 모델은 조사를 위한 유용한 진단 도구이다.

1.1.6 잠복 조건에서 활성 장애(active failure)까지

전략 결정, 일반 조직 프로세스 예측, 예산, 자원 배분, 계획, 스케줄링, 의사소통, 관리, 감사 등의 프로세스는 기업문화 또는 조직의 업무수행 방식에 관한 암묵적인 태도와 법에 따라 모양이 결정된다. 이러한 요인들은 복잡한 시스템에 항상 존재하는 "잠재적 조건(latent condition)"을 만드는 관리 의사결정 프로세스에 편향을 초래한다.

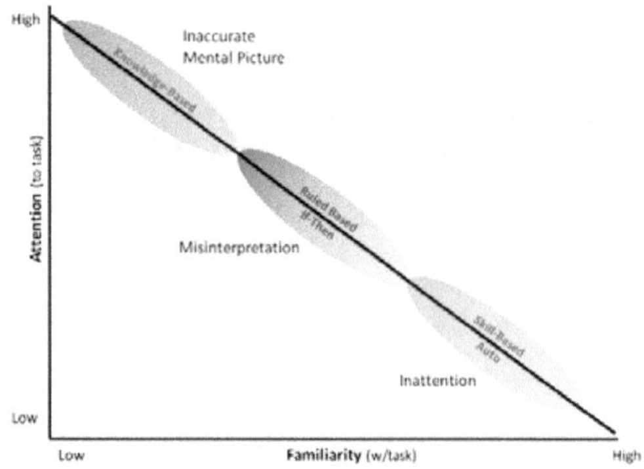

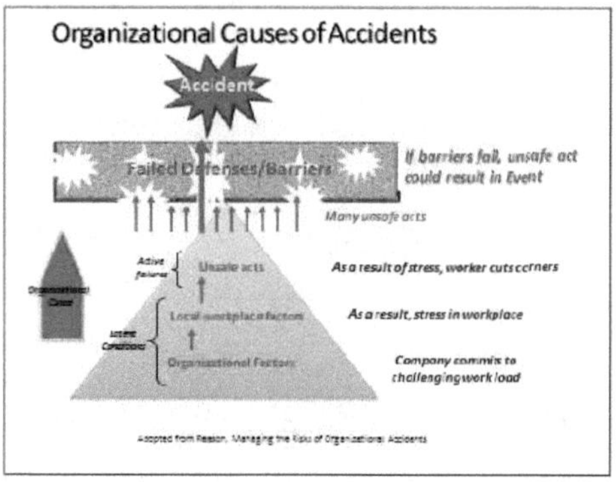

1.1.7 안전한 작업 수행(Doing Work Safely) – 안전경영시스템 (SMS)

안전 경영시스템은 안전을 조직의 업무수행 일부로서 통합하기 위해 개발되었다. 위험관리에 대한 품질 관리적 접근법(ISO 45001)이다. 시스템은 조직의 목표에 맞게 자산을 계획, 구성 지시 및 관리하는 작업 포함한다. 미국 에너지부(DOE)에서 사용하는 포괄적 관리시스템을 통합 안전관리 시스템 (ISMS: Integrated Safety Management System)

이라 한다.

1.1.7.1 안전경영시스템(SMS)의 일곱 가지 원칙

① Line Management 안전관리 책임 - 작업자, 대중, 환경 보호에 대한 직접적 책임

② 명확한 역할과 책임 - 안전이 수립되고 보장함을 위한 임직원들의 R&R

③ 책임에 상응하는 능력 - 주어진 R&R을 수행하기 위한 지식, 경험, 기술이 필요

④ 균형 잡힌 우선순위 - 자원의 배분

⑤ 안전 표준 및 요구사항 식별 - 작업 전 위험성 평가 시행 및 안전 작업절차들이 안전함을 보장해야 함

⑥ 수행되는 작업에 맞게 조정된 위험 관리 방법 - 관리/공학 통제는 사고 예방을 위해 수행되는 작업에 맞게 조정되어야 함

⑦ 작업 인증 - 작업 시작 전 충족되어야 할 조건과 요구사항은 수립되어야 한다.

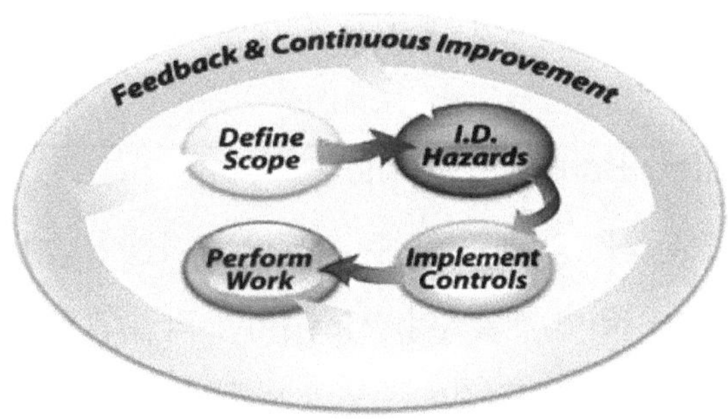

<그림 1.1> DOE의 통합 안전관리 체계의 핵심 5가지 요소

1.1.7.2 안전 장벽(Safety Barrier)의 역할

위험으로부터 사람들을 보호하기 위해 통제 장치 또는 장벽을 사용하는 것이 안전관리의 핵심 원칙이다. 장벽들이 그 임무를 수행하지 못할 경우, 원치 않는 에너지가 흐르게 되어 사고나 기타 불리한 결과를 초래할 수 있다.

방벽의 사용 목적은 위험을 억제 또는 격리이다. 예방 장벽은 인간의 행위, 장비 성능 저하, 자연 현상에 의한 위험 방출을 방지하기 위한 것이다.

완화 장벽은 위험한 에너지를 방출, 차단, 전환 또는 소멸 시 사용한다. 직원, 지역사회에 부정적 영향을 주지 않는다. 예를 들어, 위험으로부터의 떨어지는 것이 일반적인 방법이다.

장벽의 두 가지 목적은 아래와 같다.

- 에너지의 방출 방지
- 에너지가 방출되는 경우 피해 최소화

에너지의 예로는 화학, 전기, 기계, 위치, 전자기, 열, 방사선 등이 있다.

모든 장벽은 같지 않고, 수행 능력이 크게 다르다.

장벽 선택 시 고려해야 할 특성

- 효과성 : 의도된 목적을 얼마나 잘 충족 시키는가?
- 가용성 : 장벽이 필요할 때 작동 할 것이라는 확신
- 평가 : 장벽이 의도 한 대로 작동하는지를 쉽게 판단하는 방법
- 해석 : 장벽이 목적을 달성하기 위해 인간에 의한 해석에 의존하는 정도

1.1.7.3 안전 분석(Safety Barrier Analysis)

장벽분석은 위험이 모든 사고와 관련된다는 전제에 근거한다. 장벽들은 위험 요소로부터 직원과 장비를 보호하기 위해 개발되어, 시스템이나 작업 프로세스에 통합되어 있다.

하지만, 기술적 시스템의 설계가 적절한 장벽의 미제공, 작업 설계에 적절한 장벽의 사용 미지정, 장애물이 동작에 실패하였을 때 사고가 발생한다.

장벽분석은 다음을 다룬다.

- 제자리에 있고, 수행된 장벽
- 제자리에 있었지만 사용되지 않은 장벽
- 제자리에 없었지만, 필수적이었던 장벽
- 존재하거나 강화된 장벽이 있다면, 동종재해나 유사 사고가 발생하는 것을 예방.

1.1.7.4 장벽의 분류

장벽은 비용/신뢰성 계층 구조와 기능에 따라 분류한다.

1.1.7.4.1 물리적 또는 공학적 장벽

에너지나 인원이 위험에 접근하는 것을 방지하기 위해 건설되거나 때로는 자연적으로 존재하는 구조물이다. 설계 및 구축에 투자해야 하며 유지 및 업데이트 비용이 필요하다. 예를 들어, 다층 사다리 주위의 보호울, 플랫폼의 보호 레일, 바리케이드 등이다.

1.1.7.4.2 관리 또는 관리 정책 장벽

규칙, 절차, 정책, 교육, 작업계획 등이다. 이 장벽은 자본 투자는 적지만 해당 관리 방법의 적절성과 적합성을 보장하기 위한 개발, 검토, 업데이트, 교육, 의사소통에 비용이 발생한다. 예를 들어, 다층 사다리를 오르는 동안 안전벨트를 사용하기 위한 요구사항, 절차, 또는 절차 미이행 시 조치 방안 등이다.

1.1.7.4.3 개인 지식 또는 기술 장벽

기본 학습, 교훈, 지식, 상식, 생활 경험 및 교육 등이다. 업무에 사용되는 자격을 갖춘 직원의 선별 및 선발 과정을 제외하고는 투자가 필요 없다. 예를 들어 한 손에 도구를 들고서 사다리를 오르지 않겠다는 결정이다. 행정 관리 방법의 하나를 위반하지 않겠다는 결정이며, 위험한 상황을 인식하는 것이다.

TWIN 분석 모형
(인적 성능 오류 처리기)

업무 요구	개인 능력
시간 압박(바쁨)	작업에 익숙하지 않음 / 처음
높은 작업량 (대용량 메모리)	지식의 부족 (잘못된 정신 모델)
동시에 여러 동작	전에 사용되지 않은 새로운 기술
반복적 인 행동 / 단조 로움	부정확 한 의사 소통 습관
돌이킬 수없는 행동	숙달 / 경험 부족
통역 요구 사항	불명료 한 문제 해결 기술
불명확 한 목표, 역할 또는 책임	안전하지 않은 태도
표준의 부족 또는 불명확	병이나 피로; 일반적인 건강 또는 부상
업무 환경	인간성
산만 / 중단	스트레스
변경 / 일상적인 출국	습관 패턴
혼란스러운 디스플레이 또는 컨트롤	가정
해결 방법	자만 / 과신
숨겨진 시스템 / 장비 응답	사고 방식 (의도)
예기치 않은 장비 조건	부정확 한 위험 인식
대체 표시 부족	정신적 지름길이나 편견
인격 충돌	제한된 단기 메모리

TWIN Analysis Matrix

(Human Performance Error Precursors)

Task Demands	Individual Capabilities
Time Pressure (in a hurry)	Unfamiliarity with task / First time
High workload (large memory)	Lack of knowledge (faulty mental model)
Simultaneous, multiple actions	New techniques not used before
Repetitive actions / Monotony	Imprecise communication habits
Irreversible actions	Lack of proficiency / Inexperience
Interpretation requirements	Indistinct problem-solving skills
Unclear goals, roles, or responsibilities	Unsafe attitudes
Lack of or unclear standards	Illness or fatigue; general poor health or injury
Work Environment	**Human Nature**
Distractions / Interruptions	Stress
Changes / Departure from routine	Habit patterns
Confusing displays or controls	Assumptions
Work-arounds	Complacency / Overconfidence
Hidden system / equipment response	Mind-set (intentions)
Unexpected equipment conditions	Inaccurate risk perception
Lack of alternative indication	Mental shortcuts or biases
Personality conflict	Limited short-term memory

Figure 1-3: Error Precursors

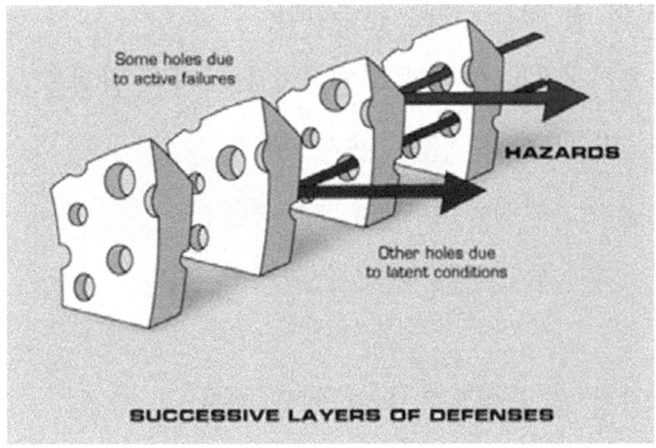

<그림 1.2> 스위스 치즈 모델

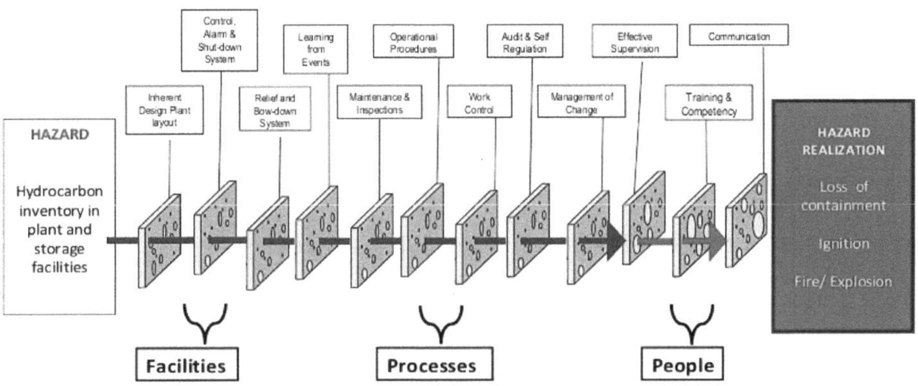

<그림 1.3> 다중 스위스 치즈 모델

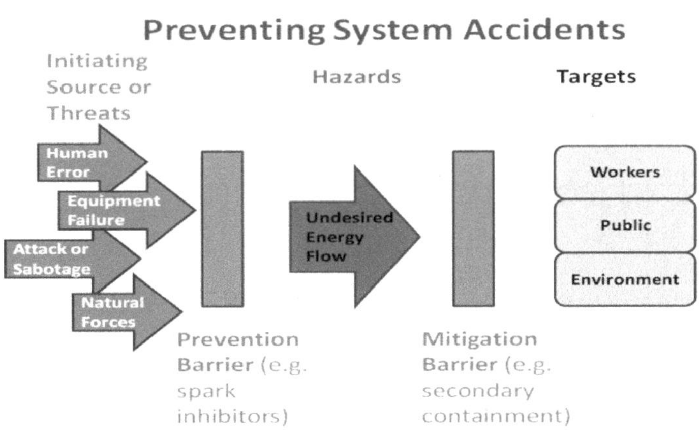

<그림 1.4> 안전장벽(barriers)과 사고 동역학(dynamics)

* 기능에 따라 물리적 및 기능적으로 분류한다.

① 물리적 분류 - 물리적으로 행동이 수행되거나 사건의 발생을 방지

- 포함 또는 보호 : 벽, 울타리, 난간, 용기, 탱크
- 운동 억제 또는 방지 : 안전벨트, 장치, 케이지
- 분리 또는 보호 : 부서지기 쉬운 구역, 스크러버, 필터

② 기능적 분류 - 사전 조건 사용을 통한 행동 지연

- 이동 / 작업 방지 (하드) : 잠금장치, 인터로크, 장치 정렬
- 움직임 / 행동 방지 (소프트) : 암호, 항목 코드, 팜 리더
- 행동 지연 : 지연, 거리 (한 사람이 도달하기에는 너무 먼 거리)
- 에너지 소모 / 소화 : 에어백, 스프링클러

1.1.7.5 장벽의 분류

기호화 분류는 목적을 달성하기 위해 해석 행위가 필요하다.

- 대처 / 방지 조치 : 경계, 표지판, 라벨, 경고
- 규제 행동 : 지침, 절차, 대화 (업무 시작 전 요약)
- 시스템 상태 표시 : 신호, 경고, 경보
- 허가 / 승인 : 허가, 작업지시

무형의 분류는 목적을 달성하기 위해 지식의 해석이 필요하다.

- 프로세스 : 규칙, 제한, 지침, 법률, 교육
- 준수/준수 : 자기 구속, 윤리적 규범, 도덕, 사회적/집단 압력

심층 방어 (defense-in-depth)란 시스템 장애 또는 사고의 위험을 줄이기 위하여 단일 계층에서 파악된 약점 또는 결함을 수정하기 위한 다중 계층 장벽 시스템이다.

복수의 장벽이 동시에 실패하거나, 불량한 장벽 개념이나 실행, 또는 장벽의 연속적인 기능 하락을 초래하는 기간 등과 같은 것들로부터 시스템을 보호하는 요구사항을 포함해

야 한다. 심층 방어는 가장 신뢰할 수 있고 가장 비용이 많이 드는 방어법이다.

위험 관리 분석은 위험 노출 시나리오의 확률 및 결과에 따라 관리 방법 안정성 및 투자 수준에 대한 근거를 결정한다. 사고 발생빈도와 강도가 낮은 경우, 심층 방어 설계를 위한 투자는 부적절하다. 여러 장벽 층을 추가하면 더 큰 신뢰도를 추가하는 것처럼 보일 수 있지만, 여러 층으로 인해 만족도가 낮아지고, 개별 장벽 계층을 사용하고 유지하는 기능이 저하될 수 있다.

장벽들의 약점들이 단계적으로 배열될 때 사고가 발생한다. 예를 들어, 자격이 없는 작업자가 의도하지 않게 관리 통제를 위반하고, 마모된 물리적 장벽을 제거하여 사고를 유발한다. 안전장벽 관리를 효과적으로 운영하면, 연속적인 사건을 끊을 수 있어 사고를 예방할 수 있다.

심층 방어의 실패 조사 시 연속적인 장벽, 선행조건을 형성하는 개별적인 결정, 그리고 최종 행동의 계기가 되도록 초래하는 일련의 행동들을 면밀하게 살펴보아야 한다.

1.1.8 사고유형/ 개인과 시스템

에너지부(DOE)가 피하고자 하는 두 가지 기본적인 유형의 사고는 개인과 시스템 사고이다. 대형 사고의 인과 요인으로 개인과 시스템안전 사이의 혼란이 자주 언급된다. ISMS 틀에서 개별사고는 5대 핵심 기능 수준의 고장과 가장 관련되는 경우가 많다. 시스템 사고는 의사결정, 자원 배분 및 문화 요인을 포함하는 원칙 수준의 실패를 수반한다. 이는 조직의 집중력과 자원을 안전한 업무수행에서 벗어나 비용이나 일정에 대한 집중을 해칠 수 있다.

1.1.8.1 개인사고

개인사고 - 작업자가 작업 위험으로부터 보호받지 못하고 다치는 사고가 발생한다.

개인사고 예방의 초점은 임무 운용에 내재한 위험으로부터 근로자의 보호이다.

개별사고를 조사할 때 본질적인 어려움은 인간의 실수의 원인, 사고의 피해자나 대상이 같은 개인이 될 수 있기 때문이다. 이는 사고의 더 큰 조직적 또는 시스템적 기여자를 고려하지 못하는 제한적이거나 포함된 분석으로 이어진다.

개인 상해와 관련된 이러한 유형의 사고는 부상을 피하고 실제 사고를 예방하기 위한 적절한 예방 장벽을 고려하지 않는 장벽 완화 또는 직원 보호장비(PPE)에 지나치게 초점을 맞출 수 있다.

1.1.8.2 개별사고 예방

개별 상해사고의 재발을 방지하기 위해 사고조사로부터의 시정조치는 어떤 장벽이 고장났는지, 그 이유[즉, 위험으로부터 대상(근로자)까지의 에너지 공급원과 흐름을 정지시키는 것]를 파악한다.

장벽 완화는 사고의 피해나 결과를 줄이거나 제거하는 데 중요하지만, 사고가 발생하지 않도록 장벽에 중점을 두어야 한다. 그러나 결과가 적절히 완화될 수 있다면 위협이 허용된다고 간주하는 조건을 찾을 수 있다.

1.1.8.3 시스템 사고

시스템 사고는 보호 및 완화 시스템이 집단으로 위험의 방출을 허용하지 못하고 많은 사람, 지역사회 및 잠재적으로 환경에 악영향을 미치는 사고이다.

시스템 사고는 "복수의 고장이 복합 시스템에서 예상치 못한 상호작용"으로 특징지어질 수 있다. 이런 복잡성은 기술적이거나 조직적이거나 모두일 수 있다. (Perrow, 1984년).

시스템 사고 예방의 초점은 인적오류, 장비 또는 운영 프로세스의 오작동, 설비 오작동 또는 자연재해로 인해 발생할 수 있는 위협을 방지하거나 예방이 실패하면 사건의 결과를 완화하는 등 운영 장벽의 물리적 무결성을 유지하는 것이다.

시스템 위험요인은 일반적으로 위험 관리를 통해 요람에서 심각까지 관리. 위험 관리 프로세스는 시스템의 설계, 구축, 운영, 유지보수 및 처분에 대한 Risk와 같은 잠재적 위협, 취약점 및 실패를 식별. 위험 관리는 위험 매개변수(또는 근거)와 투자 결정, 통제 시스템 및 이러한 위험을 완화하기 위한 정책을 수립하고 기록한다.

위험 관리는 넓은 조직적 의미에서 재정적, 정치적, 문화적, 사회적 위험을 포함할 수 있다. 광범위한 사회적 요인을 배제하지는 않지만, 본 핸드북의 주요 초점은 사회기술 시스템과 관련 생명주기 관리(설계, 구축, 운영, 유지, 폐기)시스템 위험에 관한 것이다.

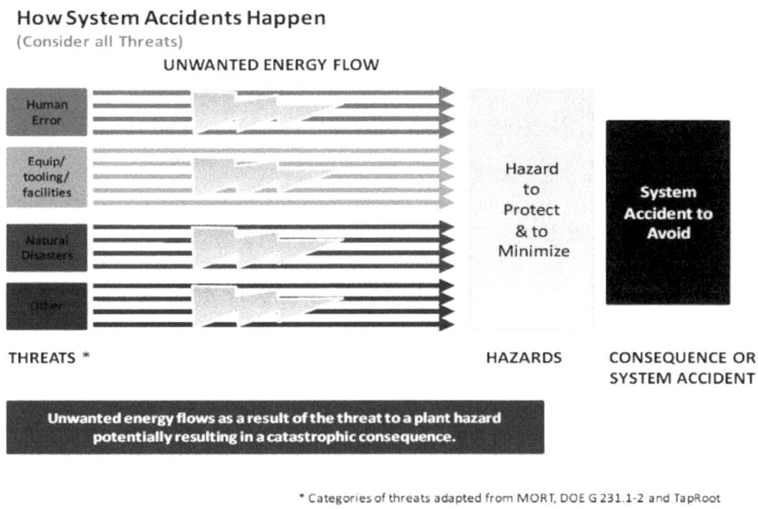

<그림 1.5> 시스템 사고는 어떻게 발생하는가?

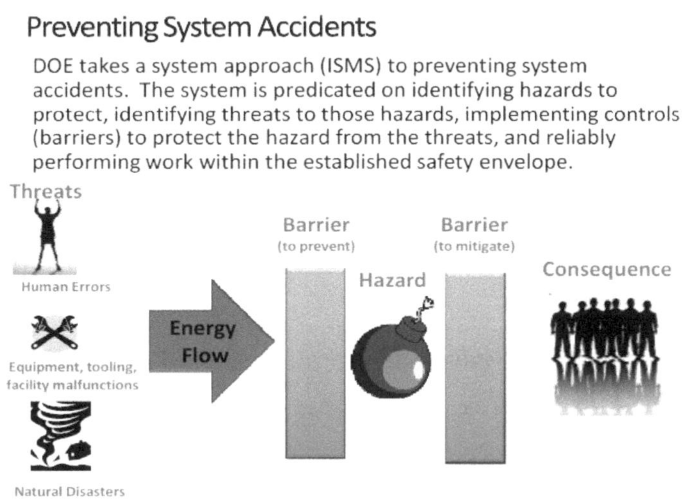

<그림 1.6> 시스템 사고 예방

사고조사 방식, 특히 장벽분석 방식에 영향을 미치기 때문에 개별사고와 시스템 사고의 구별을 인식하는 것이 중요하다. 사고조사 유형의 가장 가능성이 큰 차별성은 개별사고는 작업 관행, 계획 및 감독에 의해 영향을 받을 가능성이 크지만, 시스템 고장은 설계, 운영 또는 유지보수에 대한 위험 관리 프로세스에 의해 영향을 받을 가능성이 가장 큰 경험이다.

시스템 사고는 위험 관리 의사결정을 견인하는 정책과 경영문화에 대한 보다 심도 있는 조사가 필요. 당연히 개별적인 업무 위험 통제 관행과 시스템 위험 관리 정책을 잠재적 조사 영역으로 결합하는 중복이 있는 경우가 많다.

1.1.8.4 시스템 사고 발생 방법

시스템 사고와 사고를 예방하기 위해서는 (정신적 모델을 통해) 어떻게 발생하는지 먼저 이해하는 것이 중요하다.

시스템 사고는 많은 사람에게 영향을 미치는 큰 결과를 초래하는 사고이다. 사고 발생 도식에서 정의된 바와 같이 위협은 다음과 같은 네 가지 원인에서 발생한다.

① 누군가가 높은 폭발물을 투하하여 폭발하는 것과 같은 인적오류

② 장비, 공구 또는 설비의 고장 예를 들어 결함이 있는 볼트가 있는 공구는 높은 폭약을 바닥에 떨어져 대형 폭발을 일으킴.

③ 자연재해 발생 시 고위험 폭발물을 폭발시킬 수 있는 낙하 파편이 발생하는 지진 등

④ 향후 발견을 수용할 수 있는 미발견 기준 "기타"

이러한 단순화된 시스템 사고 시나리오에 기초하여, 기술적 시스템 무결성은 물리적 및 인적/사회적 요인으로부터 악화하지 않도록 보호되어야 한다는 것이다.

1.1.8.5 어떻게 시스템 사고는 발생하는 거?

① 인간 오류로 폭발성이 높은 폭발물을 떨어뜨려 폭발로 이어지는 경우

② 장비, 도구 또는 설비의 고장

예) 결함이 있는 볼트가 부착된 도구를 사용할 경우,

③ 폭발성이 높은 볼트 조각이 바닥에 떨어져 폭발 유발

④ 지진과 같은 천재지변으로 인해 낙하하는 파편이 떨어져 폭발 발생

⑤ 아직 파악되지 않은 위험

⑥ 단순 시스템 사고 시나리오를 바탕으로 물리적 시스템과 인적 /사회적 요인의 악화로부터 시스템의 무결성을 보호해야 한다.

1.1.8.6 시스템 사고 예방

위험은 누수, 발사체, 폭발, 환기, 방사선, 붕괴 또는 다른 방법들로 작업자에 위험을 발생시켜 주변 공동체 또는 환경에 해를 끼치는 다른 방법의 형태로 에너지가 될 수 있다.

예방 방안은 원하지 않는 에너지/물질을 유출할 위험이 있는 것들을 격리하면 작업이 안전하게 (사고 방지) 진행될 수 있다. 예를 들어 인간의 실수, 잘못된 장비, 방해 또는 바람과 번개 같은 자연재해는 예방적 장벽을 사용함으로써 분리(고립)할 수 있다.

1.1.9 조직표류(Organizational Drift) 진단 및 예방

조직표류 - 열역학 제2 법칙과 유사하게 장애의 방향으로 의도하지 않은 경향을 남겨두는 것이다. 조직표류가 중단되지 않으면 안전장벽이 약화하거나 없어진다. 조직의 표류를 인식하고 진단하고 예방하기 위해서는 안전경영시스템과 안 전 모델이 필요하다. 적절하게 제작된 모델을 사용하면 조사자가 비교할 수 있도록 허용된 기준을 제공하여 이상 징후를 파악할 수 있다.

Level 1: 개인 수준

Level 2: 물리적 수준

Level 3: 조직 또는 시스템 수준

1.1.9.1 수준 I : 조직표류 검사를 위한 직원 수준 모델 – 격차 관찰 - "계획된 작업"과 "수행된 작업"

작업 현장에서 "수행된 작업(work as done)"을 관리와 프로세스 설계자가 계획한 방식과 비교함으로써 조직표류에 대해 파악할 수 있다. 그러나, 근로자가 작업을 수행 중 위험에 노출될 수 있어, 조직표류 효과로 인해 바람직하지 않은 사건이 발생할 수 있다.

계획된 작업(work as planned/imagined)이란 설정된 안전 범위 내에서 수행된 실제 작업 - 작업 범위의 정의, 위험 분석, 위험 통제 개발 등이다. 조직은 수행된 작업을 계획된 작업과 같이 수행하고자 한다.

인적 활동의 다양성 때문에 "계획된 작업"과 "수행된 작업"에는 Gap이 발생(ΔWg)한다. Gap을 줄이기 위해서는 작업자에게 성과에 대한 피드백을 제공하고 지속적인 개선 활동을 제공하여야 한다. 사고조사 시 Gap 차이가 무엇이고 왜 발생하였는지를 파악해야 한다.

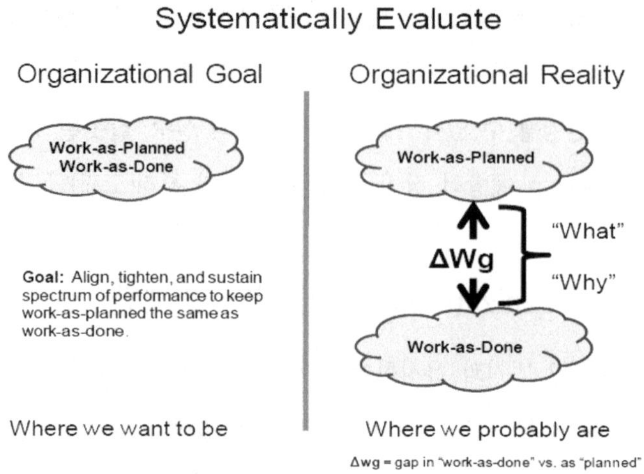

<그림 1.7> Level I - "Work-as-Done" Varies from "Work-as-Planned" at Employee Level (조직표류 검사를 위한 개인 수준 모델-격차 관찰: "계획된 작업"과 "수행된 작업")

1.1.10 사고조사의 설계

1.1.10.1 주요 초점

"무엇(what)이 일어났는지" 그리고 "왜(why) 일어났는지"를 결정한다.

* 사고조사를 위해 사용된 기본 단계 및 프로세스 (5단계)

- 조사의 범위를 정의하고 검토할 팀을 선택
- 증거수집
- "무슨 일이 있었는지"를 조사
- "왜 일어났는지"를 분석
- 필요성 및 시정조치의 판단을 정의해 보고

1.1.10.2 조직 구성요소의 결정

"무엇"이 잘못되었는가를 결정했다면, 조사팀은 조사에서 발견된 문제들이 조직 전체에 얼마나 광범위한지 알기 위해 기존 개발된 이론의 사용을 시도한다.

얼마나 오랫동안 문제가 발견되지 않았고, 수정되지 않았는지를 이해한다. 왜 조직문화가 이런 일이 일어나는 것을 허용했는지를 확인한다.

이러한 질문에 답하기 위해 팀은 아래 사항을 실시해야 한다.

- 조건과 원인의 범위를 결정
- 잠정적인 조직 약점 (과거에 실수로 직원을 배치하기 시작한 관리 결정)을 확인
- 근본적인 문화적 문제를 파악하기 위해 시도
- 법률준수 기반 및 조직문화 평가를 수행하여 해당 조직이 이 단계에 도달하도록 허용된 이유를 찾아야 한다.

1.1.10.3 조건의 범위와 원인

팀의 평가 및 감독 프로세스가 매우 효과적이지 않고 조직 전체에 걸쳐 조건이 얼마나 광범위한지 확인할 수 있어야 한다. 어느 시점이 더 깊은 관리시스템 문제를 의미하는지, 더 높은 수준의 해결 조치를 나타낸다.

이러한 노력의 목적으로, 팀은 조사되고 있는 문제(event)가 일어나지 않을 수 있도록 초기에 이 사건을 포착할 기회를 얻는다.

학습 조직은 이전 사고나 가까운 곳에서 학습하기 위한 모든 시도를 하고, 그 과정에서 무엇이 잘못되고 있는지를 탐지하기 위한 충분한 과정 거쳐야 한다.

1.1.10.4 잠재적인 조직의 약점

범주 – [1] 훈련의 약점

① 기술기반 작업을 위한 작업 자격 요건에 대한 교육의 효과.

② 초점은 인지 지식의 낮은 수준에 있다.

③ 관리자가 경영에 개입하지 못한다.

④ 교육은 회사 장비, 절차 또는 프로세스와 일치하지 않음.

범주 – [2] 의사소통의 약점

① 명령의 오해를 제거하기 위한 중요한 단계에서 음성 알파벳의 사용 강화.

② 3자 간 의사소통의 사용을 강화할 수 없음.

③ 절차에서 특정 장치 ID 번호를 사용하지 않음.

④ 명확하지 않은 우선순위 또는 기대.

⑤ 불명확한 역할과 책임.

범주 – [3] 계획(schedule)의 약점:

① 실패에 대비한 비상사태 대비책

② 여러 구성요소가 작동하지 않을 수 있다.

③ 필요한 자재나 절차를 제공하지 않은 경우

④ 과도한 자원계획

⑤ 부적절한 작동 또는 인접 장비 손상을 고려하지 않음.

⑥ 수행되지 않은 특정 유형의 작업.

⑦ 부적절한 특정 유형의 문제가 해결되지 않음.

잠재적인 조직의 약점은 오류를 유발하고 방어 시스템의 무결성을 저하할 수 있는 작업 환경 조건을 만드는 관리 제어 프로세스이다.

잠재적 조직의 약점을 식별하고 오류에 영향을 미치는 관리 제어 프로세스 또는 관련 값의 요소를 식별하여 방어하는 데 도움이 된다.

1.1.10.5 잠재적 조직의 약점

범주 – [1] 설계 또는 프로세스 변경의 약점

① 설계변경에 사용자의 개입

② 부적절한 훈련

③ 절차가 잘못되면 부적절한 우발사건 발생

범주 – [2] 가치, 우선순위, 정책의 약점

① 절차 또는 안전기능 적정성에 대한 온라인 입력 관리 정책

② 너무 높은 우선 선위의 일정이 배치된다.

③ 감성적 조건이나 성능이 저하된 것을 받아들임

④ 관련 프로그램의 필요성 또는 중요성을 인식 못 한 관리 실패.

범주 – [3] 절차개발 또는 사용의 약점

① 절차적 개발 및 이행에서의 인간적 요소 고려.

② 절차적 검증 또는 검증을 수행하지 못한다.

③ 작업수행 중 프로시저를 참조하지 못한다.

④ 절차상의 지침 대신에 만들어진 가정.

⑤ 절차에서 필요한 기능 생략.

1.1.10.6 잠재적 조직의 약점

범주 – [1] 감독 참여의 약점

① 경영 관측 및 지도(coaching)의 성과.

② 열악한 성능을 수정하지 못하거나 좋은 성능을 보완 못 한다.

③ 할당되지 않은 또는 분열된 책임과 책임감

④ 부적절한 프로그램 감독

범주 – [2] 조직 인터페이스의 약점

① 작업의 우선순위를 정의하기 위한 인터페이스.

② 조직 간의 명확한 의사소통 부족

③ 프로그램 간 충돌하는 목표

④ 요구사항 자체평가 관찰 부족.

⑤ 관찰 프로그램 성능 측정 도구의 부족.

⑥ 프로그램 사이의 인터페이스의 부족.

범주 – [3] 업무 관행의 약점

① 확립된 오류 예방 도구 및 기술의 사용 강화 (인적 성과 도구)

1.1.10.7 조직문화

안전문화에 대한 통찰력은 지도력, 직원 참여 및 조직 학습 측면을 고려하여 추론할 수 있다. 문화에 대한 관찰은 가장 중요한 문화 관찰의 지표를 추출하기 위해 검토되고 요약되어야 한다. 이것은 보고서에서 긍정적인 문화적 도전으로 표현된다. 조직의 문화가 안전 요구사항에 적절히 부합하지 않을 때는 안전 요구사항이 무시 될 수 있다.

건전한 문화는 "일을 완료"(경영에 중요한 요인)의 기본 가정과의 일치를 나타내는 "계획대로 일함"(신념과 가치가 열거)과 겹쳐질 때 존재한다. 실제 안전 행동과 권장된 안전 신념 간의 불일치는 건전성이 좋지 않은 문화 또는 근로자가 기존의 안전 시스템을 채용하지 않았거나 경영관리의 진정한 기본 가정이 안전 이외의 것에 집중된 문화를 나타낸다.

안전문화 요소는 사건의 원인과 예방에 대한 중요한 통찰력을 제공한다. 깊이가 있는 안전문화의 평가는 대부분의 사고조사의 가능한 범위를 넘어서고 있지만, 에너지부(DOE)는 3개의 주요 문화 형태의 형성요인으로 1) 리더십, 2) 직원 참여, 3) 조직 학습을 검토하여 이바지한다. 이러한 요소는 2007년 [EFCOG Safety Culture Working Group ISM 원칙]에 의해 개발되었다.

1.1.10.7.1 지도력(Leadership)

리더십과 문화는 같은 동전의 양면, 어느 것도 다른 것 없이 실현될 수 없음. 리더는 안전을 최우선으로 하고, 안전 기대치를 근로자에게 전달하고, 말하지 않는 행동을 통해 안전 표준을 수립하고, 현행 상태를 정의하여 필요한 변화를 선도하며, 비전을 수립하고, 계획을 세우고 효과적으로 이행해야 한다.

지도자는 안전에 적극적으로 참여하고 조직의 안전 노력의 효과에 대한 의견을 수렴하기 위해 신뢰를 키워야 한다. 리더는 조직의 활동의 전 생애주기 및 비즈니스 프로세스, 조직, 대중 및 환경에 대한 안전 영향에 대한 운영 의사 정의 결과를 고려하여 조직의 활동의 모든 측면에 안전을 통합하는 계획을 보장한다. 리더들은 사업을 이해하고 고용된 시스템이 위험을 식별하고 최소화하며 활동이 안전하다는 것을 증명하고 작업이 시작되기 전에 안전하다고 가정하지 않음으로써 필요한 안전을 제공하는지를 확인한다.

리더들은 변화 관리 프로세스에서 안전상의 의미를 고려한다. 리더는 안전한 비즈니스 성과를 향상하기 위해 그들의 기대와 행동을 모델링하고, 코치하고, 지도하고, 강화한다.

리더는 직원 개입을 소중히 여기고 개인의 질문 태도를 장려하며 응징의 두려움 없이 문제 제기를 장려하는 신뢰를 심어준다. 리더는 근로자가 훈련받고 경험이 풍부하며 자기 일을 안전하게 완료할 수 있는 자원, 시간 및 도구를 갖추고 있음을 보장한다.

리더는 안전기준을 충족시키고 안전 책임을 다할 것을 기대하는 인원을 확보한다. 리더는 입증된 안전 시스템에 대한 보수적인 의사결정을 인정하고 생산 목표가 적절하게 고려되고 명확하게 전달되지 않는 한 생산 신호가 안전의 중요성에 대한 혼합 신호로 전송될 수 있음을 인정한다. 리더십은 인간이 실수를 저지르고 이를 완화하기 위한 행동을 취하는 것을 인식한다. 자신의 조직 내에서 그리고 조직과 규제기관, 공급업체, 고객과 계약자 사이에서 건전하고 협력적인 관계를 발전한다.

1.1.10.7.2 직원/근로자 계약 직원 / 근로자 참여

안전은 모든 사람의 책임이다. 따라서 직원은 조직의 안전 행동, 신념 및 기본 가정을 이해하고 받아들인다. 직원들은 자신의 책임을 이해하고 포용하며 숙련도를 유지하여 자신이 경험한 대로 말하고 올바르지 않은 것에 도전하며 잘못된 것을 해결하고 시스템, 동료, 환경의 안전 보장을 위해 보호한다.

안전을 약속하고 안전 기대치를 이해하고, 기대에 부응할 수 있는 개인/팀이 되어야 한다. 개인은 리더와 협력하여 적시에 문제를 제기하고 문제를 해결하기 위해 개방적인 노력으로 서로의 행동을 책임지게 함으로써, 신뢰와 협력의 수준을 높인다. 모든 사람은 안전에 대해 개인적으로 안전에 대한 책임이 있고, 직업을 배우고, 안전 시스템을 알고 있으며 자신과 직장 동료, 대중과 환경을 적극적으로 보호한다.

개인은 입증된 안전 시스템과 관련하여 보수적인 결정을 내리고, 전체 생활 조기(life cycle) 운영에 대한 의사결정의 결과를 고려한다. 개인은 공개적이고 신속하게 오류 및 사건을 보고하고 문제가 완전히 해결되고 솔루션이 지속 가능한 것으로 입증될 때까지 안심하지 말 것이다. 개인은 서로를 존경하며, 괴롭힘, 협박, 보복 및 차별을 피함으로써 높은 수준의 신뢰를 구축한다. 개인은 다양한 생각과 반대 견해를 환영하고 고려한다. 개인은 조직 내에서, 조직과 규제기관, 공급자, 고객과 계약자 사이의 건전한 협업 관계를 발전시키는 데 도움을 준다.

1.1.10.7.3 조직학습

조직은 건강한 안전문화의 바람직한 행동, 신념 및 가정에 긍정적으로 영향을 미치는 방법을 학습. 조직은 오류가 보고하는 사람들에게 보람을 주고, 무엇이 잘못되었는가를 공유하고, 무엇이 잘못되었는지를 수정하고, 직원 오류를 유발한 조직 설정 요인을 해결함으로써 학습할 방법을 인정한다.

이를 위해서는 더 깊고 보다 체계적인 원인요인을 수정하고 성과를 체계적으로 관찰하고 결과를 해석하여 시스템 상태에 대한 의사결정 정보를 생성하여 재발을 줄이는 데 중점을 두어야 한다. 조직은 높은 수준의 신뢰를 형성하고 배양한다. 개인은 질문이나 관심사를 제기하고 토론하고 해결하는 것이 좋다. 조직은 보복, 괴롭힘, 협박, 보복 또는 차별을 두려워하지 않고 안전 문제를 제기하는 다양한 방법을 제공한다.

리더들은 사소한 문제로부터 학습에 대한 보상을 더 많이 받지 않기 위해 노력한다. 리더는 문제를 즉시 검토, 우선순위 지정 및 해결하고 솔루션의 장기적인 지속 가능성을 추적하며 결과를 직원에게 전달한다.

<그림 1.8> 조직적인 오류에 공헌하는 요인

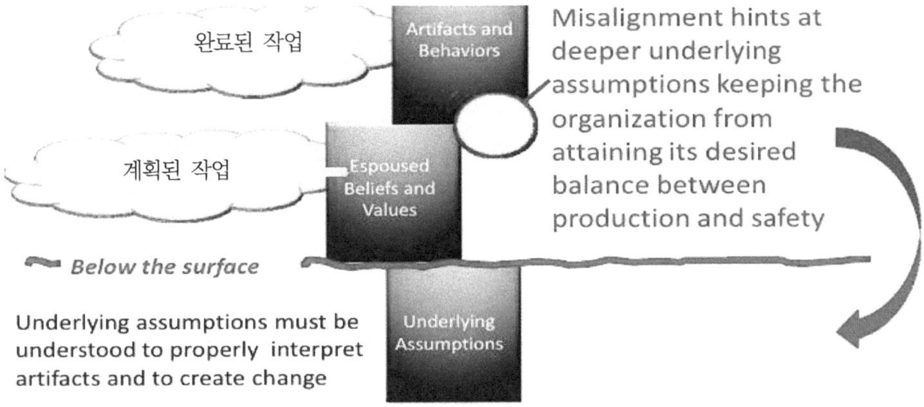

<그림 1.9> 조직문화 평가 (세인의 조직문화와 리더쉽, 2004)

조직은 "여기에서 일어날 수 있다"라는 태도로 지속적인 학습과 개선 환경을 조성하여 자만을 피한다. 리더는 작업장 관측, 직원 토론, 문제 보고, 성과 지표, 추세 분석, 사고조사, 벤치마킹, 평가 및 독립적인 검토를 사용하여 조직의 성과를 체계적으로 평가한다.

조직은 조직 내외부의 운영 경험을 통해 학습하는 것을 중요하게 생각한다. 조직은 기꺼이 공개적으로 조직 학습활동에 참여한다.

1.1.11 성공적인 사고(event) 분석을 위한 경험적 교훈

일부 조사 기술의 근본적인 단점은 최근 증거가 부족하여 가능성이 없다는 인식을 바탕으로 실패할 수 있는 이전 발생한 부분을 다루지 않는다는 것이다.

사람, 장비와 시설은 에너지가 속하지 않는 곳으로 흐를 때만 다치거나 손상된다. "시스템 낙관주의"는 시스템이 잘 설계되고 잘 유지되고, 절차가 완전하고 정확하며, 설계자가 모든 상황을 예측, 사람들이 예상대로 또는 배운 대로 행동한다는 믿음이다. 이것을 바로 조직 경영문화의 "상상된 작업(work as planned)"이라 한다. 이러한 관점에서 사람들은 책임을 지고, "상상된 작업"에서 이탈하는 것은 제거해야 할 안전에 대한 위협으로 간주한다.

즉, 오류를 만든 개인이 오류를 일으킨다는 인식이다. 잘못된 개인을 수정하거나 제거하면 문제가 해결된다고 생각했다.

"시스템 현실"은 사람들이 설계 결함과 기능적 결함을 극복하고, 요구사항에 맞게 성능을 조정하고, 조건에 맞게 절차를 해석하고 적용하고, 문제가 발생할 때 이를 감지하고 수정할 수 있으므로 상황이 올바르게 진행된다는 믿음이다.

사람은 자산이며 "상상된 작업"에서 벗어난 것은 작업자가 해당 작업에 존재하는 시간 및 자원 제약 내에서 작업을 성공적으로 완료하기 위해 어떻게 적응해야 하는지를 의미한다. 즉, 작업자가 잘못 적응하면 적응할 수 있는 조건과 방법에서 멀어진다.

단순히 사건의 끝에서 회고(뒤에서 앞선 사건을 봄)하여 결정을 잘못 판단하기(hindsight bias)보다는 결정이 내려진 이유를 설명하는 기여 요인의 맥락에서 결정을 평가한다. 근로자의 이탈을 원인으로 조사가 중단되면 시정되지 않는다. 같은 맥락으로 일하는 작업자는 결국 비슷한 방식으로 적응하고 "상상된 작업"에서 벗어날 것이다. 성능 변동성은 사고를 유발한 작업자에게만 국한되지는 않는다.

사람들은 동료의 행동 변화, 리더의 기대, 절차의 정확성, 방어 및 장벽의 효율성, 심지어 조직의 기본 정책까지도 결과에 영향을 미칠 수 있는 작업의 모든 측면에 관여한다. 이는 예상치 못한 정상적인 변동성의 조합이 사고를 초래할 수 있는 복잡한 비선형 사고 모델에 반영된다. 배워야 할 교훈과 시정조치 및 필요성 판단에 대한 후속 조치에 실패하면 확실히 사건이 재발할 우려가 있다.

02장
사고조사 과정 (The Accident Investigation Process)

2.1 연방 주도의 사고 조사 위원회와 그 권한 수립

2.1.1 사고조사 위원(AIB)의 임명

에너지부(DOE) 연방(Federal) 수사를 요구하는 사고가 통보되면, 지정 임원은 사고조사 위원(AIB)의 위원장을 선출한다. 임명된 공무원은 이사회 위원장의 도움을 받아 3~6명의 다른 이사회 구성원을 선발하고, 그중 한 명은 반드시 교육받은 에너지부(DOE) 사고조사관이어야 한다.

사고조사 위원(AIB)은 모두 에너지부(DOE) 연방 근로자여야 한다. 이해관계의 충돌을 최소화하기 위해 위원장과 사고 조사관은 사고 위치와 다른 임무를 수행해야 한다.

에너지부(DOE) 연방(Federal) 공무원 및 이사회의 책임은 아래와 같으며, 사고조사를 위해 공식 요청받은 사람은 다음의 주요 책임을 수행해야 한다.

① 사고조사 후 3일 이내에 공식적으로 사고조사 위원회를 서면으로 지정

② 경영시스템, 정책 및 라인 관리 감독 프로세스의 검토를 포함하여 이사회의 권한 범위를 가능한 원인요인으로 설정

③ 임명된 지 3일 이내에 이사회 구성

④ 이해, 법률 또는 규정을 숙지하는 데 필요한 경우 다른 기관에 통지 발송

⑤ 이사회의 권한과 임명 관계자의 수준을 넘어 최대의 조직, 관리시스템, 온라인 관리 감독의 인과 역할을 조사하기 위해 강조

⑥ 조사 보고서 및 이사회 조사 결과 수락

⑦ 보고서 수락 후 7일 이내에 개별 조사 보고서를 게시 및 배포

⑧ 조직 또는 OSR 전반에 걸쳐 보급을 위해 배운 교훈을 발전

⑨ 에너지부(DOE) 문서(O 225.1B, 4d항)의 조치가 완료된 후 조사를 종결

2.1.2 사건 사고조사 위원회

에너지부(DOE) 문서(O 225.1B)에 이사회 회원 및 위원장 선출과 관련하여 몇 가지 추가적인 제한이 서술되어 있다. 회원이 될 수 없는 위원은 아래와 같다.

① 다른 이사회 구성원과의 감독자 종속 관계

② 사고와 관련된 시설, 지역 또는 활동의 일상적인 운영 또는 감독에 대한 이해 상충 또는 직속 또는 직책 관리 책임.

③ 위원장과 에너지부(DOE)의 사고 조사관은 사고 위치와는 다른 근무지에서 선발

컨설턴트, 컨설턴트 및 지원 담당자는 필요한 기술을 갖춘 에너지부(DOE 직원을 사용할 수 없는 경우 이사회의 도움을 받아야 한다.

사고기록이 조사사건으로 분류된 뒤 3일 이내에 사고조사 위원회를 임명해야 한다. 임명자는 이사회의 권한을 수립하고 이사회가 소집되는 동안 책임 및 의무가 면제된다. 임명서에는 조사 범위, 이사회에 임명된 개인의 이름, 최종보고서의 특정 완료 날짜 (명목상 30일) 및 적절한 것으로 간주하는 특별 조항이 포함된다.

임명서는 아래의 조사 범위를 명시한다.

① 사실을 수집

② 원인을 분석

③ 결론을 도출

④ 사고를 막을 수 있는 계약자 조직 및 관리시스템과 관련된 요구사항의 개발

2.1.3 이사회 브리핑

임명된 공무원은 임명된 후 모든 이사회 회원들에게 가능한 한 빨리 (3일 이내에) 브리핑해야 한다. (화상 회의 또는 원격 화상 회의 가능)

이사회 전체에 대한 간략한 설명이 실용적이지 않은 경우 적어도 이사회 위원장은 보고를 받아야 하며 조사를 시작하기 전에 브리핑 내용을 다른 이사회 구성원에게 전달한다.

브리핑은 다음 사항을 강조한다.

① 조사 범위

② 에너지부(DOE)와 계약자 조직 및 관리시스템을 사고의 잠재적 원인으로 포함하여 에너지부(DOE) 및 계약자 조직 및 관리시스템을 조사할 수 있는 이사회의 권한

③ 이해관계의 충돌을 피할 필요성

④ 에너지부(DOE) (P 440.4 A) 문서에 의해 정의된 관리시스템의 효율성 평가

⑤ 현장 사고 패턴 또는 기타 고려사항에 근거한 지정 공무원의 적절한 사고정보 및 특별관 심사.

2.2 사고조사의 구성

① 계획

② 초기 사이트 정보 수집

③ 업무 할당 결정

④ 일정 준비

⑤ 자원 확보

⑥ 잠재적 이해 상충 문제 해결

⑦ 정보 접근 및 공개 기준(protocol) 수립

⑧ 대중에게 공개되는 정보의 통제

2.2.1 일정 준비

이사회 의장이 개발한 일정에는 수행해야 할 활동과 완료를 위한 이정표가 포함된다. 샘플 일정은 아래 그림 2.1의 사고조사의 일반적 일정을 참고(활동은 명목상 30일) 바란다.

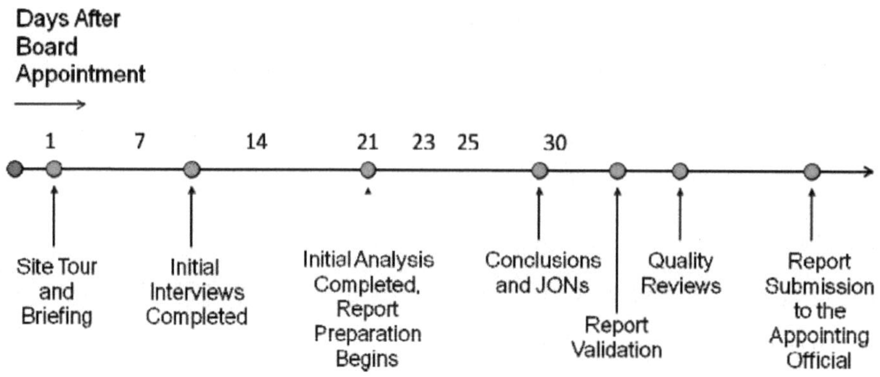

<그림 2.1> 사고조사의 일반적 일정

2.3 조사 프로세스 관리

조사가 진행됨에 따라 의장은 지침 및 지시, 성과 관찰, 성과에 대한 피드백 제공, 조사의 목표 및 일정을 충족시키는 데 필요한 의사결정 및 변경 등 다양한 관리기법을 사용한다. 이러한 활동이 중요하기 때문에 위원장은 항상 즉시 가능하지 않으면 관리 활동을 감독할 개인을 지명할 수 있다.

2.3.1 사고현장 제어

현장에 도착하기 전에 의장은 현장과 증거물이 적절하게 확보되고 보존되고 문서로 만들어지고 예비 증인 정보가 수집되었음을 보증하기 위해 연락처 또는 적절한 에너지부(DOE) 현장 지명인과 연락한다.

2.3.2 사고현장에서 위원장의 할 일

① 사고대응을 관리하는 모든 사람에게 브리핑을 받음.

② 에너지부(DOE) 사이트 팀이 수집 한 모든 정보와 증거를 얻음.

③ 수사의 초기 단계 동안 사고현장이 얼마나 안전하게 유지되어야 하는지를 결정

④ 증거물의 손실이나 오염에 대한 우려가 있다면 그것을 안전하게 관리(play)하고 그 현장을 사용하지 못하게 함.

⑤ 사고 및 조사와 직접 관련된 활동에 대해서만 책임.

⑥ 위원장과 이사회 구성원은 사이트 활동 또는 절차 승인 또는 복구, 재복구 또는 완화 활동에 대한 책임을 지지 않음. 이러한 기능은 라인 관리의 책임임.

2.3.3 사고 조사 위원회의 초기 회의

위원장은 모든 이사회 구성원이 팀으로 일할 수 있도록 보장하고 조사에 대한 공통적인 접근 방식을 공유할 책임이 있다.

* 임명된 공무원 및 관여된 조직의 모든 수준을 포함하여 조사 범위.

* 사고 조사 절차에 대한 개요

① 간소화된 절차 및 제한 시간 프레임 조사 (해당하면)

② 조사를 완료하기 위한 일정과 계획

③ 에너지부의 통합 안전관리 시스템의 구성요소를 관리시스템 평가 수단으로 적용

④ 사용할 수 있는 분석 및 점검(test) 기술

⑤ 위원장, 이사회 구성원 및 기타 참가자의 역할, 책임 및 과제.

⑥ 관리 프로세스 및 물류

2.3.4 팀워크 촉진

이사회는 정한 기간 내에 조사를 완료하기 위해 팀으로서 함께 협력해야 한다. 위원장은 의사소통(communication) 지침을 수립하고 아래 관점에서 효과적인 모델 역할을 한다.

① 명확하고 간결하게 (크게 생각하고, “전쟁 이야기”를 전하는 경향을 최소화)
② 직접적이고 관점을 분명하게
③ 말에 주의를 집중시키고 방해, 심문, 방해 방지 등의 적극적인 듣기 기법을 사용
④ 비언어적인 메시지에 주의를 기울여 관찰하는 것을 말로 표현
⑤ 각 발표자의 관점을 이해
⑥ 다른 사람의 정보와 의견, 특히 말이 적은 회원들의 정보를 수집
⑦ 모든 아이디어와 주장을 고려
⑧ 다양한 아이디어와 의견을 장려
⑨ 아이디어, 접근 방식, 타협을 제안
⑩ 말이 주제에 겉돌기 시작할 때 토론을 계속할 수 있게 도와줄 것

2.3.5 증거, 정보 수집 관리

사고현장에 도착하자마자 이사회는 증거와 사실을 수집하고 면담을 시행하기 시작한다. 위원장의 책임은 아래와 같다.

① 내부 및 외부 통신 (기자 회견, 브리핑)이 충분히 개발되고 검증되는 것을 확실히 하고, 어떠한 추측이나 가설, 추측, 추측 등이 없어야 한다. 조사에 관한 어떤 정보를 유포하기 전에 임명된 관계자와의 협의
② 에너지부 및 해당 연방, 주 또는 지방 당국에 불법 활동을 알리거나 사기, 낭비 또는 학대의 경우 에너지부(DOE) 감사원 사무소에 알림
③ 현실적인 즉시 조사 중에 특정된 사실(Price-Anderson)의 집행에 대한 우려 사항에 대해 집행국, 에너지부(DOE) 사이트 관리자와 계약자에게 통지한다.
④ 사고에 관심 있는 모든 기관과의 이사회 활동 조정 에너지부(DOE) (O 225.1B, 단락 4.b.) 문서에 따라 임명 공무원 또는 관련 기관에 통보 (기업 안전 프로그램 사무국에 의한).
⑤ 효율성을 극대화하고, 일정한 시간을 두고, 계획적이고 잘 초점을 맞춘 의제를 따르는 회의를 개최

2.3.6 내부 및 외부 통신 조정

① 이사회 구성원으로부터 정기적인 구두 또는 서면 진도 보고서를 얻고 잠재적인 문제에 대한 해결책을 파악

② 모든 사람에게 정보를 제공하고 최신 상태로 유지하기 위해 할당 및 진행 보고서를 게시할 수 있는 중앙 집중화된 위치를 사용

③ 현장 관리자와 계약자와의 회의를 통해 정보를 교환하고 조사 상태를 요약

④ 본부, 현지 현장 사무소 및 계약자의 관리자와 전화 회의 시행. 지정된 임원에게 임명하는 공무원을 소집: 임명된 직원에게 서면 상태 보고서를 제공하는 것.

⑤ 지명 공무원에게 매일 상태 업데이트를 제공.

⑥ 해당 부서의 이익이 훼손되지 않도록 현지 사무소 홍보 / 언론 관계자를 통해 대중 및 언론과의 외부 의사소통을 조정

2.3.7 분석 관리

위원장은 초기 사실이 발표되는 대로 핵심 분석 기술의 차트 작성 및 적용이 시작되는 것을 확인할 책임이 있다. 위원장은 위원회가 분석을 진행함에 다음 사항을 확인하기 위해 관찰하고 논의한다.

① 여러 이사회 회원과 고문(consultant)은 양질의 결과를 산출하기 위해 함께 일함.

② 분석은 반복적으로 시행, 새로운 정보가 나오면 분석을 여러 번 반복해야 함.

③ 분석은 사고원인에 이바지할 조직의 관심사, 관리시스템 및 라인별 관리 감독

④ 필요에 대한 인과적 요인, 결론 및 판단은 사실과 분석으로 뒷받침함.

⑤ 중요한 사실의 분석은 답이 없는 "막다른 골목"을 초래하지 않음(인과 요소와 필요 판단에 연결).

⑥ 복잡한 분석에 대한 책임을 한 개인에게 위임하면 나쁜 결과가 발생할 수 있음.

⑦ 위원회 전체와 고문의 의견을 통해 분석을 강화함.

2.3.8 보고서 작성관리

많은 조사 위원회는 보고서 작성이 수사의 가장 어려운 부분인 것으로 밝혀졌으며, 종종 여러 번 반복해야 했음. 보고서는 조사의 공식기록이기 때문에 보고서의 품질은 매우 중요.

품질 조사를 수행하려는 노력은 보고서가 제대로 작성되지 않았거나 설득력 있는 일련의 입증 사실 및 명확한 결론을 제대로 전달하지 못하면 유효성(무결성)을 잃음.

위원장은 보고 프로세스를 관리하기 위해 다음을 수행한다.

① 보고서 작성을 쉽게 하고 부분 간의 내용물 중첩을 최소화하기 위해 가능한 한 빨리 보고서의 개요를 작성.

② 정보가 나오는 대로 사고 연대기, 배경 정보 및 사실을 쓰는 것을 시작.

③ 장(section)을 추가, 이동 또는 삭제해야 하는 위치를 지속해서 식별.

④ 필수형식 기준을 준수, 형식, 내용 및 작문 스타일을 지속해서 명확하게 설명.

⑤ 강력하거나 약한 작성자를 신속하게 식별하고 가능한 한 보고서의 작성 지연을 피하려고 중복(pair)으로 만듦.

⑥ 각 장(section)의 내용에 익숙해지고 중복성을 줄이기 위해 작성자(author)와 자주 상의하도록 권장함.

2.3.9 현장 폐쇄 활동 관리

2.3.9.1 마감 시간 브리핑의 준비

사고 과정(process)의 조사 부분은 완료된 것으로 간주하고, 임원이 최종보고서를 공식적으로 받으면 위원회 회원이 해산된다. 위원장은 선출된 이사회 구성원 및 행정 지원 직원의 도움을 받아 최종 정확성 검토, 최종 편집, 보고서 작성을 담당한다.

사고현장에 대한 인지와 함께 임명 공무원 및 현장관리를 조사한 결과에 대한 브리핑을 시행해야 한다. 이 브리핑은 위원회 위원장과 사고가 발생한 현장의 현장 책임자가 수행한다. 사고조사 참가자(위원장, 이사회 구성원이나 위원장이 적절하다고 판단한 고문(consultant)은 브리핑에 참석할 수 있다.

2.3.10 현장 폐쇄 활동 관리

2.3.10.1 조사 마감 후 브리핑 준비

- 임명서에 제공된 조사 범위
- 주제 관련 전문가 또는 기타 컨설턴트를 포함한 조사 참가자
- 사고의 요약 (일어난 일)
- 인과적 요인 (왜 이런 일이 일어났는지)
- 책임의 판단 (시정해야 할 것)
- 시정조치를 책임져야 하는 조직.

임명 임원이 적절하다고 판단한 경우 아래의 경우를 제공하거나 포함한다.

① 이사회 위원장과 이사회 회원이 다른 브리핑을 제공할 수 있음.

② 여기에는 사고현장에서 브리핑한 에너지부(DOE) 및 계약자 라인 관리가 포함

2.3.11 사후 조사 활동 관리

지명 공무원은 또한 사후 조사가 추적되고 수정된 교훈을 문서로 만드는 형태로 후속 조치를 할 책임이 있다.

2.3.11.1 시정 조치 계획

최종보고서는 조직에서 필요한 수정 조치 계획을 준비할 수 있도록 조직의 요구에 따라 보고서의 필요성에서 식별된 조직의 선임 관리자에 의해 제출한다. 이러한 계획에는 보고서에 명시된 책임의 판단을 해결하기 위한 작업이 포함된다. 작업 완료를 위한 이정표도 포함된다.

2.3.12 사후 조사 활동 관리

시정조치는 4가지 범주로 분류

① 재발 또는 관련된 사고를 예방하기 위해 사고가 발생한 현장을 관리하는 조직이 취하는 즉시 시정조치를 한다.

② 최종보고서에서 이사회가 요구한 판단의 필요를 충족시키는 데 필요한 수정 조치를 한다. 이러한 수정 조치는 현장 요소 및 / 또는 계약자가 사고를 발생시킨 활동을 책임지며, 재발 방지 및 시스템 문제를 해결하도록 설계한다.

③ 에너지부(DOE) 전체 신청에 적합하도록 지명 공무원이 결정한 시정조치를 한다. 임명 임원은 보고서가 배포될 때 이러한 시정조치를 권고한다.

④ 에너지부(DOE) 본부 고위 경영진과의 논의로 인한 시정조치를 한다. 이러한 조치는 일반적으로 에너지부(DOE) 정책을 다룬다.

2.3.13 사후 조사 활동 관리

2.3.13.1 배운 교훈 수립

① 소개 - 사고조사를 수행하는 목적은 사고를 일으킨 시스템 결함을 파악하여 그러한 결함을 수정하고 유사한 사고 예방한다.

② 책임 - 사고조사로 인해 습득한 교훈을 개발하고 보급하는 책임은 에너지부(DOE) 문서(O 225.1B)에 정의된 임명 임원에게 있다.

③ 교훈 개발 - 에너지부(DOE) 프로그램 요소의 최고 책임자가 개발하고 교훈을 개발할 책임이 있다.

④ 교훈 전파 - 사고조사에서 얻은 교훈은 지명 공무원의 수사 보고서 수락 후 90일 이내에 개발되고 전파되어야 한다.

2.4 조사 통계

이사회 위원장은 조사 전반에 걸쳐 이사회의 성과, 비용, 일정 및 업무의 질을 관리할 책임을 진다.

2.4.1 성능 관찰 및 피드백 제공

위원장은 매일 진행되는 회의를 통해 진행 상황을 관찰하고 활동 일정 일정에 따라 성과를 측정한다. 이사회 임원은 수행을 위한 구체적인 기능이나 활동 및 완료를 위한 이정표를 부여한다.

위원장은 주기적으로 같은 질문을 함으로써 조사의 진행 상황과 상태를 평가한다.

① 조사 진행이 일정 내에 있는가?

② 조사가 범위 내에 있는가?

③ 이사회 회원, 고문(consultant) 및 지원 인력이 집중적이고 효과적인가?

④ 추가 자원이 필요한가?

⑤ 매일 이사회 모임이 필요하고 생산적인가? 아니면 모임 간격을 늘려야 하는가?

2.4.2 비용 및 계획 제어

비용과 계획을 제어하여 계획 및 실행 활동이 수립된 예산과 이정표 내에 있는지 확인한다. 위원회 위원장은 조사를 위해 정해진 예산 내에서 책임을 지고 운영한다.

2.4.2.1 비용 관리

- 위원장은 필요한 경우 조사 중에 수행해야 할 활동에 대한 비용 견적을 준비
- 조사 초기에 비용 견적 방법을 합의해야 하며, 작업 비용이 견적을 초과하지 않거나 비용 증가가 정당화되고 자금 조달이 가능하도록 매주 검토

2.4.2.2 일정 관리

- 예정된 이정표에 대한 진행은 위원회와 직원들과의 일일 진행 회의에서 평가
- 문제가 발생하면 일정을 조정하거나 분산을 상쇄하기 위해 자원을 적용할 수
- 상대적으로 짧은 시간이 소요되기 때문에 위원장은 문제 확인
- 즉시 해결하여 일정을 유지하거나 상황에 따라 지정된 임원에게 재평가

2.4.3 품질 보증

사고조사 위원회의 업무의 심각성과 민감성 및 정확성, 철저성 및 관점의 필요성 때문

에 공식적인 품질관리 조치가 필요하다. 보고서가 기술적으로 정확하고 완전하며 내부적으로 일관성이 있는지 확인해야 한다. 분석 결과가 결론부로 넘어갈 때, 모든 확인된 사실, 사실(fact)의 분석 결과 및 결론은 일관성 있고 논리적이야 한다.

보고서 초안의 필수적인 부분이 완료되면, 위원장은 사실의 논리적인 흐름이 필요로 하는 모든 보고서 내용이 일치하고, 그 분석, 원인, 그리고 가능한 최선의 정보와 일치하는지를 확인하기 위해 검증 분석을 수행한다.

2.5 "무엇이" 일어났는지를 결정하는 사고조사

적용 가능한 증거를 수집하여 적절한 폴더에 저장하여 팀 전체가 모든 정보에 전자적으로 접속할 수 있도록 해야 한다. 모든 인터뷰 대상자를 식별(identify all interviewees)한다. 사고조사 인터뷰 목록을 사용할 모든 인터뷰의 대상자를 식별한다. 식별, 각 증인의 이름, 직급, 인터뷰 이유, 전화번호, 근무 일정 및 회사 소속을 기록하고 사고에 대한 간단한 진술을 확보한다.

각 증인과 인터뷰 일정 잡기 (schedule an interview with each witness), 선임 면접과 배정 (assign a lead interviewer), 밑그림과 차트 개발 (develop sketches and diagrams)은 초기 현장 검증과 에너지부(DOE) 현장 팀 의견을 기초로 증인, 장비 등의 위치를 정확히 찾아내는 밑그림 및 차트(chart)를 개발한다. 표준 인터뷰 질문 만들기 (develop a standardized set of interview question)는 사고조사위원회는 인터뷰 전에 각 증인에 관한 질문 목록을 작성한다. 사고조사 증인진술서, 사고조사 인터뷰 양식, 비공식적 인원 또는 전화 인터뷰 양식은 관련 자료를 기록하는 데 도움이 된다.

2.5.1 사실의 결정 (Determining facts)

사고조사 위원회의 주요 과제는 정확한 그것과 다른 정보를 구별하는 것이며, 다음과 같이 성취될 수 있다.

① 사고나 사건 당시 수행되었던 활동의 이해

② 개인적으로 사고 현장이나 작업 장소의 현장 검증(walk-through) 수행

③ 고장 모드 및 물리적 증거를 결정하기 위해서 관련 구성요소의 검사

④ 인터뷰를 통한 사실 확증 및 증거를 얻음

⑤ 다른 증거(예: 물리적 증거)와 일치하지 않는 '사실'에 이의를 제기

⑥ 준수 또는 이행의 수준을 결정하기 위해서 정책, 절차 및 작업 기록 검토

사실 확인(fact-finding)은 증거수집 기간에 시작된다. 사고조사위원회 구성원은 사실과 증거가 수집될 때 즉시 사건의 연대표를 작성해야 한다. 사실은 관련성과 정확성을 보장하기 위해서 지속해서 보고되어야 한다. 사고조사위원회는 사실 조사와 분석과정 동안 조사의 범위와 깊이를 자주 재검토해야 한다. 사고의 원인요인은 사실을 분석한 후에 확인된다. 판단의 필요와 그에 따른 시정조치는 사고의 확인된 원인에 기초한다. 그러므로 사실은 조사 과정의 다른 모든 부분의 기초가 된다.

3가지의 주요 형태의 증거가 조사 동안에 수집된다.

① 인적 또는 구두 증거는 증인 진술과 관찰을 포함한다.

② 물리적 증거는 사고(예: 장비, 부품, 파편, 하드웨어 및 기타 물리적 항목)에 관계된 것이다.

③ 문서 증거는 기록, 보고서, 절차 및 문서와 같은 종이 및 전자 정보를 포함하며, 문서 증거 리스트(checklist)도 있다.

증거자료를 추구하는 과정은 다음과 같다.

① 인적(human) 증거수집 (증인 찾기 및 인터뷰)

② 물리적 증거수집 (관련 물질의 식별, 문서화, 검사나 보존)

③ 문서적 증거수집

④ 조직적 관심사, 관리시스템, 라인 관리 감독 조사 그리고,

⑤ 증거의 보존과 통제 (예: 물리적 증거 기록 양식 (log form)과 증거 서명 문서)

2.5.2 신체적 증거수집 및 목록 작성

① 물리적 증거의 문서화.

② 물리적 증거를 스케치하고 지도화(mapping).

③ 사진과 비디오 물리적 증거

④ 신체적 증거 조사

⑤ 물리적 증거를 제거.

2.5.2.1 물리적 증거의 문서화

증거를 얻거나 확인할 때 주의 깊게 문서로 만든다. 물리적 증거 기록 양식 (physical evidence log form)을 사용하여 물리적 증거의 수집을 문서로 만들고 추적한다. 물리적 증거 추가 수단은 스케치, 지도, 사진, 기업 파일과 비디오 파일이 있다.

2.5.2.2 물리적 증거의 스케치 및 지도화(mapping)(지도화)

에너지부(DOE) 현장 팀에 의해 시작되고 사고조사위원회에 의해 확장할 수 있다. 위치 지도는 사고 직후 사고현장의 시각적 표현을 전달한다. 증거는 실수로 이동, 제거 또는 파손될 수 있어서 초기 증인 진술 기록 후 즉시 수행한다.

2.5.2.3 사진과 비디오 물리 증거

사진이나 비디오는 단어로 효과적으로 전달하거나 다른 방법으로 수집할 수 없는 물리적 증거를 식별, 기록 또는 보존한다. 사진 범위는 거리와 시각을 확립하는 데 도움이 되는 표준 참조를 포함하여 상세하고 완벽해야 한다. 비디오는 특정 위치 또는 해당 항목(item)의 중요성뿐만 아니라 전체적인 사고 현장을 포함해야 한다. 철저한 비디오 녹화는 사고조사 위원회가 사고 현장으로의 이동을 최소화한다.

2.5.2.4 물리적 증거의 검사

초기 지도화(mapping) 및 사진 기록 후 물리적 증거의 체계적인 검사를 진행한다. 이러한 관찰 기록은 조사관이 그들의 기억에 의존하지 않도록 메모와 사진에 기록되어야 한다.

① 관련 장비, 차량, 구조물 등을 조사하여 사고가 발생하기 전에 구성품이 빠졌거나 빠져 있다는 징후가 있는지 조사

② 현장의 손상되거나 남아있는 부분 중 보호 가드, 제어(control) 또는 작동 표시기(계측기, 위치 표시기 등) 일부가 없음을 메모

③ 시험 전에 세척해야 하는 장비 또는 부품을 가능한 한 빨리 식별하고, 시험실 또는 적절한 시험 방법에 대해서 경험 있는 전문가의 감독 실시.

④ 빠진 것을 찾기 위해 나중에 추적할 수 있는 기록의 경로 또는 이동을 메모하는 것

⑤ 철저한 조사를 위해서 복잡한 장비의 체크 목록을 준비하는 것

2.5.2.5 물리적 증거의 제거

현장의 초기 검사 후 조사관은 물리적 증거 항목을 제거해야 할 필요가 있다. 추후 조사를 위한 증거의 완전성을 보장하기 위해서 부분의 추출은 통제되는 체계적이어야 한다. 증거가 사고 현장으로부터 제거되기 전에 신중하게 포장되고 명확하게 식별되어야 한다.

물리적 증거를 제거 준비할 때의 지침은 아래와 같다.

① 증인이 인터뷰 될 때까지 추출을 시작하지 않아야 한다.

② 위치 기록 (지도, 사진과 비디오에 대한 측정)이 이루어지기 전에는 부품의 추출 및 제거 또는 이동을 시작해서는 안 된다.

③ 사고현장은 위험한 물질이나 약화한 구조물로 인해 안전하지 않을 수 있음을 알아야 한다.

④ 제거된 부품의 위치는 주황색 스프레이 페인트 또는 표시 깃발 (wire-staffed marking flags)로 표시한다.

⑤ 충돌 흔적 및 파손 표면을 훼손하거나 왜곡시키지 않도록 추출 및 사전 검사 시 주의가 필요하다.

2.5.3 문서적 증거수집과 분류

문서 증거는 중요한 자료 (즉, "완료된 작업"의 증거)를 제공할 수 있으며, 물리적 증거만큼 체계적으로 보존되고 보호되어야 한다. 문서는 종종 사건의 원인요인을 구분하기 위해서 "완료된 작업(work-as-done)"의 중요한 증거를 포함한다.

완료된 작업의 증거는 아래 사항에 대해서 유효하다.

① 사건에 포함된 사람의 행동과 태도를 구분할 때

② 구두 증언(verbal testimony)에서 입증되지 않은 증거를 밝힐 때

일반적으로 "완료된 작업"을 결정하는 문서 증거는 세 분류로 그룹화된다.

① 과거와 현재 성과, 작업 활동의 상태, 사람, 장비와 재료 (예: 로그 북, 보안, 액세스 로그, 운영센터 호출)를 표시하는 기록

② 작업 활동과 관련된 특별 연구, 분석, 감사, 평가, 의문 및 조사의 내용 및 결과를 표시하는 기록 (예: 발생 보고서, 측정기준, 관리 및 자체평가 등)

③ 다른 유형의 문서에 대한 응답으로 취해진 조치를 설명하는 후속 문서 (예: 수정 조치의 추적 결과, 학습된 교훈 등)

2.5.4 증거를 체계화하고 조사를 쉽게 하는 전자파일

수집된 문서 증거를 체계화하고 조사팀이 쉽게 접근하게 하려면 증거가 이용 가능할 때 전자파일을 설정하고 서류를 덧붙이는 것이 강력히 권고된다.

수집된 증거의 예는 다음을 포함한다.

① 작업지시서, 일지(log book), 연수 경력(인증서/자격증), 양식, 시간표

② 문제 평가 보고서

③ 발생 보고서

④ 부적합 보고서

⑤ 유사 사건으로부터의 시정조치의 완료

⑥ 과정 측정항목 (process metrics)

⑦ 이전에 학습된 교훈 (previous lessons learned)

⑧ 외부 검토 또는 평가

⑨ 내부 평가 (관리와 자기 평가)

자료를 수집하는 역할을 하는 사람 또는 팀장은 사전에 만들어진 폴더에 공유된 전자파일에 모든 정보를 체계화해야 한다.

2.5.5 인적 증거 수집

인적증거는 종종 가장 예리하고 또한 가장 취약하다. 증인 기억은 사건 또는 충격사건 후 24시간 이내에 급격하게 감소한다. 그러므로 증인은 최우선으로 즉시 면담 되어야 한다.

2.5.6 증인 찾기

주요 증인과 목격자는 가능한 한 빨리 확인되고 면담되어야 한다.

① 주요 증인: 사건에 실제로 연루된 사람

② 목격자: 사고 직후나 사고를 직접 목격한 사람

③ 일반적 증인: 사고 직전 또는 직후의 활동에 관한 지식을 가진 사람

(예: 이전 근무 감독자 또는 작업감독자)

에너지부(DOE)의 현장 및 기타 초기 대응자의 책임은 현장에 도착하자마자 증인을 확인하고 초기 진술서를 기록하고 사고조사위원회에 이 정보를 제공하는 것이다. 조사자가 증인을 찾는 데 사용 가능한 출처도 나열한다. 이러한 출처는 증인을 찾는 데 유용하다.

현장 비상 대응 요원은 사건에 대한 통보를 한 사람과 그 사람이 도착했을 때 참석한 사람의 이름을 말할 수 있을 뿐만 아니라 증인과 관련된 모든 사람이 이용할 수 있는 가장 완벽한 목록을 작성할 수 있다. 주요 증인과 목격자는 사고에 가장 밀접하게 관련되어 사고에 직접 또는 간접적으로 관련된 다른 목록을 발견하는 것을 도울 수 있다. 일선 관리자는 사고 현장에 처음으로 도착하는 경우가 많으며 그 당시 또는 사고 직전에 누가 있었는지를 정확히 알 수 있다.

또한, 감독자는 안전 담당자, 시설 설계자 및 관련 정보가 있을 수 있는 사람들의 이름과 전화번호를 제공할 수 있다. 관련 지역 경찰, 경찰, 소방관 또는 구급 요원, 응급 처치 센터 또는 의료 시설의 간호사 또는 의사와 인근 시설의 직원 (사고 현장에 처음으로 대응할 수 있는 직원, 현지 의료 시설의 직원)들이 해당할 수 있다.

뉴스매체는 사고현장의 증인 정보와 사진 또는 비디오에 접근(access)할 수 있다. 유지보수 및 보안 요원은 사고 직전 또는 사고 직후에 시설에 체류할 수 있다.

2.5.7 인터뷰 실행

증인 진술은 원인요인을 밝혀내는 사실을 결정하는데 중요한 요소이다. 일어난 일에 대해 가장 유용한 세부 사항을 제공하기 때문에 주요 증인과 목격자를 가장 먼저 인터뷰한다. 즉시 질문하지 않으면 중요한 세부 사항을 잊어버릴 수 있다.

* 증거를 정리하고 조사를 쉽게 하는 컴퓨터의 전자파일을 사용한다.

① 작업지시, 일지, 훈련 기록 (자격증 / 자격), 양식, 시간표

② 문제 평가 보고서

③ 사건보고

④ 부적합 보고서

⑤ 유사한 사건으로 인한 시정조치의 폐지

⑥ 과정(process) 점검표(matrix)

⑦ 이전에 습득한 교훈

⑧ 외부 검토 또는 평가

⑨ 내부 평가 (관리 및 자체평가)

2.5.7.1 인터뷰 준비

조사의 사실 확인은 대부분 인터뷰에서 이루어지기 때문에 면접관은 인터뷰 대상자로부터 유용한 정보를 끌어내기 위해서 각각의 인터뷰를 잘 준비하고 명확한 목표를 가지고 있어야 한다. 이전의 사고조사위원회가 성공적으로 수행한 인터뷰 준비 방법은 아래와 같다.

인터뷰 기록 방법에 관한 결정 (decide on the interview recording method) - 면접관과 메모 작성자를 사용하여 팀 메모를 가져오는 것이 가장 효율적이고 편리한 방법이며, 더 철저한 기록이 필요할 경우는 법원 기록을 사용한다.

필기 된 문서 (transcripts) - 서면 필기록은 비용을 고려하여 가능한 한 빨리 입수하고, 각 증인은 사실의 정확성을 위해 필기 된 문서를 검토할 수 있는 합리적인 시간을 부여받는다.

* 인터뷰 준비 절차는 아래와 같다.

① 면접 기록 방법을 결정하라.

② 모든 면답자를 확인하라.

③ 면접 일정의 잡기

④ 핵심 인터뷰 담당자의 지정

⑤ 스케치 및 다이어그램의 개발

⑥ 표준화된 일련의 면접 질문을 개발하라.

* 효과적인 인터뷰 기술은 아래와 같다.

① 증인 진술을 얻기 위해 가능한 한 빨리 증인을 확인하라.

② 효과적인 인터뷰를 촉진하기 위해서는 조심스럽게 준비해야 하며 편안한 분위기를 조성해야 한다.

③ 증인이 사고를 묘사하는 동안 조사관은 증인을 서두르지 말아야 한다.

④ 약속을 기밀로 하지 않으면 면접관은 증언이 현장 관리에게 배포되지 않으며 증인의 이름이 보고서에 포함되어 있지 않음을 증인에게 알릴 수 있다.

⑤ 잠재적인 위협 문제를 피하려고 경영진의 감독은 목격자 면담에 참석하는 것이 바람직하지 않다.

* 목격자 인터뷰 수행 지침 - 편안한 분위기를 만들어라.

① 사고와 관련이 없는 중립 위치에서 인터뷰 시행.

② 자신을 소개하고 악수.

③ 친절하고 인내하며 친절해야 한다.

④ 존경심을 가지고 증인을 대하라.

* 목격자 인터뷰 수행 지침 - 목격자에 대한 인터뷰 준비를 잘하라.

① 조사의 목적을 설명: 사고를 예방하고 책임 부여하지 말라.

② 증인은 두 번 이상 인터뷰 될 수 있음을 설명.

③ 개인 정보 보호법 관련 문제의 해결을 위해 모델 개시 성명서를 사용.

④ 거짓 증언에 주의하고, 우려 사항(18 US Code 1001)을 설명하기 위해 모델 개시 성명서(Model Opening Statement)를 사용.

⑤ 면담 중 사실이 전체 조사 과정에 얼마나 중요한지 강조.

* 목격자 인터뷰 수행 지침 - 기록 정보를 잘 수집하고 관리하라.

① 면접의 상세한 기록을 제공하기 위해 법원 기자에게 의뢰.

② 의미 있는 후속 질문을 하기 위해 중요한 정보를 즉시 기록.

목격자에 대한 인터뷰 수행 지침은 아래와 같다.

* 질문 - 면담 중에 질문하고 선을 유지하라.

① 목격자에게 구조화된 질문을 하기 전에 사고를 충분히 설명하도록 요청.

② 목격자가 자신의 방식으로 사실을 말하게 하라. "나에게 말해 줄 수 있겠니?"와 같은 성명서로 인터뷰를 시작.

③ 여러 증인에게 사실을 입증하기 위해 비슷한 질문을 하라.

④ 인터뷰 대상자에게 참조 점을 알리는 것; 예 : '조명이 이 방의 조명과 어떻게 비교되는가?'

⑤ 열린 마음을 지키시오. 빠진 정보를 찾는 것 외에도 다른 사람들이 이미 언급한 것을 탐구하는 질문을 하라.

⑥ 사진, 그림, 지도 및 그래프와 같은 시각 자료를 사용하여 증인을 도우라.

⑦ 적극적인 청취자가 되어 증인의 피드백을 제공. 다시 말하고 요점을 다시 말해라.

⑧ 일반적인 “예” 또는 “아니오” 이상의 대답이 필요한 개방형 질문을 하라.

⑨ 응답이 전달되는 방식 (음성 억양, 몸짓, 표현 등)을 관찰하고 유의하라.

* 인터뷰 마무리

① 긍정적인 쪽에서 끝냄. 그/그녀의 시간과 노력에 증인에게 감사 표시.

② 증인이 인터뷰하는 서류를 읽고 필요할 경우 의견을 말하게 함.

③ 증인이 추가정보나 우려될 때는 이사회로 연락하도록 격려함.

④ 후속 인터뷰를 할 수 있음을 목격자에게 상기시킴.

2.5.7.2 개별 인터뷰와 그룹 인터뷰의 장단점

사고조사의 구체적인 상황과 일정에 따라 조사관은 개인 또는 그룹 인터뷰를 선택할 수 있다. 일반적으로 주요 증인과 목격자는 사건에 대한 독립적인 설명을 얻기 위해 개별적으로 면담한다. 그룹 및 개별 인터뷰는 다른 장점을 갖고 있다.

2.5.7.3 인터뷰 기술

증인 진술을 얻기 위해 가능한 한 빨리 증인을 확인하라. 효과적인 인터뷰를 촉진하는 것은 신중한 준비, 편안한 분위기의 조성, 인터뷰를 위한 증인 준비, 인터뷰 기록 (먼저 인터뷰를 기록하기 위해 법원 속기사를 사용하는 것), 공개 질문을 하고 증인의 마음 상태 평가를 포함한다.

증인이 사고를 진술하는 동안 조사관은 증인을 서두르지 말아야 한다. 면접관은 증언이 현장관리에 공개되지 않으며, 증인의 이름이 보고서에 포함되어 있지 않다는 것을 증인에게 알릴 수 있다. 관리 감독은 잠재적인 협박 문제를 피하려고, 증인 인터뷰에 참석하는 것으로부터 권장되지 않는다. 그러나 계획 단계에서는 증인이 노조 또는 법정 대리인을 인터뷰에 초대할 수 있음을 분명히 해야 한다.

인터뷰 전에 인터뷰 대상자는 정보공개법 (FOIA: Freedom of information act) 및 사생활 보호법 관련 사항에 대해 성명 및 신원에 관한 내용을 통보해야 한다. 지침에 따라 증인 진술이 자유롭고 정확하게 제공되도록 하여 결과적으로 얻은 정보의 질과 타당성을 높여야 한다. 증인 인터뷰를 실행하는 효과적인 5단계의 안내는 아래와 같다.

[1단계] 편안한 분위기를 조성하라.

① 사고와 관련되지 않은 중립 지역에서 인터뷰 진행

② 자기소개 및 악수

③ 예의 바르고 인내심 있으며 우호적으로 대하라

④ 증인을 존중하며 대하라.

[2단계] 증인에 대한 준비를 잘 관리하라.

① 조사 목적 진술: 사고를 예방하고 책임을 부여하지 말 것

② 한 번 이상 인터뷰할 수 있다는 것을 설명

③ 정보공개법 (FOIA) 및 개인정보 보호법 (Privacy Act concerns)을 처리하기 위해서 모델 개시문을 사용

④ 허위 진술에 주의.

⑤ 인터뷰 중 주어진 사실이 전체 조사 과정에서 얼마나 중요한지 강조

[3단계] 중요정보의 기록을 즉시 하라.

인터뷰의 상세한 기록을 제공하기 위해서 법원 속기사에 의존하고, 의미 있는 후속 질문을 하기 위해 중요한 정보를 즉시 기록한다.

[4단계] 순서에 의해 질문을 요청하라.

인터뷰하는 동안 질문의 순서를 설정하고 순조롭게 진행하라. (Establish a line of questioning and stay on track during the interview.)

증인에게 구조화된 일련의 질문을 하기 전에 사고를 완전하게 진술하도록 요청하라. 목격자가 자신의 방식으로 말하도록 하라. "나에게 말해 줄 수 있겠니?"(Would you please tell me~?) 와 같은 진술 방법으로 인터뷰를 시작하라. 사실을 입증하기 위해서 여러 증인에게 유사한 질문을 하라. 참조 사항을 제공하여 인터뷰 대상자를 도와라. 예를 들면

"이 방의 조명과 비교하여 그 조명은 어떤가?"

열린 마음을 유지 - 누락 정보를 조사하는 것 외에도 다른 사람들에 의해서 이미 언급한 것을 조사하는 질문을 하라. 증인을 돕기 위해 사진, 그림, 지도 및 그래프와 같은 시각자료를 사용하라. 적극적인 청취자가 되어 증인에게 피드백을 제공하라. 요점을 고쳐 말하고 다시 말하라. 일반적으로 "예" 또는 "아니요" 이상의 대답이 필요한 개방형 질문을 하라. 응답이 어떻게 전달되는지(음성 억양, 몸짓, 표현 등)를 관찰하고 메모하라.

[5단계] 인터뷰의 마무리를 잘 관리하라.

긍정적인 말로 끝내라. 증인의 시간과 노력에 감사하라. 증인이 인터뷰 필기록을 읽도록 허용하고 필요할 경우 의견을 말하게 하라. 증인이 추가정보나 우려로 사고조사위원회에 연락하도록 격려하라. 후속 인터뷰를 시행할 수 있음을 증인에게 상기시켜라.

2.5.7.4 증인의 마음 상태 평가

증인의 마음 상태는 제공된 증언의 정확성과 유효성에 영향을 끼칠 수 있어서 조사관은 다음을 고려한다.

① 사고와 인터뷰 사이의 시간

② 증인이 사건을 어떻게 회상할 수 있는지에 영향을 줄 수 있는 다른 사람들과 접촉

③ 사고로 인한 스트레스, 쇼크, 기억 상실 또는 기타 외상 징후.

④ 조사관은 면접 대상자가 명백한 정신적 또는 육체적 고통 또는 비정상적인 행동을 보이는지를 주의 깊게 관찰한다.

* 비협조적인 증인에 대한 대책

증언을 거부하는 증인과 마주치면 강제로 증언시킬 수 없다. 조사의 목적은 개인의 잘못을 찾는 것이 아니라 프로세스와 시스템의 약점을 밝히는 것이다. 증인이 시간, 위치 또는 표현 부족과 같이 불편한 점이 있으면 인터뷰 일정을 변경하도록 제안하라. 증인이 마음을 바꿀 경우를 대비하여 연락처 정보를 제공하라. 그런 다음, 심리 문제의 가능한 상태를 지적하면서 인터뷰를 종료한다.

2.6 "왜" 일어났는지를 결정하는 사고 분석

사고를 분석하고 "왜" 일어났는지를 판단하라.

2.6.1 분석의 기본

사고 후 수집된 데이터와 증거의 신중하고 완벽한 분석은 사고원인 요인의 정확한 결정에 중요하다. 포괄적 분석 결과는 시정 및 예방조치의 기초를 제공한다.

* 분석 방법적용 시 주의점은 아래와 같다.

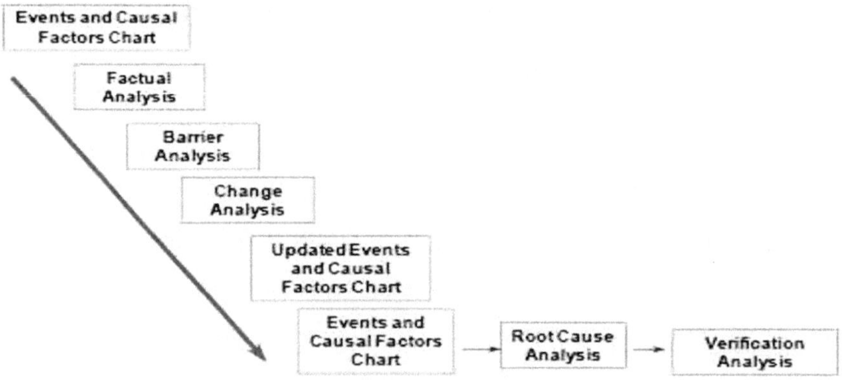

<그림 2.2> 사고분석 방법들(장벽분석, 변화 분석, 근본 원인분석 등)의 개요

사고의 여러 원인요인을 완전히 결정하기 위해서 요구된 모든 분석을 제공하는 단일 방법은 없다. 서로 보완하고 교차 검증할 수 있는 몇 가지 기술을 사용하여 최적의 결과를 끌어내야 한다. 최상의 분석 도구는 사고의 특정 상황에 적용되지 않고 적절히 채택되지 않는다면 비효율적이고 다루기 어렵게 될 수 있다.

2.6.2 핵심 분석 도구 – 사고 (또는 사건)의 원인 결정

다섯 가지 핵심 분석 도구는 아래와 같다.

① Event and causal factors charting and analysis (사건 원인요인의 차트 및 분석)

② Barrier analysis (장벽분석)

③ Change analysis (변경분석)

④ Root cause analysis (근본 원인분석)

⑤ Verification analysis (확인 분석)

2.6.3 사고조사의 뼈대-사건 및 원인요인 차트

사건 원인요인 (ECF) 차트 작성은 1970년대 SSDC(Safety management system center) 개발 이후 핵심 분석 도구였다. ECF 차트 작성은 사건 순서에서 근로자 행동 이전에 결정 사항을 포함함으로써 근로자 사고방식을 파악할 수 있는 체계적인 방법을 제공하며 의사결정과 관련하여 의사결정 당시의 동기, 목표, 지식 및 초점에 대한 정보를 제공한다.

사건 원인요인 (ECF) 차트는 그래픽으로 표시된 일정표 위에 구분된 사건 및 결정 사항이 있는 사건의 흐름 차트로 사건 일정표가 정해지면 관련 상태나 정보, 근로자의 지식이나 중점 사항이 사건과 결정 사항에 연결된다. ECF 차트는 사건을 시간상으로 분리하는 체계적인 도구를 제공하기 때문에 사건 조사의 주력 도구이다.

사건 및 원인요인 차트 작성은 여러 원인을 파악하고 사건 발생에 필요한 충분조건 및 사건을 묘사하는 데 유용하고 주요 사건 조사에 널리 이용된다.

2.6.3.1 사건 원인요인 차트 작성 과정 단계

사건 원인요인 (ECF) 차트(Chart)는 사고 예방의 목적에 대한 사건의 운영 안전 검토(Operational Safety Review)를 수행할 때 사용하도록 제안된다. 사건 및 원인요인 차트 작성은 사고의 연대기를 그래픽으로 보여주며 주로 사고의 사건 순서를 묘사하기 위해서 증거를 편집하고 정리하기 위해서 사용되며 조사 전반에 걸쳐 수행되는 지속적인 과정이다.

2.6.3.2 차트 만들기

수많은 사건과 조건이 짧은 시간 내에 발견될 것이므로 차트는 조사 자료수집 단계에서 거의 매일 업데이트한다. 차트를 최신 상태로 유지하면 조사가 원활하게 진행되고 정보의 차이가 확인되며 조사관이 증거수집 및 증인 인터뷰에 사용할 사고 연대기를 명확하게 나타낸다. 조사 보고서 및 브리핑에 포함하기 위해 차트를 일반적으로 요약한다.

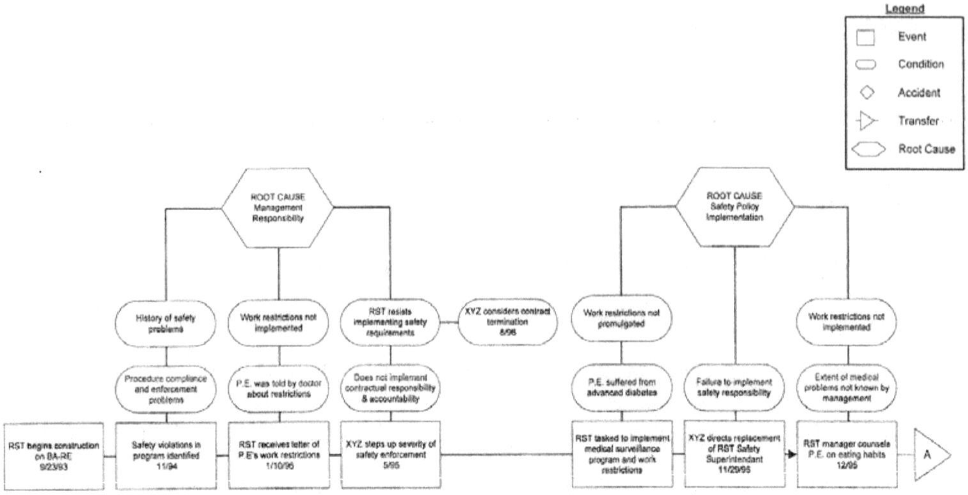

<그림 2.3> 그룹화 루트의 이벤트에 대한 원인과 인과 요인 관계 차트

2.6.3.3 사건 원인요인 차트 작성 과정 단계

왼쪽에서 오른쪽으로 사고로 이어지는 사건의 주요 사슬을 연대순으로 구축한다. 1차 또는 2차 사건 둘 중 하나에 영향을 미치는 조건은 이 사건들 위 또는 아래에 배치한다. 일정한 변경과 정보로써 차트의 확장이 있는 반복적인 과정이며 조사 중에 구조내용(Context)을 사용한다.

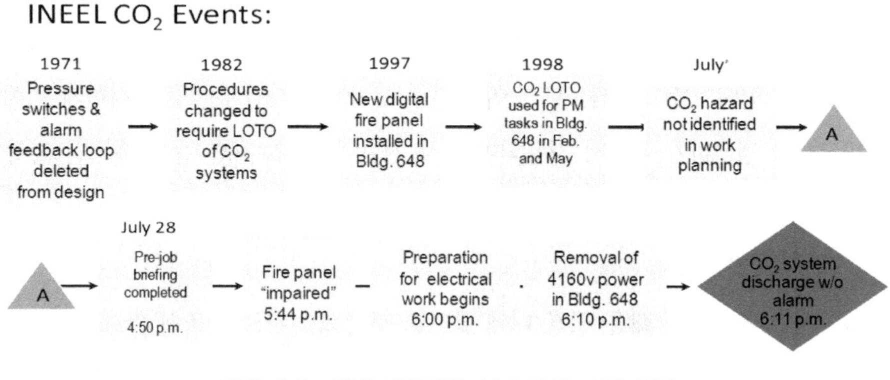

<그림 2.4> 사건 원인요인 차트 작성 과정 단계

2.6.3.4 조직 문제, 관리시스템 및 라인 관리 감독 검토

에너지부(DOE) 문서(O 225.1B)는 조사 위원회가 "조사 대상 사고에 적용할 수 있는 정책, 표준 및 요구사항뿐만 아니라 본사 및 현장에서 사고에 이바지하거나 예방할 수 있는 관리와 안전 시스템을 검사"한다.

또한 에너지부(DOE) 문서(O 225.1B)는 이사회가 에너지부(DOE) (P 450.4A) 문서에 정의된 대로 경영시스템의 효과성, 정책 및 정책 이행의 타당성 및 사고와 관련된 일선 관리 감독의 효율성을 평가할 것을 요구한다. 관리시스템 부적합의 원인을 결정하고 사고로 이어지는 조건을 예상하고 예방하지 못하면 연구원은 에너지부(DOE)의 통합 안전관리 시스템의 틀을 사용한다. 에너지부(DOE)는 분석을 위해 사고 발생, 부상 및 습득한 교훈이 기록되는 데이터베이스를 보관한다. 이러한 데이터베이스 중 일부는 다음과 같다.

① 발생 보고 및 처리 시스템 (ORPS)

② 컴퓨터 사고 / 사고 보고 시스템 (CAIRS)

③ 학습한 교훈과 모범적 실무 지침

④ 운영 경험 요약

⑤ 전기 안전

정보 출처와 현장 교정 조치 추적 시스템은 과거 유사 사건 및 관련 ISM 범주를 파악하기 위한 매우 좋은 방법이 될 수 있다. 많은 사고에서 에너지부(DOE) (P450 A) 문서에 정의된 5개 핵심 안전관리 기능의 구현에 있어 결함이 사고의 요인이거나 사고의 원인이 될 수 있다. 5가지 핵심 기능은 다음과 같다.

① 업무 범위 정의.

② 작업과 관련된 위험을 식별하고 분석.

③ 위험 통제를 개발하고 구현.

④ 제어(control) 내에서 안전하게 작업을 수행.

⑤ 통제의 타당성 및 작업의 정의 및 계획에 대한 지속적인 개선에 대한 피드백 제공

<표 2.1> H사의 아르곤 가스 사고 핵심 기능과 설명

아르곤가스 질식 사고 일지 2013년 5월10일, 5명 사망

No	기능	각 기능의 설명
1	**협력업체 계약**	H사와 협력업체 K사간 계약 단계시 내화벽돌 교체작업과 관련한 안전관리계획서 접수(제출)와 검토
2	**안전작업 허가서 작성**	내화벽돌 교체작업 관련 안전작업허가서 작성 통해 에너지 분리(가스 잠금) 실시
3	**위험성평가**	안전관리계획서를 기반으로 H사의 위험성평가 기준에 따라 위험요인 파악
4	에너지 분리-가스밸브 잠금	H사와의 안전관리 기준에 따라 에너지 분리(isolation) 실시
5	아르곤가스 밸브 연결	내화벽돌 교체작업이 완료시점으로 제거되었던 아르곤가스 밸브 연결
6	**아르곤가스 수동밸브 고장**	아르곤가스 배관 말단의 유연호스를 교체한 이후 결함불량으로 아르곤가스 누출
7	**내화벽돌 작업용 발판제거**	내화벽돌 작업이 완료 시점이므로 전로 내부 작업발판 해체를 위해 5명이 계단을 통해 내려감.
8	**위험가스 안전교육**	내화벽돌 교체작업시 아르곤가스 누출과 관련한 안전교육
9	**관리책임자 안전점검 및 개선**	관리책임자 주관의 안전점검 실시 및 개선

No	기능	1 입력	2 출력	3 전제조건	4 자원	5 제어	6 시간	No
1	**협력업체 계약**	**협력업체 안전작업계획서 요청**	**안전관리계획서 접수**	내화벽돌 교체작업 산안법 기준준	산안보건기준 규칙 619조	안전보건 법기준 절자준수 확인부	정의되지 않음	1
2	**안전작업 허가서 작성**	**안전관리계획서 접수**	**안전작업허가서 작성**	정의되지 않음	산업 안전보건 법령 기준 준수	정의되지 않음	정의되지 않음	2
3	**위험성평가**	**안전작업허가서 작성**	**위험성평가 실시**	정의되지 않음	정의되지 않음	현대제철 내부 안전관리 기준 접수	정의되지 않음	3
4	에너지 분리-가스밸브 잠금	**위험성평가 실시**	아르곤가스 밸브 제거 및 수동밸브 차단	정의되지 않음	위험성평가 실시	정의되지 않음	정의되지 않음	4
5	아르곤가스 밸브 연결	아르곤가스 밸브 제거 및 수동밸브 차단	아르곤가스 밸브 연결	정의되지 않음	정의되지 않음	정의되지 않음	정의되지 않음	5
6	**아르곤가스 수동밸브 고장**	아르곤가스 밸브 연결	**수동밸브 결함불량으로 아르곤가스 누출**	정의되지 않음	정의되지 않음	정의되지 않음	정의되지 않음	6
7	**내화벽돌 작업용 발판제거**	**수동밸브 결함불량으로 아르곤가스 누출**	**아르곤가스 누적**	정의되지 않음	정의되지 않음	정의되지 않음	정의되지 않음	7
8	**위험가스 안전교육**	위험성평가 실시	사고 발생	정의되지 않음	산안보건기준 규칙 619조	정의되지 않음	정의되지 않음	8
9	**관리책임자 안전점검 및 개선**	위험성평가 실시	사고 발생	내화벽돌 교체작업 산안법 기준준	현대제철 내부 안전 지침	안전보건 법기준 절자준수 확인부	정의되지 않음	9

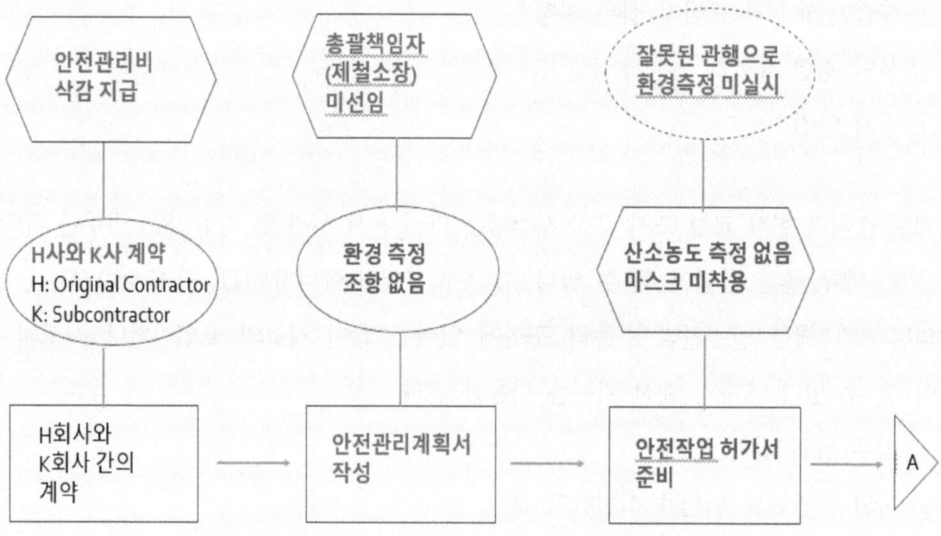

ECF 차트 1

<그림 2.5> H사의 아르곤 가스 사고 - 사건 원인요인(ECF) 차트1

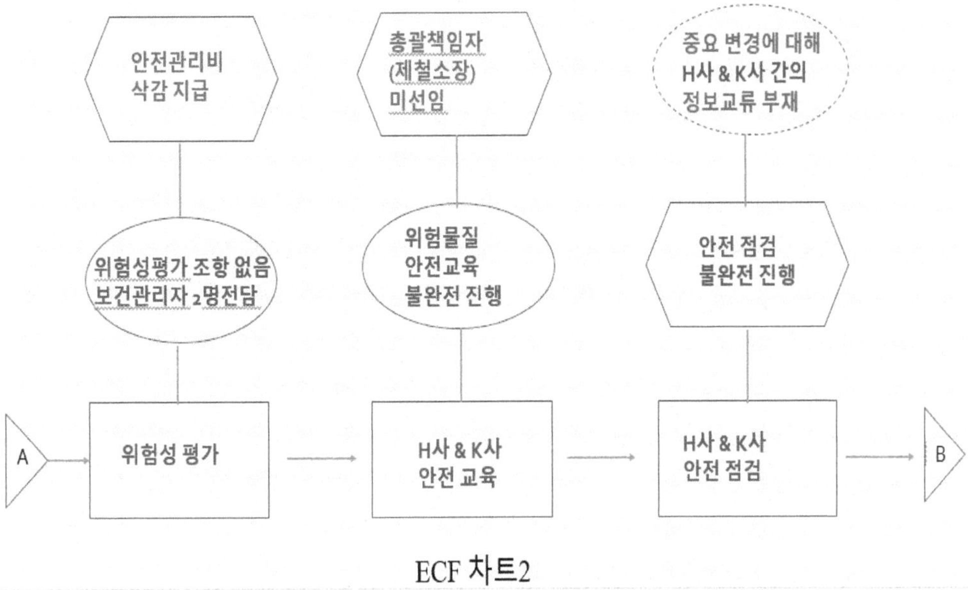

<그림 2.6> H사의 아르곤 가스 사고 – 사건 원인요인(ECF) 차트2

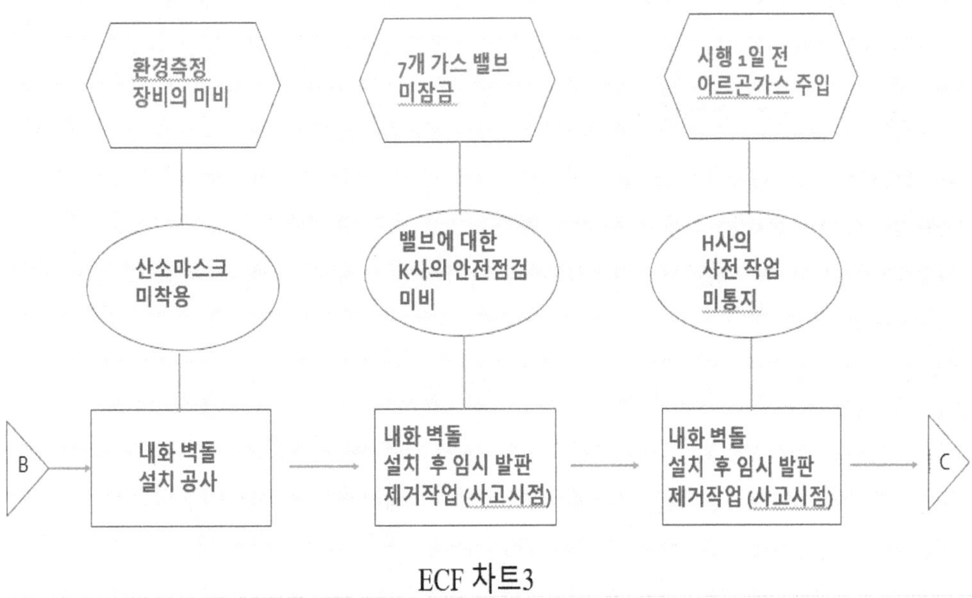

<그림 2.7> H사의 아르곤 가스 사고 – 사건 원인요인(ECF) 차트3

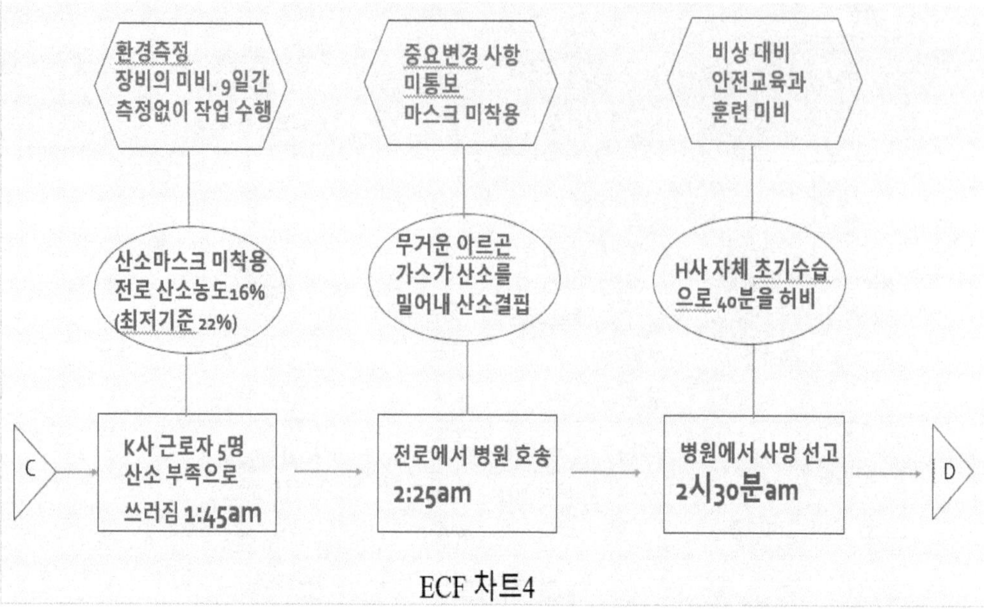

<그림 2.8> H사의 아르곤 가스 사고 - 사건 원인요인(ECF) 차트4

라인 관리 결함이 사고에 영향을 미치는지를 판단하기 위해 위원회 구성원이 질문할 수 있는 대표적인 질문 목록이 보고서에 수록되어 있다. 이 질문들은 에너지부(DOE) (P450 A) 문서의 7가지 지침 원칙에 기초한다.

1) 원칙 1 - 라인 관리는 공공, 노동자 및 환경 보호를 직접 책임진다.

- 에너지부(DOE)가 계약자의 라인 관리를 보장하고 문서화 된 안전 정책 및 목표를 수립했는가?
- 사고 발생 당시의 통합 된 안전관리 정책이 활동 수준까지 완전히 구현되었는가?
- 에너지부(DOE)의 라인 관리는 라인조직, 계약 업체, 하청 업체와 작업자에 의한 통합 안전관리의 적시적 구현을 보장하기 위해 사전 예방적으로 이루어졌는가?
- 에너지부(DOE)와 계약 업체 조직에 대한 환경, 안전 및 보건(ES&H)성과 예상이 명확하게 전달되고 이해되었는가?
- 라인 관리자가 안전관리에 적극적으로 참여하여 근로자의 참여를 유도했는가?

2) 원칙 2 – 안전을 보장하기 위한 명확한 권한과 책임은 부서와 그 계약자의 모든 조직 수준에서 수립되고 유지되어야 한다.

- 라인 관리는 안전 및 보건(ES & H) 전체 작업에 안전을 효과적으로 통합하기 위해 명확하게 규정된 역할과 책임을 정의하고 유지했는가?
- 작업을 수행하는 각 개인(직원, 하청 업체, 임시 직원, 방문 연구원, 공급업체 대표자, 허가인 등)에게 안전 책임을 부여할 수 있는 절차를 수립하였는가?
- 라인 관리는 특정 업무 프로세스의 잠재적인 안전 및 보건(ES & H)에 영향을 조직, 다른 시설이나 대중에게 알리기 위한 통신 시스템을 구축했는가? (의사소통 시스템)
- 관리자와 근로자는 안전한 시설 운영과 작업 관행을 보장하기 위한 구체적 책임과 의무를 인식하고 있었는가?
- 성과 목표, 평가 시스템 및 가시적이고 의미 있는 결과를 통해 안전 성과에 대한 책임을 개인에게 부여하였는가?
- 에너지부(DOE) 라인 관리와 감독은 적절한 계약 및 감정 메커니즘을 통해 계약자 및 하도급 계약자가 환경안전·보건 (ES & H)에 대해 책임을 지는가?

3) 원칙 3 – 직원은 자신의 책임을 이행하는 데 필요한 경험, 지식, 기술 및 능력을 소유해야 한다.

- 라인 관리자는 고도의 기술 역량과 프로그램 및 시설에 대한 이해를 보여주었는가?
- 라인 관리 부서에 에너지부(DOE)의 직원, 계약 업체 및 하청 업체가 업무, 위험, 위험 및 부서 및 계약 업체 정책과 요건에 대해 적절히 훈련받고 자격을 갖추었는지 확인하기 위한 문서로 만들어진 프로세스가 있는가?
- 자격이 있고 유능한 직원만 관련 위험에 상응하도록 특정 작업 활동에 배정되도록 보장하는 방법(mechanism)을 시행했는가?
- 절차, 위험 요소, 시스템 설계, 시설 임무 또는 수명 주기 상태의 중요한 변화에 대한 이해, 인식 및 역량을 보장하는 방법(mechanism)이 시행되었는가?
- 라인 관리를 통해 ES&H 교육 프로그램이 성과를 효과적으로 측정하고 개선하고 교육 필요성을 파악하도록 하기 위한 프로세스를 수립하고 이행했는가?

(1) 훈련 프로그램 요소가 프로그램 요구도와 관련성이 있는가?

(2) 직무 숙련도가 유지되고 있는지 확인하기 위한 절차를 수립하였는가?

4) 원칙 4 – 자원은 안전성, 프로그램적 및 운영상의 고려사항을 해결하기 위해 효과적으로 배분되어야 한다. 활동을 계획하고 수행할 때마다 공공, 근로자 및 환경을 보호하는 것이 우선순위가 된다.

- 라인 관리가 환경안전·보건(ESH) 프로그램이 라인조직 내에서 충분한 자원과 우선순위를 확보하도록 하기 위한 의지를 보여주었는가?
- 라인 관리는 통합 안전관리가 모든 유형의 업무에 적용되고 모든 유형의 위험을 다루어야 한다는 것을 분명하게 입증하였는가?
- 에너지 획득 규제 부서(IN) 환경안전·보건(ESH) 조항 (48CFR970.5204-2)에 따른 현장, 시설 및 작업 활동에 대한 관리 프로세스, 절차 및 / 또는 프로그램을 제공하는가?
- 우선순위 결정 프로세스가 자원 절감 및 예기치 못한 사건이 환경안전·보건(ESH) 자금 조달에 미치는 부정적인 영향을 균형 있게 조정하고 합리적으로 제한하는 데 효과적이었는가?

5) 원칙 5 – 작업이 수행되기 전에 관련 위험이 평가되고 분석되어야 하며, 안전기준의 설정 시, 적절히 이행된다면 공공, 근로자 및 환경이 불리한 결과로부터 보호된다는 확신을 제공한다.

- 표준 및 요구사항을 정책, 프로그램 및 절차로 변환하고 요구사항을 특정 작업 활동에 맞게 조정하는 과정을 포함하여 요구사항을 관리하는 프로세스가 있었는가?
- 요구사항이 현장 및/또는 시설의 현재 수명 주기 단계에서 발생하는 위험, 취약성 및 위험에 대응하여 설정되었는가?
- 관련 당국에 의해 정식으로 설립되고 승인된 현행 에너지부(DOE) 정책에 부합하는 정책과 절차가 있었는가?
- 통신 시스템은 관리자와 근로자가 자신의 직위, 업무 및 관련 위험에 적용 가능한 모든 표준 및 요구사항을 인식했는지 확인했는가?

6) 원칙 6 – 위험을 예방하고 완화하기 위한 관리 및 공학 통제 장치는 수행된 작업 및 관련 위험에 맞춰 조정한다.

- 작업 활동과 관련된 위험 요소가 식별되고, 분석되고 분류되었으므로 위험 요소를 예방하거나 완화하기 위해 적절한 관리 및 공학 제어를 시행할 수 있는가?
- 수행할 모든 작업 단계(예:정상 운용, 관찰, 유지보수, 시설 변경, 오염 제거 및 폐로)에 대해 위험 통제가 확립되었는가?
- 위험성 관리를 작업 환경에 영향을 미치는 작업 및 위험 요소의 유형과 규모 및 관련 요인에 대해 적절히 보호 및 맞춤화되도록 확립하였는가?
- 에너지부(DOE) 계약자와 하청업자가 환경이 변화함에 따라 통제를 실행하고, 관리하고, 유지하고, 수정하는 것을 보장하기 위한 프로세스가 수립되었는가?
- 근로자가 각 활동에 대한 업무 통제 및 업무수행과 관련하여 자격을 갖추고 지식을 습득했는가?

7) 원칙 7 – 개시 및 실시할 작업에 대해 충족해야 할 조건 및 요건이 명확히 수립 및 합의한다.

- 작업 환경에 존재하는 위험, 취약성 및 위험에 대응하는 데 필요한 안전 시스템과 장비의 가용성을 보장하기 위한 프로세스가 마련되어 있었는가?
- 에너지부(DOE)와 계약 업체 라인 관리팀이 개시할 작업에 대해 충족해야 할 조건과 요구사항을 설정하고 동의했는가?
- 범위 및 권한 부여 문서가 적절하게 정의되고 권한을 부여받은 작업의 범위와 복잡성과 직접 일치하는지 확인하기 위해 관리 프로세스가 수립되었는가?
- 사고 발생 당시 진행 중인 작업 범위의 변경 사항을 평가, 승인 및 재인증하기 위해 변경 관리 프로세스가 수립되었는가?

2.6.4 인간의 수행 능력, 안전관리 시스템과 문화 분석

장벽분석을 수행하면서 인간의 수행 능력, 및 관리시스템을 팀의 사고원인 요소(Events & Causal Factors) 분석에서 사건 변화에 따라 존재하는 조건에 맞출 수 있다. 여기에서는 조직의 사람과 관리시스템이 수행한 방식 간의 이러한 관계에 관해 서술한다.

모든 조건에 대해 사람이 취한 행동, 실패한 장벽, 인간 건강 및 경영시스템 / 문화의 맥락에서 평가한다. 통합 안전관리(ISM) 구조와 오류 예측 매트릭스, 분석 및 설명을 작성한다. 이러한 조건(ISM 4HP/HP/I) 중 일부는 인과관계의 요인 설명으로 이어질 수 있다.

2.6.5 변화 분석 (change analysis)

① 이사회가 장벽분석을 완료하면 위원회는 핵심 분석 도구 "변경분석"을 사용하도록 진행한다.

② 변화 분석은 시스템의 변화로 인한 사고의 불분명한 원인을 확인하는 데 특히 유용하다.

③ 변화 분석을 수행할 때 조사관은 변화 결과와 변화 사항을 확인. 변화의 결과만 식별하면 조사자가 사고의 모든 인과적 요인을 확인하지 못할 수 있으므로 구별이 중요하다.

④ 변화 분석 시, 잠재적 원인을 파악하기 위해 다양한 사건 및 상황을 체계적으로 검토 및 분석한다.

⑤ 변화 분석을 수행하는 데 필요한 정보를 개발하기 위해 이사회는 정보 수집 활동에서 확인한 모든 변경 사항을 이사회의 공동 회의실에 설치된 포스터 보드에 나열하는 것이 유용하다.

⑥ 조사가 진행된다는 것에 따라 포스터 보드에 표시된 일부 변경 사항이 사소하고 목록에서 제외될 수 있다는 것이 확실. 사고 이해에 중요한 것으로 보이는 변경 사항은 워크시트를 변경하여 분석할 수 있다.

⑦ 워크시트를 검토하면 조사자가 원래 나열되지 않은 추가 변경 사항을 확인할 수 있다.

2.6.6 인과 요인의 중요성

조사의 목적은 이벤트의 인과 요인에 따라 분석함으로써 사건/사고의 재발을 방지하는 것이다. 같은 작업 활동을 다시 수행 시 또 다른 사고를 방지할 수 있는 인과 요인을 식별할 책임이 있다.

이사회는 식별할 수 있는 모든 오류, 인간의 성능을 설명할 책임이 있다. 사고의 원인관리시스템을 결정해야 한다. 인간 성능지표(HPI) 및 통합 안전관리(ISM) 요소는 각각의 인과 요인을 검토하고 장벽분석을 수행한다.

현대 사고조사 이론은 사고의 근본 원인이 없는 시간, 위치, 장소의 측면에서 가장 직접 관련된 원인 인자 및 조직의 시스템 오류에서 발견된다. 근본 원인이 확인될 때까지 조사가 종료되지 않기 위해 조사팀이 근본 원인을 식별할 수 없는 경우 설명과 함께 조사 보고서에 명확하게 명시한다.

2.6.7 인과 요인

인과 요인을 결정하는 과정은 왜(why) 무슨 일이 일어났고, 어떻게(what) 일어났는가를 파악해야 한다. 인과 요인은 사고 발생의 기여 조건이다.

인과 요인은 세 가지 유형은 아래와 같다.

① 직접 원인 (Direct Cause)

② 기여 원인 (Contributing Cause)

③ 근본 원인 (Root Cause)

2.6.8 직접 원인 (direct cause)

사고의 직접적인 원인은 사고 발생 즉시 사건이나 상황이다. 직접적인 원인은 한 문장으로 명시된다. 일반적으로 사고의 직접적인 원인은 구조, 이벤트 및 조건에서 도출될 수 있다.

ECF Chart의 예로 다음을 들 수 있다. 사고의 직접 원인은 집 하부에 드릴 날과 13.2Kv 전기 케이블의 접촉으로 점유공간에서 이산화탄소(CO2) 방출을 시작으로 위험이 존재한다.

2.6.9 기여 원인 (contributory cause)

기여 원인은 집합의 다른 원인과 사고의 가능성은 증가하지만, 개별적으로 사고가 발생하지 않은 사건이나 상태를 말한다. 기여 원인은 이벤트(events)가 지속하거나 다시 발생 또는 사고의 가능성을 증가할 수 있는 경우이며, 무대장치를 안전하게 만드는 이벤트(events)를 예로 들어보자.

예) "무대장치의 설치(set the stage)"

- 절차(Rule) - 장벽 또는 경고 표지판
- 현장 감독(Supervision) 일을 시설담당자가 수행
- 조명 플랫폼(작업 환경)

2.6.10 근본 원인 (root cause)

근본 원인은 같거나 유사한 사고의 재발을 방지할 인과 요소이다. 근본 원인에서 파생된 또는 여러 기여 원인을 포함한다.

하나의 문제나 결함보다 결함의 종류(classes)를 해결하는 근본적인 요소이다. 근본 원인은 재발 사고를 방지하며 기타 사고에 이바지할 수 있는 라인 관리, 감독 및 관리시스템의 결함을 해결한다. 많은 경우에 근본 원인은 통합 안전관리의 원칙과 핵심 기능을 구현에 실패한 것이다.

예를 들어 근본 원인은 관리시스템의 실패를 포함할 수 있다.

① 안전에 대한 역할과 책임

② 근로자가 책임을 수행할 능력

③ 해당 자원의 사용을 보장하는 중요한 임무 및 안전 목표를 달성 여부

④ 안전기준과 안전에 부합되는 사항이 작업에 적용되어 있는지 확인

⑤ 위험 제어(controls)는 작업이 수행되어 맞게 조정되어 있는지 확인

⑥ 일이 제대로 되는지 검토 확인

근본 원인은 안전관리 시스템 실패에 대한 책임을 계약자 라인조직과 구별해야 한다.

2.6.10.1 근본 원인분석 (RCA)

사고는 안전관리 시스템 내에서 더 큰 문제의 증상이다. “질병”은 사고의 지엽적(local) 원인을 수정하는 여러 인과 요인에 기인하여 동일 및 비슷한 사고 발생을 방지할 안전관리 시스템에 근본적인 결함을 식별하는 기술이다.

사고의 가장 중요한 이유를 결정하는 핵심 분석 기술은 사실과 결과를 사용하는 체계적 과정이다. 근본 원인은 분석에 따른 과학이 아닌 전문가가 판단해야 한다. 분석의 목적은 식별 및 일부 자연재해, 합리적으로 예측하고 제어할 수 없는 사건이나 조건을 제외한 시스템 내에서 제어할 수 있는 근본 원인을 해결하는 것이다. 핵심 사항으로 인과 요인 분석, 장벽분석 및 6-Why 원칙에 따른 조사관의 질문에 대한 답변 분석을 제공하며, 근본 원인분석은 주로 질문을 해결을 위해 수행된다.

근본 원인 분석(RCA)의 시작은 사고를 둘러싼 “사실”을 알고 있어야 한다. 상기 “사실”의 원인요인의 초기 목록을 확인하기 위해 다른 분석 방법을 이용하여 분석할 필요가 있다. 사고 현장에서 수집한 증거, 증인의 진술, 인터뷰, 시설의 문서를 검토해야 하며, 추가 정보가 수행하는 특정 근본 원인 기술에 필요한지 아닌지를 결정한다. 사고의 근본 원인을 확인하기 위해 사고 조사 위원회는 조사에 함께 참여하는 것이 중요하다.

이사회의 주요 임무 중 필요에 따른 판단과 적절한 시정조치며, 사고의 인과 요인을 파악하는 것이다. 근본 원인분석에 모든 이사가 참여해야 하며, 단일 회원만을 둘 수는 없다. 근본 원인분석은 컴퓨터 또는 수동 기술을 사용하여 수행할 수 있다. 특정 사고의 원인은 하나 이상이 될 수가 있다. 분석의 결론에 하나 이상의 원인이 존재하는 것으로 생각될 경우, 근본적인 루트를 반영하기 위해 하나 이상의 원인이 결합할 수 있도록 원인을 결정하는 인과 요인의 목록을 다시 검토한다.

2.6.10.2 근본 원인 표의 예

계약자 관리 및 에너지부(DOE)의 현장 책임자가 명확하게 계획된 안전 비평에 대한 역할과 책임의 부족은 사고의 원인이 된다. 계약관리자가 아닌 이가 복잡한 수정 및 건설작업을 수행하기 위해 사용되는 상임 작업 주문 프로세서를 허용하면 에너지부(DOE)의 책임감독이 이를 감지하고도 보정을 확인하지 않으면 사고의 근본 원인이 된다. 계약관리 시스템의 일상 업무로 과거의 사건에서의 교훈을 구현하는 데 실패하는 경우 사고의 근본 원인이 된다. 검사 프로그램에 의한 수행평가의 몇 가지 안전기준이 계약자의 안전관리 시스템에 의한 구현 및 요구사항이 해결되면 사고를 막을 수 있다.

예비분석 기술의 몇 가지가 수행되고 나면, 사고조사팀은 인과 요인의 광범위한 목록과 사건 및 조건에 대한 이해가 성숙해진다. 근본 원인분석은 인과 요인의 목록을 수정하고 각 사고에 미치는 의미와 영향에 따라 분류한다. 특정 사고는 하나 이상의 원인을 가질 수 있다. 하나 이상의 원인이 존재하는 것으로 생각될 경우, 더 근본적인 루트를 반영하기 위해 결합 될 수 있는 원인의 인과 요인의 목록을 다시 검토한다.

인과 요인의 의의는 "명목 그룹 기법"에 의해 결정이다. 조사 단계에서 사건에 대한 지식이 있어야 하고 이에 따른 본능은 신뢰할 수 있는 소스를 제공할 수 있다. 인과 요인에 대한 의사표시는 대부분 사건에 이바지하고, 가장 많은 의사표시는 인과 요인의 원인이 될 수 있다. 중요한 요인과 원인은 많이 표시될 수 있으며, 각각은 시정조치가 필요하다.

2.6.11 준수 / 불이행

연구자들은 인과 요인으로 위반을 의심할 때 준수/위반 기술을 사용한다. 이 기술은 위반 문제의 근본 원인을 확인하기 위해 위반의 세 가지 범주("준수하지 않음", "준수할 수 없음", "모르겠음")에 대해 수집한 증거를 비교한다.

이 세 가지 영역의 기술적 적용을 제한 검토도 가능하다. 사고 조사 위원회의 기술이 유용할 수 있다. 준수/위반 기술을 적용하기 위한 기본 단계는 다음과 같다.

① 이벤트에 관련 사실의 완전한 이해

② 광범위하게 위반 이벤트를 분류

③ 비 준수가 발생한 이유를 판별

3가지 준수 / 위반 범주에 관한 질문은 다음과 같다. 사고 조사 위원회는 조사를 받고 사고의 특정 요구 및 상황에 맞는 탐구 라인을 조정한다.

① 모르겠음: 질문은 개인이 알고 있었음 또는 준수되지 않은 특정 절차, 정책 또는 요구사항에 주의해야 할 이유가 있는지에 초점을 맞춘다.

② 준수할 수 없음: 이 범주는 처리 과정에 필요한 자원이 무엇인지에 초점을 맞추고 담당자는 그들이 자원을 어떻게 사용했는지에 초점을 맞춘다.

③ 준수하지 않음: 질문은 구체적인 지침을 따르는지 또는 특정 표준을 수행하지 않은 결정에 초점을 맞추고 있다.

2.6.11.1 그룹화 루트(root)의 이벤트에 대한 원인 인과 요인의 관계 차트

이러한 세 가지 범주에 대해, 절차, 증인의 진술 및 면접으로 수집된 증거를 검토, 연구자들은 인과 요인으로 의심 준수/위반 문제를 추구한다. 준수/위반 기술이 체계적으로 탐구의 다음 또는 이와 유사한 라인을 따라 적용에 제한이 있지만, 연구자들은 인과 요인에 필요한 판단을 내릴 수 있다.

2.6.12 자동화 기술

여러 근본 원인분석 소프트웨어 패키지도 사고조사에 사용될 수 있다. 근본 원인분석에 있어 수동 방법보다, 전산화 기술은 상당한 시간적 효율성을 나타낸다. 사고에 대한 철저한 이해가 소프트웨어를 효과적으로 사용하는 데 필요하다.

순차적(step by step) 처리에서 연구자들은 소프트웨어에서 제공되는 서식(template) 자료를 입력해야 한다.

① 조사 동안 초점 유지

② 데이터 간의 상호관계를 파악

③ 관련이 없는 데이터를 제거

④ 인과 요인(가장 큰 근본 원인)을 확인한다. 소프트웨어 패키지의 많은 그래픽 디자인 기능은 사고 조사 위원회에서 유용하게 사용될 수 있다. 소프트웨어 패키지에서 얻은 결과의 품질은 사용자의 기술, 지식 및 입력에 크게 의존된다.

2.7 "방지"에 대한 결론과 필요의 판단 개발

결론 및 필요의 판단은 이사회에 의해 개발되어야 한다.

결론은 조사의 분석 결과에서 파생된 의미에서 비롯된 사실을 더한 테스트의 결과와 다양한 분석을 통해서 결론을 얻을 수 있다.

① 사실의 분석에 결정되는 사고의 인과 요인의 간결한 문장을 포함

② 원래 원인을 의심 한 문제에 대한 잠재적인 혼란을 완화

③ 근거 또는 확정적인 사고의 발생한 큰 영향

④ 한 곳을 조사, 적절한 발표, 성능의 긍정적인 측면을 강조

결론의 개발은 이사회에 해야 한다. 결론을 결정하는 프로세스는 질문에 어떤 대답을 찾느냐에 효과가 있다.

① 바람직한 시간순으로 순차적으로 결론을 논리적 정리

② 사실과 사실의 후속 분석 자료 결론

③ 사고의 실질적인 결론을 포함, 사고의 원인으로 이어지는 중요한 사실과 관련한 분석 결과의 반복

④ 가능한 범위까지 가능한 짧은 결론을 유지하고, 결정은(사용되는 경우) 참조인용을 하나로 제한

2.7.1 필요의 판단(심판)

필요의 판단은 이사회에 의해 결정된 관리 제어 및 안전조치를 예방하거나 재발의 확률 또는 심각성을 최소화하는 데 필요하다. 필요의 판단이 인과 요소를 논리적 결론으로부터 정보의 흐름을 연결한다.

① 명확하고 간결하고 직접적인 방식으로 진술

② 사실/증거를 바탕으로 시정조치 계획의 기초가 될 수 있도록 밝힘

③ 행동계획 또는 권고 규정 교정을 할 수 없으며, 징벌적 조치를 제안

사고에 직접적 영향이 없는 경우 공정문제(증거제어, 사고현장의 보존, 준비)를 포함한

다. 안전 프로그램에 임명된 공무원에게 별도의 각서를 받는다.

2.7.2 소수 의견 (Minority Report)

필요의 판단을 식별하는 과정에서 위원회 위원들은 사실, 분석 결과, 인과 요인, 결론 또는 필요 판결의 해석에 동의하지 않을 수 있다. 몇 가지 사실이 있거나 다른 소스에서 충돌하는 정보를 가지고 수행된 분석을 평가하고 다른 분석 기법을 사용하는 것이 필요하다.

분석 및 인과 요인, 사실 사이의 연계에 동의하지 않을 수 있다. 불일치가 발생하면 추가정보가 이러한 충돌을 해결하는 데 필요하다. 새로운 사실을 수집하고 새로운 분석을 시행하면서도 이사회 구성원은 여전히 강력한 사실, 결론 또는 필요 판결의 해석에 동의하지 않을 수 있다. 위원회 회원들은 이러한 이견의 발생 즉시 위원장에게 알려야 한다. 모든 노력을 기울이어 추가 사실을 수집, 추가 분석을 시행한다. 이사회 구성원의 반대 의견 문제를 해결해야 한다.

계약에 대한 자세한 브리핑을 확보하고 각각 사용된 사실, 분석, 인과 요인과 결론을 고려한다. 새로운 정보를 수집하거나 새로운 분석을 수행 논의하기 위해 회의를 개최하여 계약의 차이를 관찰하여 정보가 나오는 대로 많은 공통점을 찾을 수 있다. 조사 방법의 끝으로 상호 합의의 영역과 불일치의 영역을 식별하기 위해 이사회와 함께 작업한다. 공개적인 논의로 인과 요인, 결론에 관해 이사회와 필요의 판단과 합의를 얻을 수 있다.

* 소수 의견 (Minority Report)의 제시

기타 의견은 검토위원회 위원들의 의견 중 소수의 의견을 말하는 것이다.

① 사고원인과 재발 방지 대책 등에 대한 반대 의견

② 다양한 변수들을 표현한 전체 보고서와 같은 양식

③ 전체 보고서에서는 재작성 및 포함되지 않음

2.7.3 이사회 결재 및 서명 (Board Signatures)

사고조사 보고서 검토위원회 위원들은 소수 의견을 냈더라도 본인의 서명을 해야 한다.

서명란은 성명, 서명 일자, 직책으로 구성된다.

2.7.4 사고조사 및 보고서 작성 관련자들(Board Members, Advisors, Consultants)

검토위원회 회원(member), 고문, 사고조사팀 및 (사고와 관련된 직책 포함한) 지원 스태프들이다.

2.7.5 조사내용 및 분석 (Facts and Analysis)

조사내용 및 분석은 사고와 관련된 사실 분석 내용을 서술하며, 사고로 이어지는 사건들, 사건을 발생하게 한 요인들, 사고의 직접, 기여 및 근본 원인분석을 위해 사용한 분석 방법들의 결과에 중심을 둔다.

2.7.6 결론 및 재발 방지 대책 (Conclusions and Judgments of Need)

결론 및 재발 방지 대책은 검토위원회의 결론을 간략한 진술 형식으로 목록화(list up)한 부분(section)이다. 결론은 간략한 설명과 함께 진술, 표, 다이어그램을 명확하게 표현한 것이다. 재발 방지 대책은 향후 유사재해를 예방하는 데 필요한 활동적(action) 요소(item)이다.

2.8 사고조사 결과 보고 (Reporting The Results)

사고조사 보고서의 목적은 사고 발생의 근본 원인 등 조사 결과를 명확하고 간결하게 전달하기 위해서다. 무슨 사고가, 왜 일어났는지, 재발을 방지하기 위해서는 어떤 것들을 추가로 해야 하는지에 관한 내용이 포함되어야 한다. 사고조사 보고서는 사고에 대한 정확하고 객관적인 내용으로 구성되어 있으며, 사고조사팀 구성, 사고조사 절차, 원인분석 및 재발 방지 대책에 대해서 모든 정보를 포함하고 있다.

2.8.1 보고서 작성 (Writing the report)

사고조사 보고서는 조사에 대한 공식적인 기록이다. 사고조사 보고서에는 해당 사고 발생 사업장에 적용될 개선방안 및 재발 방지 대책이 포함되어 있어야 하며, 이것에 의해 사고조사의 품질(quality)이 결정된다. 기존의 조사 보고서들은 사고의 근본 원인, 시사점, 재발 방지 대책에 대한 세부 사항(detail)이 부족해서 보고서를 통해 효과적이고 효율적 내용을 전달하지 못했다. 따라서, 사고조사 보고서를 통한 재해 예방 효과를 극대화하기 위해서는 아래의 조사 보고서 작성 전략의 예를 참고하기를 바란다.

2.8.2 보고서 작성 (Writing the report) – 사고조사 보고서 작성 전략 1

① 보고서를 작성하는 부문(section)별로 명확한 목표와 책임을 정할 것

② 보고서의 최종 보고일을 정해 두고 초안 작성, 검토(review), 인쇄, 발간 등의 일정을 거꾸로 맞출 것

③ 정해진 형식을 갖춘 보고서 양식을 사용하고 제목, 줄임말, 첨부 자료, 주석 등에는 일관성 있는 형태와 어조를 사용할 것 (보고서 최종 수정단계에서 실패하는 일이 없도록)

④ 보고서 편집, 인쇄를 포함한 보고서 파일의 버전 관리를 위해서 행정적인 절차 등을 도와주는 코디네이터를 활용할 것

⑤ 가능한 한 보고서 작성을 빨리 시작하고, 중간 시점에는 확인된 사실을 모아 정리하며, 시기를 놓치지 않기 위해 시간순으로 작성하여 보고서 작성 시간을 줄일 것

2.8.3 보고서 작성 (Writing the report) – 사고조사 보고서 작성 전략 2

① 삽화와 사진 설명 내용은 보고서 작성 초반부터 시작할 것.
(위의 절차들이 예상했던 것보다 작성 시간이 오래 걸리기 때문임)

② 보고서 검토자나 편집자에게 충분한 검토 시간을 주고, 보고서의 최종 제출 기간 내에 보고서 최종본을 결정하기 위해 경영층에게 충분한 시간을 줄 것 (이 단계는 사고조사 범위의 타당성, 주요 이슈를 확인하고 검증하는데 중요한 단계임)
③ 보고서를 작성하면서 중간중간에 USB 등 이동식 디스크를 활용하여 수시로 저장할 것
④ 보고서의 가독성, 문법, 콘텐츠, 논리 구조, 내용 흐름 등에 대해 수정하기 위해 전문작가 또는 편집자를 보고서 작성 초기부터 적극적으로 활용할 것.
⑤ 다른 분야에 있는 보고서 검토위원과도 정보를 공유할 것
⑥ 여러 번의 수정작업에 대비하여 일정 등을 사전에 조율할 것

2.8.4 보고서 양식 및 콘텐츠 (Report format and content)

사고조사 보고서는 증거자료, 이미지, 표, 붙임 자료는 반드시 첨부해서 목차를 구성한다.

2.8.5 주요 내용 요약 (Executive Summary)

주요 내용은 사고에 대한 이해, 발생 원인, 재발 방지 대책에 대해 읽는 사람들에게 간단명료하게 전달하기 위한 것이므로 간략한 설명이 포함되어야 한다.

① 사고 발생 원인 및 결과에 연관된 근본적인 사실
② 사고가 발생하게 된 조직관리시스템 및 생산관리 취약점의 원인 요소 확인을 위한 결론
③ 개선방안 및 재발 방지 대책

2.9 증거 분석 및 사고원인 검증 (Verification Analysis&Validation of Conclusion

사고조사 보고서 출간 전 사고조사위원회는 보고서의 기술적 정확성, 완벽성, 일관성을 포함하여 관련 조직 문제, 안전관리 시스템, 생산라인 관리 등의 전반적인 사항에 대해 재검토해야 한다. 사고조사위원회 위원장은 위원들에게 충분한 검토 시간을 부여하여 조사보고서의 신뢰성을 재고토록 해야 하며, 재검토 시에는 아래의 부분이 고려되어야 한다.

2.9.1 증거 분석 (Verification Analysis)

보고서 검증 및 분석은 모든 분석 기법 및 결과가 완료된 후 시행되어야 한다. 보고서의 모든 부분에서 기술적 정확성, 일관성이 있는지 분석되어야 한다. 보고서의 결론이 확인된 사실, 분석, 재발 방지 대책과도 일치하는지 검토되어야 한다. 증거 분석의 목적은 검토된 모든 자료가 확인된 사실에 근거하는지를 검토하는 것이다.

① 사실, 분석 및 발생 요인 간 분석을 통해 확인된 사실의 유효성 검증

② 잘못 확인된 사실, 불충분한 분석은 없었는지 재검증

③ 잘못된 부분이 발견되면 보고서 재작성 또는 보고서에서 해당 부분 삭제

2.9.2 안전보건 보안 최고 책임자 검토 (Chief Health, Safety Officer Review)

사고조사보고서는 회사의 최고 안전보건 보안책임자의 최종 검토를 거친 후 승인되어야 한다. 연방 사고조사 보고서는 회사의 공식 보고체계를 통해 보고되기 전에 검토되어야 하며, 검토 내용도 최종 보고자에게 전달되어야 한다.

2.9.2 결론 및 재발 방지 대책 (Conclusions and Judgments of Need)

결론 및 재발 방지 대책은 검토위원회의 결론을 간략한 진술 형식으로 목록화(list up)한 부분이다. 결론은 간략한 설명과 함께 진술, 표, 다이어그램을 명확하게 표현한 것이다.

재발 방지 대책은 향후 유사재해를 예방하는 데 필요한 액션 요소(item)이다.

2.10. 최종 보고서의 제출 (Submitting the report)

최종보고서가 작성되면 사고조사위원회 위원장이 최종보고서를 회사의 최고 책임자에게 제출한다. 최고 책임자는 최종보고서 내용에 사고조사 절차 및 방법, 사실 확인 및 분석 검토가 충분히 반영되고 검토되었는지, 사고 발생 원인에 대한 결론(CON)과 재발 방지 대책(JON)이 현실성 있고 실행 가능한지를 확인한 후 사고조사보고서를 승인한다. 최종보고서에는 보고서를 확인하고 결재한 사람들(The Appointing Official)의 진술(comment)도 기재한다.

03장
운영 안전 검토(OSR)

3.1 서론

사고조사 (AI) 및 운영 안전 검토 (OSR)는 지속적인 조직 학습 프로세스를 통해 사고를 예방하기 위한 기술적 문제, 안전관리 시스템, 인간의 성과 및 환경 조건을 평가하는 데 유용한다. 이 핸드북은 지난 수년간 에너지부 (DOE) 사고조사를 수행하면서 얻은 경험의 강점을 모았다. 이러한 경험을 통해 우리는 낮은 수준의 이벤트, 거의 빠진 상황을 분석하고 고신뢰성 조직 (HRO) / 학습 조직 및 인간 성과 향상 (HPI)의 통찰력을 추가할 수 있다.

1권의 내용 - 1장은 기능적 기술기반과 사고 예방 및 조사 원칙 및 실행에 대한 이해를 제공한다. 2장은 에너지부 (DOE) (O 225.1B) 문서에 따라 에너지부 (DOE) 연방 주도의 사고조사에 적용할 수 있는 사고조사 기술의 실제 적용을 제공한다. 여기에는 사고조사 조직, 팀 선택, 역할 할당, 정보 및 증거수집 및 기록 프로세스가 포함된다. 정보의 구성 및 분석, 결론 (CON) 및 필요 판단 (JON) 구성, 최종 보고서 작성. 이 장은 조사 중에 이사회 의장과 위원이 쉽게 사용할 수 있는 참고 자료로 사용된다.

2권의 내용 - 2권(Volume II)은 OSR에 대한 위의 개념과 프로세스를 적용하여 계약자의 조직 내에서 더 깊이 들어가 사고가 발생하기 전에 조직의 약점을 드러내어 사고를 예방하는 접근 방식을 제공한다. 간단히 정의하면 이 핸드북의 프로세스에는 다음이 포함된다.

① 무슨 일이 일어났는지 결정;

② 왜 발생했는지 결정하고,

③ 재발 방지를 위한 욕구에 대한 결론 및 판단 개발.

2권에는 아래의 내용이 소개된다. 사건 및 인과 요인 차트 및 분석과 아래의 4개 핵심 분석 기술을 적용한다.

① 장벽(barrier) 분석

② 변화(change) 분석

③ 근본 원인(root cause) 분석

④ 검증(verification) 분석.

이러한 각 분석에는 분석 도구 통합, 에너지부(DOE) 및 계약자 관리시스템, 조직의 약점 및 인간 성과(HP)가 포함된다. 필요한 경우 이러한 핵심 분석 기법을 넘어선 다른 특정 분석이 적용될 수 있다.

1권(Volume I)의 1장(Chapter 1)은 사고조사, 예방, 분석에 대한 기초적인 자료를 제공한다. 2장(Chapter 2)은 사고조사와 관련한 역할과 책임, 자료수집, 증빙 관리, 결과도출 등의 지침(guideline)을 제공한다.

2권(Volume II)은 I의 철학, 절차, 기술 관련 사항을 강화한다. 2권(Volume II)만 갖고는 올바른 사고조사를 할 수 없다. 2권(Volume II)은 1권(Volume I)의 1장과 2장(Chapter 1&2)을 활용하며, 사고를 유발하는 조직의 약점을 찾는다.

3.2 기초

여기서는 사고 역학, 사고 예방 및 사고 분석의 기본 개념에 관해 설명한다. 이 장의 목적은 에너지부(DOE) 사고조사자와 개선 분석가가 안전관리 및 사고 분석의 이론적 기반과 에너지부(DOE) 통합 안전관리 (ISM) 체제의 실제 적용을 이해해야 함을 강조하는 것이다. 이는 조사자에게 관련 사실을 파악하고 적절한 인과 요인을 추정하고 잠재적으로 더 나쁜 결과를 초래할 수 있는 향후 사건에 대해 조직을 취약하게 만드는 조직적 요인을 이해할 수 있는 구조를 제공한다.

2권은 운영 안전 검토 계획 및 구현을 소개한다. 1장에서는 I권 2장의 사고조사에 사용된 것과 같은 기본 단계 및 프로세스를 사용한다.

- 조사 범위 정의 및 검토 팀 선정
- 증거수집
- "무슨 일이 일어났는지" (what happened) 조사
- "왜 발생했는지" 분석 (why happened)
- 필요성 판단 및 시정조치 정의 및 보고

① 운영 안전성 검토 (The Operational Safety Review, OSR) 개요

중대 재해 또는 상해사고가 개인 작업자들의 실수에 기인한 것이 아니라 작업자들이 일하고 있는 조직환경에 의해서 발생한다는 것에 기반을 두고 있다. 평소에 간과하거나, 중요성이 떨어지거나, 관련 정보가 부족한 지표들을 조사함으로써 중대 사고로 이어질 수 있는 주요 조직적인 문제점들을 확인할 수 있다.

운영 안전성 검토(OSR)는 사고조사 때 활용된 조사 및 분석 절차를 더욱더 강화한 검토 방법이다. 운영 안전성 검토는 앞으로 사고로 이어질 수 있는 안전관리 시스템의 취약점과 잠재적인 위험 환경에 대해 좀 더 깊이 있는 사고조사를 가능하게 한다. OSR 사고조사 방법은 조사를 강화하기 위해서 인공지능(AI) 팀을 활용할 수 있으며, 특정한 부분에서의 사고조사 때 AI를 활용한 운영 안전성 검토 방법을 추천한다.

② 운영 안전성 검토(OSR)의 필요성 (Establishing the need for the OSR)

목적은 어떤 이벤트(사건)에 대한 조직의 과제 접근방법, 해당 과제의 성공 원인과 관련된 기본 요소들을 체계적으로 분류 및 구분하는 것이다. 조직의 안전관리 시스템이 잘못 적용되어 실패했거나 실패할 우려가 있는 부분에 대해서는 유용하고 적용 가능한 피드백을 중점적으로 제공한다. 개선대책들이 오랫동안 효과적으로 적용되는 것을 방해하는 조직문

화 또는 안전문화의 취약점도 언급한다. 안전관리 시스템의 취약점들을 밝혀 공유한다.

③ 사고조사위원회(Accident Investigation Board, AIB)와 운영 안전성 검토(OSR) 차이점

- OSR 팀은 특정한 사고를 예방해야 한다는 강제성이 없음.
- OSR 팀은 연방정부의 직원을 필수로 포함하지 않아도 됨.
- OSR 팀은 특정한 검토 절차 또는 방법을 필수로 사용하지 않아도 됨.
- OSR 팀이 사용하는 사고조사 절차와 방법은 식스 시그마와 같은 검증된 조사 방법 또는 외주 전문기관의 검토를 포함함.

④ 운영 안전성 검토(OSR) 팀의 사고 조사 절차

사고조사위원회(AIB)에서 사용한 아래와 같은 기본적인 절차와 방법을 활용한다.

- 사고조사의 범위 선정 및 OSR 팀 구성
- 증거 등 관련 자료수집
- 어떤 사건이 발생했는지 조사 (What happened)
- 그 사건이 왜 발생했는지 조사 (Why it happened)
- 재발 방지 대책 및 개선 활동 정의 및 보고서 작성

⑤ 안전 투자 정당화 서류(White Paper)의 명시 사항

회사에서 안전에 대한 투자를 정당화할 수 있는 서류이다. 안 전 프로그램 강화, 그간 다루어지지 않은 안전 관련 질문들, 안전성 평가자료, 재발 방지 대책, 방향 보고서 등이다.

주의 사항과 많은 사건 및 사고가 얼마만큼의 확률로 발생하느냐에 더 큰 영향을 받는다. 사건 및 사고의 잠재적인 결과를 해석하는 것은 OSR 팀의 재발 방지 대책에다 기본이다. 타당성과 실용성을 고려하여 조사의 범위를 넓혀야 한다. 조사 범위의 확대 및 철저한 검토 검증은 유용하고 오랫동안 유지되는 개선방안 및 결과를 안전관리 및 조직상에 적용한다.

3.2.1 OSR 지정 위원

운영 안전성 검토(OSR) 팀을 구성하면서 지원 부서장(Sponsoring Manager)이 OSR

팀 구성 책임자로서 소임을 수행일 수 있으며, OSR 팀의 최고 책임자를 선정할 수 있다.

선정된 OSR 팀장은 3~6명의 팀 구성원을 선정할 수 있으며, 구성원 중 1명은 경험이 많은 사고조사전문가로 구성한다. 팀 구성원 간 충돌을 최소화하기 위해서 팀장과 사고조사전문가는 서로 다른 역할과 보고 주제를 다뤄야 한다. 협력업체 관리 역할과 책임은 사고조사 지원 부서장, 조사 프로그램 책임자, 현장 조사 책임자들에게 같이 적용된다.

3.2.2 OSR 팀 구성

운영 안전성 검토(OSR) 팀장은 최소한의 자격 기준에 부합해야 하며, OSR 팀장 후보군은 OSR 프로그램 책임자가 공유해야 한다. OSR 프로그램 책임자는 자격을 갖춘 팀 구성원, 컨설턴트, 자문위원, 지원 스태프 후보군도 확보해야 한다.

운영 안전성 검토(OSR) 팀 구성위원회, 프로그램 책임자 및 OSR 팀장은 검토 범위를 평가하고, 검토를 위한 팀 구성원을 확인해야 한다.

3.2.2.1 운영 안전성 검토(OSR) 팀 구성원의 선발 기준

① 팀장 - PM 경험이 있고 브리핑에 능숙한 차장 이상급이며, 사고조사 기법에 대한 풍부한 지식 소유자이며, 사고조사 유경험자 또는 최소 1건 이상의 사고조사 실적이 있어야 한다.

② 팀원 - 사고조사 및 분석 기법에 능숙한 지원조직 근로자가 사고와 관련된 관리시스템 운영 경험자이고, 조직 운영 및 조직문화에 대한 이해력이 높은 근로자여야 한다.

③ 자문위원과 컨설턴트 - 기술적, 관리적, 정책적 평가에 풍부한 지식 소유자이고, 사고 발생 요인 결정 기법에 대한 산업체 경험이 풍부한 자이어야 한다.

3.2.3 운영 안전성 검토(OSR) 팀 구성의 설명회

구성위원회는 운영 안전성 검토(OSR) 팀 구성원들이 개인별 책임과 의무에 대해서 충분히 설명한 후 OSR 팀 구성 설명회를 통해 아래의 내용에 대해서 강조해야 한다.

① 운영 안전성 검토(OSR) 팀의 검토 범위

② 운영 안전성 검토(OSR) 팀의 권한 및 책임

(생산라인 관리상 간과한 부분, 사고의 잠재적 발생 요인, 조직 및 관리시스템 조사 등)

③ 이해관계자들의 의견 충돌 회피의 필요성 및 방법

④ 관리시스템의 효과성 평가 (관련 계약 및 정책 검토)

⑤ 관련 사건 및 사고 발생 정보, 검토위원회의 관심사랑 기타 고려사항

3.3 운영 안전성 검토 팀의 구성 (Organizing the OSR)

운영 안전성 검토는 과중한 업무 로드, 시간적 제약, 민감한 이슈, 팀원 간 협업 및 지원 등 다양한 고려사항들이 있는 복잡한 프로젝트이다. 운영 안전성 검토 의장은 사고조사 리더 또는 팀 대표라는 또 다른 직책을 맡게 되는데, 간략하게 여기에서는 의장 (OSR Chairperson)이라고 부른다.

정해진 기간 내에 조사를 끝내기 위해서 운영 안전성 검토(OSR) 의장은 훌륭한 프로젝트 관리 기술을 가져야 하고 팀원들도 챙겨야 한다. 의장의 초반부 결정과 행동들이 안전성 검토의 무게감, 속도, 전체 검토에 대한 난이도 결정에 영향을 끼친다.

3.3.1 OSR의 정보 접근 및 공유에 관한 규약

운영 안전성 검토(OSR) 의장은 안전성 검토와 관련한 정보 접근과 공유에 관한 규약을 제정해야 한다. OSR 정보 접근과 조정에 관한 규약은 안전성 검토의 무결성을 유지하고, 인터뷰한 사람과 다른 관계자들의 프라이버시와 비밀성을 보장하는 것이다. 정보 자유법과 개인정보 보호법은 정부의 기록물에 대한 접근과 공유에 관해서 설명한다. 의장은 안전성 검토 회의의 법률 자문가로부터 정보 자유법과 개인정보 보호법에 대한 기준을 확보해서 팀원들에게 알려야 한다.

OSR 팀은 조사하는 정보의 정확성, 관련성, 완벽성 및 최신성을 유지해야 한다. (법원 기자들은 인터뷰를 기록하기 위해 더 많고 더 깊은 정보들을 수집 사용하기 때문임)

인터뷰한 사람들은 그들이 언급한 원고 내용에 대한 정확성에 대해 검토해야 한다. (정

보 자유법은 계약자 등 제3자가 유도한 운영 안전성 검토 결과를 적용하지 않기 때문임)

개인정보 보호법은 시민권자, 영주권자들의 정보공개 동의가 없으면 기록을 공유하지 않는다. 특히, 개인정보 보호법이 적용되는 부분에 대해서 OSR 팀은 아래의 사항들에 책임을 진다.

① 인터뷰한 사람들에게 그들에 대한 정보가 수집되고 어떻게 사용될 것인지를 알려야 함.

② 개인정보 보호법에 따라 개인의 동의 없이는 그들의 정보, 인터뷰 내용을 공개하지 않으며, OSR 팀도 안전성 검토와 관련이 없다면 해당 정보들을 요청하지 않아야 함. (기본적으로 비공개로 설정된 성명, 현재 및 과거 직책, 등급, 연봉, 직책 명세서)

3.4 OSR의 절차 관리 (Managing the OSR review process)

조사가 진행됨에 따라 운영 안전성 검토(OSR) 의장은 가이드, 지도, 관찰, 피드백, 의사 결정, 운영 안전성 검토(OSR) 팀의 목표와 활동 기간에 맞는 일정 관리 등의 다양한 관리 기법을 사용해야 한다. 그리고 이러한 과정들이 필수적이고 결정적이기 때문에 의장은 본인 부재 시 의장의 역할을 대신할 사람을 팀원 중에서 선정해야 한다.

3.5. OSR의 검토 절차 조정 (Controlling the OSR review process)

검토, 분석 및 보고서 작성하는 동안 운영 안전성 검토(OSR) 의장은 팀원들의 실적 확인, 비용, 일정, 보고서의 질 검토를 챙겨야 하며, 필요한 기술들은 아래와 같다.

3.5.1 성과 관찰 및 피드백 제공

의장은 일일 미팅을 통해 팀원들의 활동 및 진척도를 관찰하고, 일정 대비 업무 성과를 확인 및 평가해야 한다. 팀원들은 프로젝트 완성을 위한 계획과 조사 목표 달성을 위한 활동 해야 하며, 의장은 아래와 같은 질문들을 팀원들에게 하면서 운영 안전성 검토(OSR) 조사에 대한 진행 현황에 대해 주기적으로 챙겨야 한다.

① 운영 안전성 검토(OSR)가 일정대로 진행되고 있는가?
② OSR의 업무 범위는 지켜지고 있는가?
③ 팀원, 고문, 컨설턴트, 지원 스태프들이 OSR에 효과적으로 집중하고 있는가?
④ 추가로 필요한 자원들이 있는가?
⑤ 일일 미팅이 매우 필요하고, 생산적인가?

의장은 운영 안전성 검토(OSR)의 운영 현황에 대해 인지하고 있어야 하며, 팀원 및 다른 관계자들에게 OSR 검토와 관련한 피드백을 주고 의사 결정할 수 있도록 준비되어 있어야 한다. 가끔 팀원 간 의견에 일치가 이루어지지 않으면 의장이 직접 의사결정을 하고 긴급하게 의사결정을 하게 된 이유를 설명하며 OSR 팀의 방향을 바로잡아야 한다.

3.5.2 비용 및 일정 조정

3.5.2.1 비용 조정

① 의장은 OSR 기간 동안 예산 규모 및 예산 사용 내용 등에 관해 확인해야 함.
② 팀원들의 출장비용, 호텔비 등이 적정한지도 피드백을 줄 수 있으며, 이 경우에는 OSR의 자문, 고문들과 상의하여 팀원들에게 의견을 전달할 수 있음
③ 예산 사용 내용에 대해서는 매주 팀원들과 이야기하고 피드백을 주어야 하며, 책정된 예산 범위를 초과하지 않는지 수시로 확인해야 함

3.5.2.2 일정 조정

① 팀원들과의 일일 미팅을 통해 그날그날의 업무 진척도를 확인해야 하며, 일정에 변경이 발생하면 일정을 조정해야 한다.
② 의장은 운영 안전성 검토(OSR) 팀의 활동 기간이 제한적이고 촉박하여서 일정에 대한 변경 발생 시 가능한 한 즉시 문제를 해결해야 한다.

3.5.3 품질 검증

운영 안전성 검토(OSR) 보고서의 정확성, 무결성, 균형감을 유지하기 위해서 품질의 조정 방법이 필요하며, 보고서 품질의 조정을 통해 보고서 변경에 대한 정당성을 확보할 수 있고 보고 과정에서의 저항을 극복할 수 있다.

OSR 의장은 필요할 경우 보고서의 질을 검증할 수 있는 특권이 있으며, 최소한 OSR 보고서가 기술적으로 정확하고 완벽하며, 논리적으로 무결하다는 것을 입증해야 한다.

<표 3.1> 보고서 개요 예

1장 요약
  1.1 이벤트 요약
  1.2 이벤트의 영향
  1.3 조직의 약점 및 권장 사항
2장 소개 (완료된 작업과 상상된 작업 / 계획된 작업 비교)
  2.1 이벤트 요약 ("완료된 대로 작업")
  2.2 기술기반 ("계획대로 작업")
  2.3 Work-as-Done과 Work-as-Planned 사이의 중요한 격차
3장 이벤트 사실 ("발생한 일" ⊿Wg)
  3.1 초기 조건
  3.2 결과
  3.3 이벤트 정보 (⊿Wg #1, #2, #3 등)
4장 조직인과 요인 ("왜" 발생)
  4.1 차트 A (⊿Wg #1의 이유)
  4.2 차트 B (⊿Wg #2의 이유)
  4.3 차트 C (⊿Wg #3의 이유)
5장 사건의 영향과 영향
  5.1 결과
  5.2 의의
6장 조직의 약점 (더 깊은 조직 문제)
  6.1 피드백
  6.2 학습 조직
  6.3 조직적 약점
  6.4 문화
  6.5 관행
  6.6 선구자 (precursor)
7장 품질에 불리한 외부 조건
8장 필요 판결 (JON)
9장 배워야 할 교훈 (조직 학습)

3.6 무엇이 일어났는지 결정하기 위한 이벤트 조사

- 근로자의 WAD 및 조직의 WAP Gap 분석을 위하여 조직의 동향을 파악
- WAD & WAP 사이의 Gap을 보는 것이 중요함
- DOE 조직이 일하는 데 있어 상세한 방법으로 미묘한 차이를 찾기 위한 근본적인 향상 방법은 안전에 대해 짐작하는 게 아닌 증명하는 것.
- 이벤트 조사 위한 두 도구는 비교 시간(CTL)과 체계적 도구 분석 방안 (SBAM).

<표 3.2> 어떻게 발생했는지 조사 방법의 비교

	활동 사항	사건 배경 및 발생(ECF) 요인 분석	ECF 범위 확대
작업 결과 (WAD) 완료 작업 실제 작업	사람에 대한 증거문서 수집	- 목격자 진술 인터뷰 (대상자, 일정, 양식 준비) - 시간대 정리(사건 발생 전환과정) - WAD 프로세스 지도 정리 (실제 작업순서에 대한 이해)	요인분석, 일어난 사건을 시간대별로 수집 정리
	대책에 대한 분석	- 작업자들의 대책 이행(BAD) 이해에 대한 분석	작업자들의 대책 이행 이해에 대한 시스템적 분석
	실제 증거물 수집 및 목록화	- 증거수집 (상황, 사진, 동영상, 스케치, 도면 등) - 전자문서화(증거물 및 사진첩) - 보존 (연속되는 보관사항) - 증거물 및 일지를 전자파일로 보관	요인분석, 일어난 사건을 시간대별로 구체화
	문서 증거물 수집 및 목록화	- 수집 (작업일지; 등록부, 출입부, 교육기록 등) - 목록화 - 보존(연속되는 보관사항) - 증거물 및 일지를 전자파일로 보관	요인분석, 일어난 사건을 시간대별로 구체화
	작업자들이 무엇을 성취하려 했는지 사진으로 정리	- 상기 사항에 대해 작업자들이 그때 왜 그런 생각과 결정을 했는지 고찰해 본다.	
작업 계획 (WAP) 계획 작업 예상 작업	문서 증거물 수집 및 목록화	- 현지 법 규정, 규칙, DOE 표준 및 요건의 수집 및 이들에 대하여 숙지 - 회사의 방침, 절차, 위험성 평가, 도면, 작업지침 및 교육요건 등을 수집하고 이들에 대하여 숙지 - 회사 조직 및 절차 수립자의 계획된 작업 이행에 대하여 알고 있는지 면담 - WAP 프로세스 지도 작성(WAP 이행 절차에 대한 이해)	요인 분석, 초기 상태에서 무엇이 일어날 수 있었는지 CFA Chart로 정리

	활동 사항	사건 배경 및 발생(ECF) 요인 분석	ECF 범위 확대
		- 목록화 - 보존(연속되는 보관사항) - 증거물 및 일지를 전자파일로 보관	
	대책에 대한 분석	- 회사 조직 및 프로세스 수립자의 대책 수립(BAP)인지에 대한 분석	- 회사 조직 및 프로세스 수립자의 대책 수립(BAP)인지에 대한 시스템적 분석 - 시간적 대책의 수집
	사건에 대한 기술적 분석	- 회사 조직, 작업계획, 관리시스템 및 생산조직의 관리 감독이 요구되는 안전수준에 맞게 준비되었는지 확인 - 실제적인 것을 바탕으로 설정; 만일 작업절차가 요구되는 안전수준에 맞게 제공되고 제대로 이행되었다면	- 비효과적 또는 불필요한 프로세스나 이들의 제거를 찾는 단계가 있었는지 확인
Gap 분석: 작업계획 및 작업 결과 비교 (WAP-WAD)	WAP-WAD 차이에 대한 시스템적 분석	- WAD process 및 WAP process가 비효과적 절차로 인하여 또는 적정 이행 안 되었는지 확인 - WAD-WAP가 대책이 없는지 또는 수립된 것이 결함 있는 대책인지 또는 이행이 안 되는지 확인 - Gap 분석서 작성. 예) 이런 Gap으로 인하여 사고 발생	- WAD 및 WAP의 변경과 사이에 대하여 시스템적으로 분석 (대책에 대한 계획과 이행의 차이 분석 포함) - 중요한 사항, 이것들로 인하여 사고가 발생한 것에 대해 CFA Chart로 정리

<표 3.3> 왜 발생했는지 조사 방법의 비교

	활동 사항	사건 배경 및 발생(ECF) 요인 분석	ECF 범위 확대
사건 발생 요인 (Casual Factors)	대책이 왜 실패했는지 분석	대책분석 방법에 대한 평가 비교	- 대책이 없거나 결함 있는 대책인지 시간대로 평가 - 대책이 계획대로 이행되었는지 비교분석표(BAM-Barriers As Matrix)를 작성
	변경 사안에 대한 평가	변경분석 시행	변경 또는 차이는 WAD-WAP 수행상 무엇이 잘못되었는지에 대한 조사
	사건 발생 요인을 평가	이벤트 및 사건요인을 정리	CFA Chart를 다른 도구로 활용. 왜 각각 중요한지를 인식
	근본 원인 확인	사건요인 분석 이행	JOS 및 시정조치방안에 중점을 두어 CFA Chart(적색, 황색 표)에서 근본 원인 및 기여 원인을 찾음
깊은 조직적 요인	문제가 얼마나 오래갔는지	- 작업자들의 ISM Core 기능에 대하여 질의 발제. - 답변을 기반으로 하여 그들	- 만일 이벤트가 조직 전체에 영향을 주는지 아니면 부분적 영향인지, 또한 이전 실패 사례를 학습한 것이 발생한 것인지,

	활동 사항	사건 배경 및 발생(ECF) 요인 분석	ECF 범위 확대
	그리고 조직 내에 얼마나 널리 퍼져 있는지 분석	의 안전 작업 역량에 대한 건전한 경영시스템을 요약	그리고 이 문제에 대해 위험성 분석 적정대책을 취했음에도 발생한 것인지 - 문서관리의 관행, 선도자의 실행 에러, 실행 상 인간 오류, 기회손실 및 조직의 잠재적 결함을 시간대별로 확대 - TWIN matrix에 인간의 실행 에러를 요약 - EOC matrix에 상태나 원인의 범위를 요약
	사건이 발생하기까지 조직의 잠재적 결함 및 조직문화에 대한 것을 요약	- 경영진의 ISM 원칙에 관한 문의 사항 발제 - 답변을 기반으로 하여 경영진의 관심과 경영시스템 또는 생산라인의 관점에 대하여 요약	- LOW table에 조직의 잠재적 결함을 요약 - CAM matrix에 문화적 요인을 답변을 기반으로 요약, 그리고 지도력, 작업자의 이행 약속 및 조직의 탐구 노력에 관한 조직문화의 건전성을 요약 - MOM에 기회손실을 요약

3.7 무엇이 발생했는가를 결정하는 사건 조사 (Investigate the Event(s) to Determine "What" Happened)

근로자가 수행한 작업과 조직이 계획한 작업 사이의 격차를 감지하는 등 조직의 편차를 감지하는 많은 도구는 1권 2장에서 소개한 도구와 유사하다. 여기서 핵심은 볼 수 없는 문제를 해결할 수 없다는 것이다. 완료된 작업과 계획된 작업 사이의 격차를 보면 변화의 필요성을 인식하는 데 필요한 눈을 뜨게 하는 순간을 제공한다. 근본적인 개선 사항은 에너지부(DOE) 조직이 작업을 수행하기 위해 사용하는 세부 지침에서 미묘한 불일치를 감지하여 안전을 가정하는 것이 아니라 증명하는 것이다. 여기에 소개된 두 가지 도구는 비교 라인 검토 (CTL: Compare Time Line)과 시스템 장벽분석 매트릭스 (SBAM: Systematic Barrier Analysis Matrix)이다.

지속적인 조직 개선을 달성하기 위한 대부분 도구는 잠재적인 조직의 약점, 건강에 해로운 안전문화, 놓친 기회, 인간 성과 오류 선구자 및 인간 성과 오류 모두의 증거를 체계적으로 수집하는 데 기반한다. 이 다양한 증거는 비교 라인 검토(CTL)에 구조화되고 테이블로 구성된다 (예: 잠재 조직 약점 표 (LOW), 문화 속성 매트릭스 (CAM), 빠진 기회 매트릭스 (MOM), 인간 성과 오류 선구자 표 (TWIN) 등). 그런 다음 이러한 표와 비교 라인 검토(CTL)를 사용하여 현장(local)에서 감지된 문제를 조직의 약점에 대한 보다 세계적인 지표 집합으로 추정할 수 있다. (예: 잠재적 조직 약점). 그래야만 관리자는 직원의 업무 환경을 개선하기 위해 해야 할 과제를 인식할 수 있다.

3.7.1 완료 작업 (Work as Done -WAD)에 대한 이해

WAD (Work-as-Done) 계획한 작업 (WAP)

비교 타임라인 (CTL) 잠재 조직 취약성 표 (LOW)

문화 속성 매트릭스 (CAM) 빠진 기회 매트릭스 (MOM)

인간 성능 오류 예비 징조 (precursor) 표 (TWIN)

조건 및 원인의 범위 (EOC)

표 4. 시간대/연대기 (Timeline)

사고조사 정보의 채우기 단계는 아래와 같다.

- 시작하려면 사실 발견 (사실 발견 회의 또는 비평)의 초기 타임라인에서 채움.
- 일어난 일에 대한 “증언”을 2열에 필요한 문서 증거와 비교
- 필요한 후속 질문 및 증거 목록 생성
- 더 많은 증거수집
- 이해도를 높이기 위해 재구성 또는 재-제정
- 사실이 알려지거나 변경이 멈출 때까지 재-면접

3.7.2 완료 작업(Work as Done: WAD)에 대한 이해

비평팀은 사후확증편향(hindsight bias)을 주의한다. 작업에 적용되는 절차는 매우 방대하다. 작업팀이 작업을 완료하는 방식은 다르고 많다. 이러한 문제를 파악하기 위해 작업 당시의 상황을 이해해야 한다. 다음과 같은 WAD(완료한 작업)를 확인한다.

일자/시간	무엇이 일어났는가?	질문
(1)	(2)	(3)

〈1단계〉

- 사건 초기 사실의 발견에서 시작
- 증빙서류와 함께 무슨 일이 있었는지의 "증거"를 비교
- 후속 질문과 증거 목록을 생성
- 사실의 확인 또는 그들이 변명을 중지할 때까지 재면담

〈2단계〉

- 사건 초기 사실의 발견에서 시작한다.
- 증빙서류와 함께 무슨 일이 있었는지의 "증거"를 비교
- 후속 질문과 증거 목록을 생성
- 사실의 확인 또는 그들이 변명을 중지할 때까지 재면담.

3.7.2.1 타임라인과 작업절차 Map

사고 발생 시간에 따른 분류를 통해 체계적인 조사를 할 수 있다. 이를 통해 완료 작업(WAD)과 계획작업(WAP)의 Gap을 파악할 수 있다. 첫 번째는 시스템적 타임라인을 사용하는 것이고, 두 번째는 절차 map을 활용하는 것이다. 이러한 과정을 통해 조사팀은 사고에 대한 입체적인 위치(location)를 확인할 수 있다.

3.7.2.2 타임라인 개발 Step

시간에 따른 사건을 조직화하는 과정이다. 일자와 시간, 그 기간의 사건, 관련 질문사항으로 구성된다. 타임라인을 활용하여 향후 사고의 원인을 파악한다.

3.7.2.3 어떻게 작업이 완료(WAD)되었는지 구조화하는 Step

모든 작업은 절차에 따라 실시되므로 그와 유사한 실제 작업을 봄으로써 사고상황을 이해할 수 있다. 완료 작업(WAD)은 작업의 선형관계에 따라 이루어지는 Map의 형상으로 활용된다. 이 과정을 통해 6 Sigma 기법인 AS-IS & TO-BE와 같은 개선을 할 수 있다.

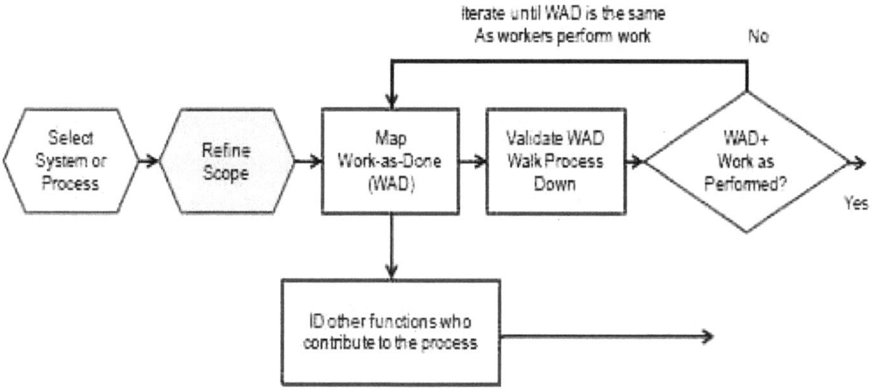

<그림 3.1> 완료된 작업(Work-as-Done)을 지도화(mapping)하는 단계

3.7.2.4 어떻게 작업이 완료(WAD)되었는지 구조화하는 Step

계획된 작업(WAP)과 완료된 작업(WAD)의 차이(Gap)를 확인하는 방법이다.

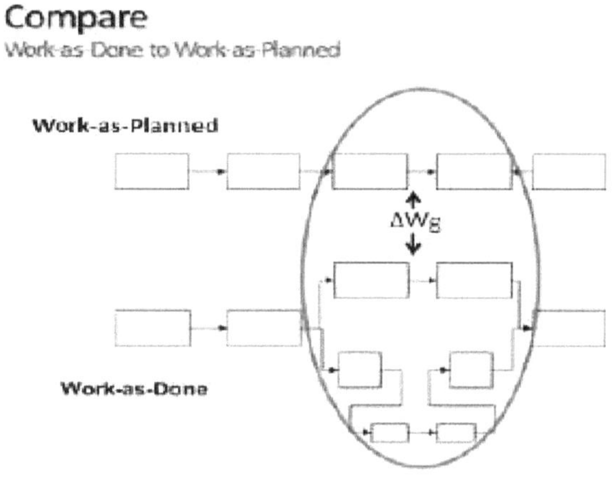

<그림 3.2> 작업의 격차를 결정하기 위해 비교되는 작업 프로세스 지도

3.7.3 시스템적 장벽분석 (Systematic Barrier Analysis)

장벽분석(Barrier Analysis)은 두 가지의 방식으로 진행한다.

① 실제 작업이 어떻게 진행되었는지 이해하는 데 집중

② 계획된 작업(WAP)과 완료된 작업(WAD)의 차이(Gap) 파악

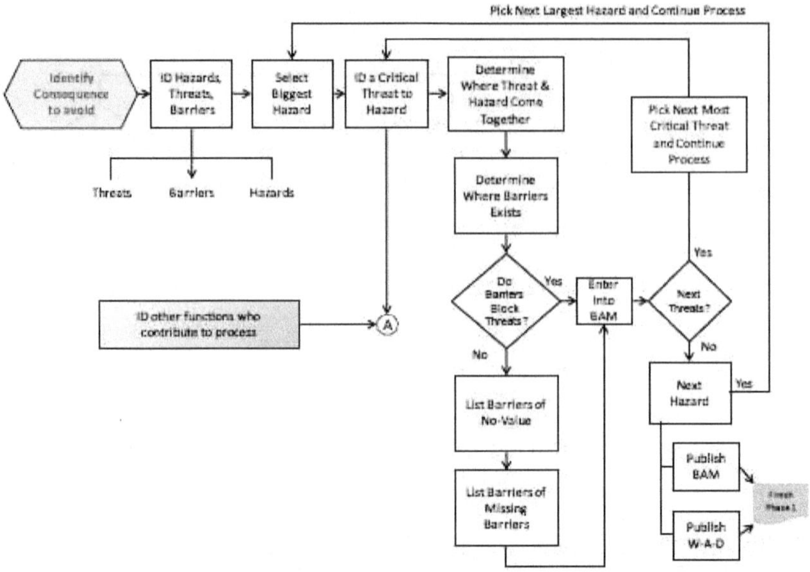

<그림 3.3> "완료된 대로 장벽"을 포착하기 위한 장벽분석 프로세스

위험, 위협 및 장벽에 대한 정보 출처는 아래와 같다.

① 기존 위험 분석 테이블,

② 부록의 도구를 사용하여 철저한 분석을 수행하여 위협

③ 근로자가 사용하는 것으로 관찰되는 장벽.

3.7.3.1 완료작업(WAD) 장벽분석 절차

선정된 위험에 대한 각각의 위협을 통해 시스템적 장벽분석을 시행한다.

System Event Barrier Analysis Do-Loop

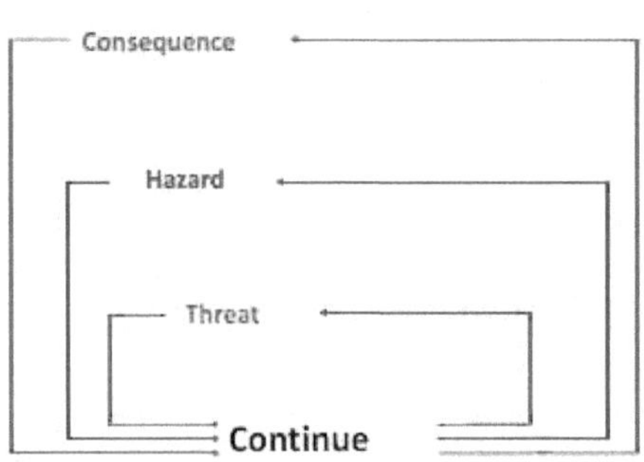

*** 완료된 작업(WAD)의 장벽분석 절차**

시스템 장벽분석 매트릭스(SBAM) - 피해야 할 시스템 이벤트

① 피해야 할 시스템 이벤트가 각 SBAM의 상단에 배치

- 조직 목표: 조직의 생존 가능성 보장

- 피해야 할 결과: 시설 폐쇄 등 치명적인 상황

② 첫 번째 데이터 입력은 반드시 피해야 할 이벤트를 식별하는 것

③ 피할 결과에 시스템을 묶는다

④ 이벤트가 두 개 이상 존재하는 경우 피해야 할 결과에 미치는 영향의 우선순위에 있는지 확인

⑤ 한 번에 하나의 이벤트만 수행

⑥ 각 위험에 대해주기를 반복하고 SBAM에 결과를 입력

⑦ 원치 않는 이벤트 위험을 식별하기 위해 위험이 우선순위에 있는지 확인

⑧ 각 위험이 최소화되고 보호되는지 확인

⑨ 가능한 경우 먼저 위험을 최소화

*** 완료된 작업(WAD)의 장벽분석 절차**

완료된 작업(WAD)에 활용되는 위험요인, 위협 및 장벽 양식을 구성한다.

① 현존하는 위험요인 분석 테이블

② 작업 분석에 따른 위협요인

③ 기계적/관리적 장벽들

가장 위험한 요인을 먼저 선택하고 그에 해당하는 위협요인과 장벽을 구성한다.

<그림 3.4> 프로세스 지도에서 위협과 위험이 결합하는 위치 식별

Are Right Barriers In Right Location
Where Can Threats and Hazards Come Together?
Threat
Threat
Step #1
Step #3
Hazard
Hazard

<그림 3.5> 체계적인 장벽분석 Do-Loop

* **시스템 장벽분석 매트릭스** SBAM (Systematic Barrier Analysis Matrix) – **피해야 할 시스템 이벤트**

- 피해야 할 목표와 결과에 초점을 맞추기 위해 피해야 할 시스템 이벤트가 각 SBAM의 상단에 배치된다. 예를 들어, 이벤트에 대해 장벽분석을 수행하는 경우 회피할 목표 및 결과는 다음과 같이 나열된다.
  ① 조직 목표: 조직의 생존 가능성 보장
  ② 피해야 할 결과: 시설 폐쇄
- 첫 번째 데이터 입력은 피할 시스템 이벤트를 식별하는 것이다.
  ① 피해야 할 결과에 시스템을 묶어라.

② 둘 이상의 이벤트가 존재하는 경우 피해야 할 결과에 대한 영향의 우선순위에 있는지 확인하라. 한 번에 하나의 이벤트만 수행하라.

* SBAM (Systematic Barrier Analysis Matrix) – **피해야 할 시스템 이벤트**

- 각 위험에 대해주기를 반복하고 SBAM에 결과를 입력한다.
  ① 모든 위험이 식별되었는지 확인.
  ② 원치 않는 사건을 일으키는 우선순위에 위험이 있는지 확인
- 각 위험이 최소화되고 보호되는지 확인(Break-the-Chain 구조 framework).
  ① 가능한 경우 먼저 위험을 최소화.
  ② 위험을 두 번째로 보호.

목표: 조직의 생존 가능성 보장

피해야 할 결과: 장기간 비즈니스 종료

피해야 할 시스템 이벤트: 목록 이벤트 (또는 기여자 이벤트)

Primary Hazards to Minimize and Protect: List Hazards that if Released Would Cause Event

Col #1	Col #2	Col #3	Col #4	Col #5	Col #6	Col #7	Col #8	Col #9
Process Step	Threat to Hazard	Barrier Between Threat & Hazard	Hazard Protecte d	Effectiveness of Barrier	Significance of Barrier	Additional Barrier Needed	Actions to Implement	Effectiveness of Future Barrier
Result	Result	Result	Result	Result	Result	Result	Result	Result

<그림 3.6> SBAM에 수집된 정보

3.7.3.2 작업자가 어떻게 했을 것이라는 구도의 그림

모든 정보가 취합되면 사고조사팀은 작업자가 당시 작업을 어떻게 했을 것이라는 그림을 묘사한다. 이를 통해 작업자의 실수를 파악할 수 있다.

3.7.4 계획된 작업(WAP)의 이해

완료된 작업과 계획된 작업을 비교하면 수행된 작업의 과정뿐만 아니라 계획된 작업을 개발하는 과정에서 부적절함을 알 수 있다. 관리 또는 절차 작성자가 작업을 계획한 방식을 결정하기 위해 문서 증거를 수집해야 한다.

3.7.4.1 서류 증빙 수집

문서는 사고의 원인을 식별하기 위한 중요한 증거를 제공한다. 문서검토를 통해 작업 활동이 어떻게, 언제, 어디서, 누구에 의해 수행되는지 확인한다. 이는 정책 문서, 역할 및 책임, 작업지침, 단계별 기술 절차 등으로 구성될 수 있다. 이 증거는 사고로 이어진 오류, 오작동 및 실패의 가능한 기본 원인에 대한 중요한 단서를 제공한다.

3.7.4.2 증빙서류 이해

조사팀이 요구할 수 있는 문서 증거의 예는 다음과 같다.

- 계약 문서, 연방 규정집, DOE 지침 (명령, 표준, 가이드)
- 정책 문서, 역할 및 책임 문서, 의무 요건에 대한 적합성
- 절차 (프로그램 문서, 설명서, 작업지침, 기술 절차, 도면, 준공 도면 등)
- 위험 분석 (작업 위험 분석, 공정 위험 분석, 문서화 된 안전 분석 등)

3.7.4.3 기록 증거 읽기 및 이해 (Read and Understand Documentary Evidence)

- 계약 문서 - 연방 규정집 - DOE 지침 (명령, 표준, 가이드)
- 정책 문서 - 역할 및 책임 문서 - 의무 요건에 대한 적합성
- 절차 (프로그램 문서, 설명서, 작업지침, 기술 절차, 도면, 준공 도면 등)
- 위험 분석 (작업 위험 분석, 공정 위험 분석, 문서로 만들어진 안전 분석 등)

3.7.4.4 개발자/설계자 인터뷰 절차

팀은 프로세스 작성자와 개발자를 찾아 인터뷰한다. 편견을 없애기 위해 해당 절차의 절차 작성자 대신 다양한 프로세스에 대한 이벤트와 직접 관련이 없는 주제 전문가를 부

를 수 있다.

3.7.4.5 이벤트에 대한 기술 개발

① 절차 작성자가 달성하려는 목적이 절차에 담겨 있는지 검증하고 당해 작업에 적절한 지원이 되었는지 확인

② 서면 절차에 존재하는 위험, 위협 및 장벽의 식별 등

③ 과거 경험에 따르면 많은 절차가 직원들과 이야기하지, 듣지 않은 상태로 작성되었다.

3.7.4.6 목적한 결과에 대한 MAP 개발 절차

팀은 문서로 만들어진 절차를 사용하고 작업 방식을 비교할 수 있도록 계획된 작업 프로세스 지도를 개발한다.

3.7.4.7 절차에서 위험을 목록화

① 사고와 관련된 각 절차 (또는 위험 분석)을 검토하여 위험이 있었던 곳을 식별

② 식별된 프로세스 단계와 관련하여 이를 문서화

3.7.4.8 절차에서 위협을 목록화

① 위협이 어디인지 확인

② 식별된 프로세스 단계와 관련하여 이를 문서화

3.7.4.9 절차에서 장벽의 목록화

① 위협과 위험 사이의 장벽이 어디인지 확인

② 식별된 프로세스 단계와 관련하여 이를 문서화

3.7.4.10 완료작업(WAD)의 그림 개발

위의 모든 사항을 사용하여 팀이 함께 모여 절차 작성자가 수행하려는 작업 방식에 대한 그림을 개발한다.

3.7.5 완료작업(WAD)와 WAP의 문제점 파악

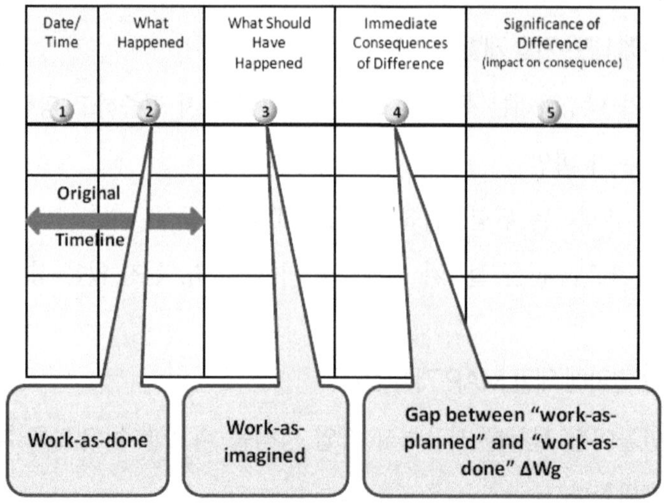

<그림 3.7> 비교 시간대 (Comparative Timeline)

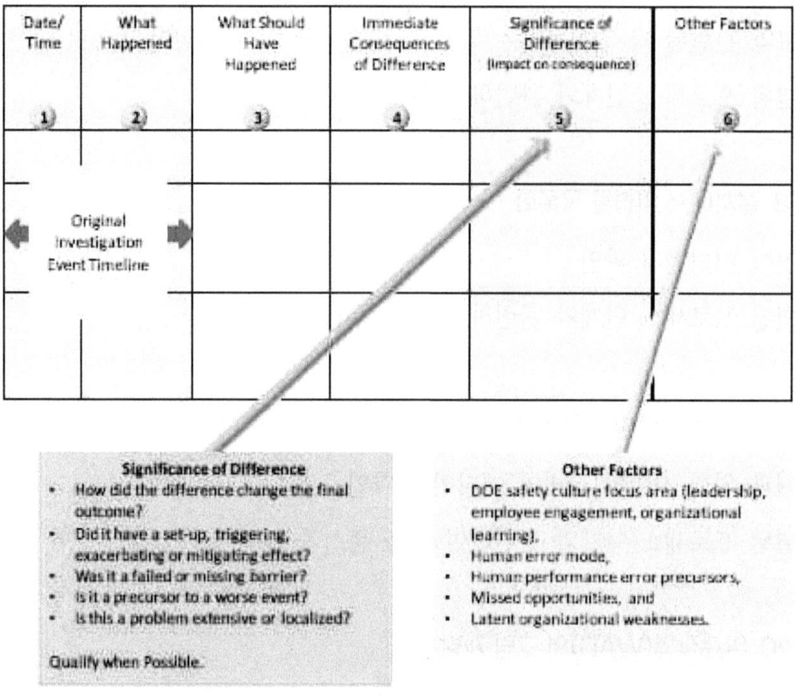

<그림 3.8> 확장 비교 시간대 (Expanded Comparative Timeline)

3.8 왜 일어났는지 결정하기 위한 이벤트 조사

3.8.1 시계열로 비교 확대 (Expand Comparative Timeline)

① 실행오류의 전조

② 인간의 오류 상태

③ 잠재적인 조직의 결함

④ 기회손실

⑤ 문화적 요소

3.8.1.1 안전문화 (Safety Culture)

지난 몇 년간 발생한 주요 사고에 대한 모든 최근의 보고서는 기여 원인으로 해로운 안전문화임을 나타낸다(예를 들어, NASA 컬럼비아, BP 텍사스 시티, BP 딥(deep) 워터 호라이즌, 후쿠시마 등). 이 안전문화의 주제는 조직이 이벤트를 설정한 상태로 표류하도록 허용되는지 깊은 조직적 문제를 이해하는 데 중요하다. 문제를 풀고, 풀린 문제를 유지, 그리고 조직의 안전문화에 대한 이해가 확실하게 처리되어야 한다.

지난 몇 년 동안 발생한 주요 사고에 대한 모든 현대 보고서는 건강에 해로운 안전문화를 기여 요인으로 나타낸다(예: NASA Columbia, BP Texas City, BP Deepwater Horizon, Fukushima 등). 이것은 안전문화의 주제로 조직이 조사하고 있는 이벤트를 설정한 조건으로 표류할 수 있게 했던 더 깊은 조직 문제를 이해하는 데 분명히 중요하다. 문제가 해결되고 고정되도록 하려면 조직의 안전문화에 대한 이해가 해결되어야 한다.

3.8.2 심층 조직요인의 지표통합 (Consolidate Indicators of Deeper Organizational Factors)

심층 조직요인의 지표통합(CTL)은 각 시간 단계에서 문화, 인간 성과, 잠재적 조직 약점의 지표를 나열하고, 팀은 한 위치에서 다양한 요소를 통합하여 에너지부의 기준(DOE-HDBK-1208-2012 1-36)을 다른 조직에서 관찰한 유사한 요소와 비교하여 높은 수준의 조직 문제에 대한 추정을 허용한다.

이를 위한 도구는 다음과 같다.
- 문화 속성 매트릭스 (CAM)
- 생략 기회 매트릭스 MOM (Missed Opportunity Matrix)
- 인간 오류 트윈 매트릭스 (TWIN)
- 잠재 조직 취약성 표 (LOW)

3.8.3 원인요인의 결정

① 사고는 단일 원인으로 인해 발생하는 경우는 거의 없다.
② 사고가 발생하면 여러 시스템이 고장이 난 결과이다.
③ 이벤트 및 인과 요인 차트는 여러 원인을 식별하고 사고 발생에 필요하고 충분한 도화선 조건 및 이벤트를 그래픽으로 묘사하는 데 유용하다.
④ 이것은 공통 시스템 또는 조직의 약점을 찾을 때 비교를 위해 여러 이벤트가 차트로 작성된 운영성 안전 검토(OSR)에서 유용하다.
⑤ 인과 요인 차트는 사건을 그래픽으로 표시하며 주로 사건의 순서와 사건을 유발한 원인요인을 묘사하기 위해 증거를 수집하고 구성하는 데 사용된다.
⑥ 초기 분석 기술 (예 : 비교 라인 검토(CTL), 프로세스 지도화(mapping), 장벽분석 및 변경분석)은 팀에 정보를 제공하고 이벤트 및 인과 요인 차트의 개발을 지원하는 데 사용된다. 주요 사건 사실을 완전히 파악한 후 인과 요인을 파악하기 위한 분석이 수행된다.
⑦ 인과 요인 차트는 상대적으로 개발하기 쉽고 팀에서 생성 한 정보를 명확하게 설명하기 때문에 주요 이벤트 조사에서 널리 사용된다.
⑧ 사고 발생을 허용한 이벤트 및 조건을 주의 깊게 추적함으로써 팀 구성원은 시정조치를 통해 해결되면 재발을 방지할 특정 이벤트 및 조건을 정확히 찾아낼 수 있다.

3.8.3.1 원인요인분석(CFA)의 차트

사고조사 원인을 파악하기 위해 개발되었다. 먼저 "무엇(what)이 잘못되었는지"를 확인한 다음에, "왜(why)" 잘못되었는지에 초점을 맞춘다.

① Step 1 - 초기 조건 (Initial conditions)

② Step 2 - 결과 및 최종 이벤트 (Consequence and final event)

③ Step 3 - 반박할 수 없는 일련의 사건

3.8.3.2 원인요인분석(CFA) 차트에 "왜" 요인 추가

조사 단계에서 식별된 각 물리적 이벤트 (발생한 내용)에 대해 관련 조직 요소 (발생 원인 및 방법)이 원인요인분석(CFA) 차트에 나열된다. 시간과 공간의 이벤트에서 멀어질수록 조직의 인과 요인이 더 분명해진다. 조사가 계속됨에 따라 잠재적인 조직적 약점이 분명해진다. 이벤트가 발생하기 몇 년 전부터 잠재적인 조직적 약점이 존재했을 수 있음을 알 수 있다.

* 조사 단계에서 작성해야 하는 원인요인분석(CFA) 차트의 처음 3부분은 다음과 같다.

① 1단계-초기 조건

② 2단계-결과 및 최종 이벤트

③ 3단계-반박할 수 없는 일련의 사건(출처: DOE-HDBK-1208-20121-37)

3.8.3.3 원인요인분석 차트

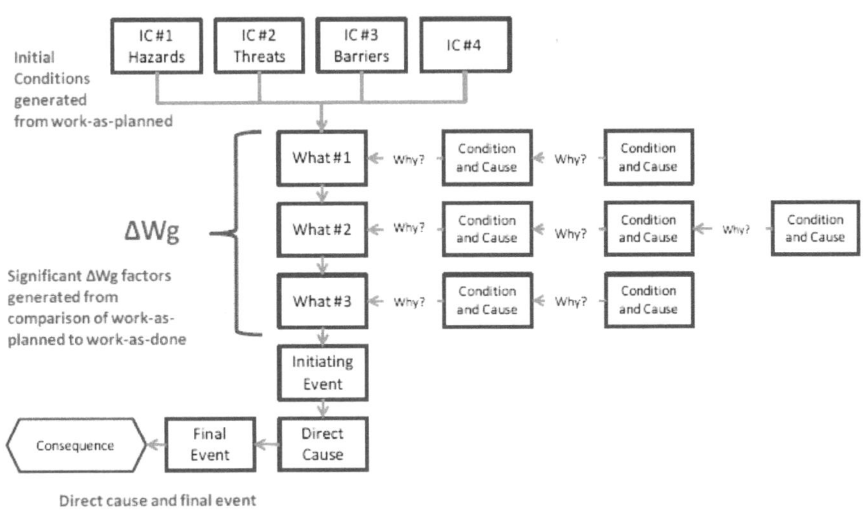

<그림 3.9> 원인요인분석 (Causal Factors Analysis: CFA) 차트

3.9 조직 안전 시스템 개선을 위한 결론 및 판단 개발

3.9.1 결론

결론은 운영성 안전 검토(OSR) 팀의 분석 결과에서 파생된 중요한 추론이다. 그것은 사실과 조사 결과 및 수행된 다양한 분석에서 비롯되고 뒷받침되어야 한다. 결론은 다음과 같다.

- 사실 분석과 조건의 범위에 의해 결정된 사건의 일반적인 인과 요인에 대한 간결한 설명을 포함.
- 원래 원인으로 의심되는 문제에 대한 잠재적인 혼동을 완화하는 진술.
- 근거가 없거나 결정적이지 않은 사건으로 인해 발생하는 중요한 문제를 해결.
- 적절한 경우 검토 중에 드러난 성과의 긍정적인 측면을 강조하는 데 사용.

3.9.2 판단

- 명확하고 간결하며 직접적인 방식으로 설명.
- 사실 / 증거에 근거.
- 시정조치 계획의 기초가 될 수 있도록 명시.

3.10 결과의 보고

보고서 내용은 어떤 종류의 사건 (설명 및 연대기)'의 발생했는지, 왜 발생했는지 (인과 요인 및 조건) 이해하는 데 도움이 된다. 보고서가 이러한 유형의 사건을 줄이고 더 심각한 결과 (필요한 판단)에 대한 가능성을 줄이기 위한 기회를 제공한다. 운영 안전 검토(OSR) 결과는 개별 오류를 기인하거나 징벌 조치를 제안하지 않고 보고된다.

운영 안전 검토(OSR) 보고서는 이벤트에 대한 정확하고 객관적인 기록을 구성한다.

- 운영 안전 검토(OSR) 팀의 검토 프로세스
- 관련된 관리시스템을 포함하여 이벤트와 관련된 사실

- 사용된 분석 방법 및 그 결과
- 사건의 인과 요인을 포함한 운영 안전 검토(OSR) 팀의 결론
- 이러한 유형의 사건을 줄이고 더 심각한 결과를 초래할 가능성을 줄이기 위한 시정조치의 필요성 판단 등

3.11 검증 분석, 품질 검토 및 결론 검증 수행

보고서를 공개하기 전에 팀은 보고서를 검토하여 기술적 정확성, 완전성 및 일관성을 확인한다. 조직의 문제, 안전관리 시스템 및 라인 관리 감독 프로세스가 가능한 조직 안전 시스템이 적절하게 분석되는지 확인한다. 운영 안전 검토(OSR) 위원장은 적절한 조사 주기를 유지하기 위해 이 검토를 위한 충분한 시간을 계획하고 예약한다.

다음은 보고서의 품질에 대한 검토 고려사항이다.

① 구조 및 형식

② 기술 및 정책 문제

③ 검증 분석

④ 분류 및 개인 정보 검토

⑤ 사실적 정확성 검토

지속해서 영향을 받는 관리자의 인식과 비난 없는 시스템(no blame culture) 또는 프로세스의 개선을 강조하면 JON에 대한 지원을 생성하는 데 도움이 된다.

3.11.1 건강, 안전, 품질 및 보안 관리의 검토

위원장 또는 임명 공무원(officer)은 조직의 건강, 안전, 품질 및 보안 관리 부서에서 운영 안전 검토(OSR) 보고서 검토를 조정한다. OSR 보고서는 임명된 공무원(officer)이 수락하기 전에 검토된다. 보고서 발간 및 배포 이전에 설립을 위해 임명된 공무원에게 의견이 제공된다.

3.11.2 서류 검토

이러한 검토가 완료되었다는 문서는 영구 운영 안전 검토(OSR) 기록 파일에 보관한다. 계약자 주도 운영 안전 검토(OSR)의 경우 종결 활동 및 기록 보관은 계약자의 정책에 따라야 한다.

3.12 보고서 제출

보고서가 완성되면 운영 안전 검토(OSR) 위원장은 최종보고서 초안을 임명된 사고조사 위원(officer)에게 제공하여 수락한다. 운영 안전 검토(OSR) 팀이 철저한 검토 및 분석을 수행할 의무를 다했으며, 보고서에 원인요인을 완전히 설명한다. 안전 성과를 개선하기에 충분하다고 판단하는 경우, 보고서는 공식적으로 수락된다. 임명된 사고조사 위원(officer)의 보고 수락 진술은 최종보고서에 포함된다.

3.12.1 사고조사 매뉴얼 관련 사이트

[1] DOE Accident Prevention and Investigation Program | Department of Energy Accident Investigations — DOE Directives, Guidance, and Delegations Accident Investigations (DOE.gov)

[2] Accident and Operational Safety Analysis, Volume II, Operational Safety Analysis Techniques — DOE Technical Standards Program

Volume II - Accident and Operational Safety Analysis Handbook (DOE.gov)
[3] Federally Led Accident Investigation Reports | Department of Energy

CE649-A - File.pdf - Not Measurement Sensitive DOE-hdbk-1 1208-2012 July 2012 DOE E Handbook Accident and Operational Safety Y |Course Hero

Events and causal factors charting (Technical Report) | OSTI.GOV

Microsoft Word - Doc 9756.Part 01.2nd.Edition.alltext.en.docx (skybrary.aero)

에너지부(DOE) 사고 예방 및 조사(API) 프로그램은 통합 안전관리 시스템을 개선하기 위해 배운 교훈과 정보를 교환하여 사고 예방을 촉진하는 데 필수적인 DOE 기업 안전 자원 역할을 한다. "사고" 조사에 활용되는 기술과 도구는 안전 프로그램과 관련된 선행 지표를 살펴보고, 사고의 내재된 전조를 결정하고, 사고가 발생할 경우 사고를 예방하거나 심각성을 줄이는 데 유용할 수 있다. 이러한 기술과 도구를 적용하여 얻은 정보는 다른 사람들이 안전관리 시스템을 평가하기 위한 벤치마크 역할을 한다.

사고 예방 및 조사(API) 프로그램은 DOE 라인 프로그램에 대한 지속적인 기업 프로그램 지원 자원을 제공한다. 우리는 각 DOE 현장에 적절한 수의 사고 조사관, 분석가, 기술 전문가 및 사고조사에 신속하게 대응할 준비가 된 준비팀을 확보하는 데 의존한다.

환경 보호 및 안전보건(ES&H) 보도국(EHSS-20)은 품질을 개선하고 프로그램 목표 및 목적을 달성하기 위한 지속적인 노력의 하나로 사고 및 운영 안전 분석 핸드북(DOE-HDBK-1208-2012, Volumes I 및 II)을 유지 관리한다. 핸드북은 DOE 명령 225.1B, 사고조사에 따라 조사를 수행하기 위한 프로세스나 주요 활동을 설명한다. DOE 명령 225.1B는 사고조사 프로그램을 집합적으로 구현해야 하는 본부, 현장 요소 책임자, 사고 조사 위원회 및 DOE 계약자에 대한 요구사항과 책임을 설정한다. 또한 ESS-20은 40시간의 사고 조사관 교육 과정인 EIP-400 사고조사를 개발했다.

사고조사 교육 프로그램에 참여하고, 사고 조사 위원회에서 자원봉사를 하고, 보고서를 연구하고, 사고 예방 및 조사(API) 프로그램 정보 및 도구를 활용하여 시설의 안전관리 시스템 성능을 개선하는 것이 좋다. 우리는 당신이 우리 웹사이트의 자료와 도구를 유용하게 사용할 것이라고 믿는다.

질문이 있으시면 더 많은 정보나 도움이 필요하시면 에게 연락하시오: Jason Brustad; 환경, 보건, 안전 및 보안 사무국(Office of ES&H Reporting and Analysis, EHSS-23)의 DOE 사고 예방 및 조사 프로그램 관리자.

3.12.2 사고 조사 보고서

[1] 연방 주도 사고조사 보고서

[2] 기타 DOE 사고조사 보고서

[3] DOE 사고 예방 및 조사 프로그램 문서

[4] DOE O 225.1B, 사고조사

[5] DOE HDBK-1208-2012, 사고 및 운영 안전 분석 볼륨 I: 사고 분석 기술

[6] DOE HDBK-1208-2012, 사고 및 운영 안전 분석 볼륨 II: 운영 안전 분석 기술

[7] 사고조사의 날 플래너: 사고조사위원장을 위한 가이드

3.12.3 외부 자료

[1] 미국 교통안전위원회(National Transportation Safety Board): 조사 보고서

[2] 미국 교통안전위원회(National Transportation Safety Board): 조사 보고서

[3] 미국 화학 물질 안전 및 위험 요소 조사 위원회(U.S. Chemical Safety and Hazard Investigation Board): 조사 보고서

[4] 미국 화학 물질 안전 및 위험 조사 위원회: 조사 보고서

[5] DOE Accident Investigation 관련 사이트 (Department of Energy)

3.12.4 미국 에너지부(DOE) 사고조사 보고서 관련 자료들 출처 (www.energy.gov)

[1] Accident Investigation Reports - Type B

https://www.energy.gov/ehss/listings/accident-investigation-reports-type-b

[2] Other DOE Accident Investigation Reports

https://www.energy.gov/ehss/listings/other-DOE-accident-investigation-reports

[3] IB 225.1-95 Rev 3 - Accident Investigations(article)

https://www.energy.gov/sites/default/files/2018/02/f49/225.1-95_rev_3%5B1%5D.pdf

[4] DOE Accident Prevention and Investigation Program

[5] The DOE Accident Prevention and Investigation Program serves as a key
[6] DOE corporate safety resource for promoting accident prevention.

https://www.energy.gov/ehss/DOE-accident-prevention-and-investigation-program

[7] Accident Investigation of the December 27, 2022, Electrical Shock Accident Resulting in Employee Injury at SLAC (article)

On December 29, 2022, an Accident Investigation Board was appointed to investigate the electrical shock accident at the SLAC National Accelerator Laboratory (SLAC) that resulted in serious injuries to an employee.

https://www.energy.gov/ehss/articles/accident-investigation-december-27-2022-electrical-shock-accident-resulting-employee

[8] Federally Led Accident Investigation Reports

[9] Federally Led Accident Investigation Reports, includes Pre-March 2011 Type A Reports.

https://www.energy.gov/ehss/listings/federally-led-accident-investigation-reports

[10] Accident Investigation of the June 17, 2012, Construction Accident - Structural Steel Collapse at the Overpack Storage Expansion #2 at the Naval Reactors Facility

[11] Accident Investigation of the June 17, 2012, Construction Accident - Structural Steel Collapse at the Overpack Storage

https://www.energy.gov/ehss/articles/accident-investigation-june-17-2012-construction-accident-structural-steel-collapse

[12] Accident Investigation of the October 5, 2018, Office of Secure Transportation Vehicle Accident Resulting in a Fatality and Serious Injuries to Four Additional Federal Agents near Okemah, Oklahoma (article)

An Accident Investigation Board was appointed to investigate the October 5, 2018, motor vehicle accident that resulted in one fatality and 4 injuries.

https://www.energy.gov/ehss/articles/accident-investigation-october-5-2018-office-secure-transportation-vehicle-accident

[13] Accident Investigation of the August 11, 2023, Tree Felling Fatality at the Oak Ridge Reservation (article)

On August 14, 2023, an Accident Investigation Board Chairperson was appointed to investigate the accident that occurred during tree limb removal activities on the Oak Ridge Reservation site on August 11, 2023.

https://www.energy.gov/ehss/articles/accident-investigation-august-11-2023-tree-felling-fatality-oak-ridge-reservation

3.12.5 미국 에너지부(DOE) 사고조사 보고서의 사례들 (www.energy.gov)

1) 2023년 3월 29일 – TA-53 아크 플래시 사고 합동 사고 조사팀(JAIT) 보고서

학제 간, 학습 중심의 공동 연방 및 연구소 팀이 Los Alamos National Laboratory의 Technical Area(TA) 53에서 전기 사고의 원인을 조사했다.

2) 2023년 3월 27일 – 2017년 11월 27일 아르곤 국립 연구소에서 천연 우라늄 금속의 자연 발화

2017년 11월 27일 아르곤 국립 연구소에서 천연 우라늄 금속의 자연 발화에 대한 사건 조사가 수행되었다

3) 2021년 5월 6일 – 드럼 아웃 활동 중에 관찰된 예상치 못한 반응 분석

2021년 2월 26일, PF -4의 로스앨러모스 국립 연구소에서 PT(Pit Technologies) 프로그램 담당자는 폐기물 드럼에서 글로브 박스로 스파크가 방출되는 것을 관찰했다.

4) 2020년 4월 10일 – 워싱턴 대학교 하버뷰 교육 및 연구 시설에서 밀봉된 소스 회수로 세슘-137 방출 결과

JIT는 2019년 5월 2일 세슘-137 봉인된 공급원의 위반과 그로 인한 오염 확산에서 배운 교훈을 식별하기 위해 임명되었습니다.

5) 2020년 1월 24일 – 2019년 10월 6일 NREL 과학 및 기술 시설 황산 유출 사고에 대한 제한된 범위 조사

2019년 10월 6일, 연합의 한 직원이 골든 콜로라도에 있는 NREL의 과학 및 기술 시설에서 황산 유출을 발견했습니다.

6) 2019년 5월 9일 – 로스앨러모스 국립 연구소(Los Alamos National Laboratory)에서 건설 리프팅 사고로 하청 업체 직원이 심각한 부상을 입었다.

2018년 12월 19일 심각한 부상을 초래한 공사 리프팅 사고를 조사하기 위해 사고 조사 위원회가 임명되었다.

7) 2015년 2월 26일 – 삼중수소 하역 펑크 이벤트 – Savannah River Site

2015년 1월 27일, 두 명의 Tritium 작업자가 하역 글로브 박스의 누출 문제를 해결하고 있었다.

8) 2014년 6월 13일 – 비확산 시험 및 평가 단지(NPTEC)의 화학 폭발

2014년 6월 13일 금요일, 작업자들이 비어 있는 것으로 생각한 55갤런 드럼통이 폭발하여 두 명의 직원이 생명에 지장이 없는 부상을 입었다.

9) 2010년 11월 23일 – 2010년 9월 29일 분리 공정 연구 단위 건물 H2 철거 중 방사능 오염 사건의 B형 사고조사

2010년 9월 29일, 뉴욕 니스카유나에 있는 SPRU에서 H2 빌딩의 야외 철거를 수행하던 중 방사능 오염 사건이 발생했다.

10) 2010년 9월 1일 – 2010년 6월 14일 F-TRU 폐기물 정화 시설에서 발생한 직원 펑크 상처에 대한 B형 사고조사

2010년 6월 14일, 특수 공정 인클로저 내부에서 초우라늄 폐기물 정화 작업을 수행하던 중 기술자가 찔린 상처를 입었다.

3.12.6 DOE 사고조사 매뉴얼 관련 사이트

DOE 사고 예방 및 조사 프로그램 | 에너지부(Department of Energy)

https://www.energy.gov/ehss/DOE-accident-prevention-and-investigation-program

04장
사고 예방 기술
(Accident/Incident Prevention Technique)

4.1. 사고 예방의 기본 개념 소개

4.1.1 사고 (또는 사건)

사고는 일반적으로 예상치 못한, 계획되지 않은, 통제할 수 없는 사건이나 사고로 정의된다. 이러한 바람직하지 않은 사건으로 인해 부상, 재산피해, 장비 고장 또는 이들의 조합이 발생한다. 사고는 이전의 모든 부정적인 생산 효과다. 사고는 사건의 하위 집합이다.

위험이 수용 가능한 것으로 판단되는 안전한 작업장을 위해 노력하는 것이 안전의 목표이다. 이를 통해 근로자에게 부상이나 사망을 초래할 수 있는 상황, 장비 또는 재산의 손상 또는 손실을 초래할 수 있는 상황에서 벗어날 수 있다. 이것은 본질적으로 안전의 정의이다.

4.1.2 포괄적인 사고 예방

사고 예방은 작업장 내에서 발생하는 상호 작용으로 인해 매우 복잡하다. (작업자, 경영

진, 장비와 기계, 환경)

작업자, 경영진, 장비와 기계, 환경 간의 상호 작용은 개별적으로 그 자체로 매우 복잡하다. 그것들이 함께 혼합되어 작업 공간이 될 때 더 많은 복잡성이 발생한다. 그러나 기업 내 사고 예방 노력에 영향을 미치는 환경은 물리적 환경만이 아니다. 사회적 환경은 상호작용적 요소이기도 하며 직장과 그 밖의 삶을 아우르는 요소이기도 하다. 정부 기관은 규칙과 규정을 제정하고 작업장에 흔적을 남긴다. 노동조합, 가족, 동료 압력, 친구, 동료 등과 같은 사회적 영역의 다른 주체는 직장에서 압력을 제공한다. 이는 사고를 성공적으로 예방하기 위해 주의해야 하는 상호 작용을 확장한다.

4.1.3 사고 예방

직업 관련 사고/사건의 예방은 법률이다. 사고/사건을 예방하는 것이 사업적으로 합리적이다. 점점 더 많은 기업이 안전규제청(OSHA)이 사고/사건 예방조치(initiative)에 방해가 아니라 조력자라는 사실을 깨닫게 되었다.

사업 경쟁이 치열해짐에 따라 손실 통제는 비용, 특히 장비 손상, 의료 비용 및 산재 보상 보험료로 인한 직접적인 손실을 줄이는 합리적인 것으로 여겨졌다. 사고를 예방하면 실질적이고 관찰 가능한 비용 절감 효과를 얻을 수 있다. 안전 전문가들은 사고의 숨은 비용을 직접 발생 비용의 5~10배 수준으로 추정한다. 숨겨진 비용에는 생산 손실, 재교육 및 감독자의 시간 손실이 포함된다.

4.1.4 사고 예방 이익

- 산업보험료 비용 절감, 사고의 간접비용 감소, 규정 준수 검사 및 처벌 감소
- 사망 또는 대형 사고로 인한 부정적인 홍보 방지, 소송 및 법적 합의 감소
- 산업 보험에 대한 근로자 급여 공제 감소, 다친 근로자의 고통 감소
- 장기 또는 영구 장애 사례 감소, 소급 등급 환불 가능성 증가
- 입찰 수락 증가(더 많은 작업), 개별 작업자의 사기 및 충성도 향상
- 작업자의 생산성 향상, 회사 근로자에 대한 자부심 증가

4.1.5 예방의 가치

Fine(1973)은 사고로 인한 잠재적 위험을 비교하는 데 사용할 수 있는 수치 값을 산출하는 위험평가를 수행하기 위한 수학적 모델을 제공했다.

위험 점수 공식 = 결과 × 노출 × 확률

- 18과 85, 위험 요소는 바로 제거해야 하지만 상황은 비상사태가 아니다.
- 90과 200, 이것은 긴급하며 가능한 한 빨리 주의가 필요하다.
- 270과 1,500, 이 점수는 즉각적인 수정 조치가 필요하다. 위험이 제거되거나 감소할 때까지 모든 활동을 중단해야 한다.

$$\text{정당화 공식} = \frac{\text{결과} \times \text{노출} \times \text{확률 (위험 점수)}}{\text{비용 요소} \times \text{수정 정도}}$$

Critical Justification Rating이 10보다 크면 위험을 수정하는 것이 정당화된다. 점수가 10점 미만이면 위험 요소를 수정하는 것이 정당화되지 않는다.

4.1.6 위험 통제

위험 통제의 핵심은 위험에 처할 수 있는 사람들의 노출을 방지하는 것이다. 작업장에서는 어떤 일이 일어나더라도 노출되지 않는 것이 불가능하다. 잠재적인 노출이나 노출의 양을 제한하는 것이 중요하다. 노출 제어의 세 가지 요소는 거리, 시간 및 차폐이다. 거리는 노출을 방지하는 최상의 메커니즘을 제공한다.

위험을 통제하는 많은 방법이 수년에 걸쳐 사용되었지만, 일반적으로 다섯 가지 주요 접근 방식으로 나눌 수 있다. 이를 수행하는 데 선호되는 방법은 공학 제어, 인식 장치, 미리 결정된 안전한 작업 관행 및 관리 제어를 통하는 것이다. 이러한 통제가 가능하지 않거나 충분한 보호를 제공하지 않는 경우 보호의 대안 또는 보완 방법은 근로자에게 개인 보호 장비(PPE)와 적절한 사용 기술을 제공하는 것이다.

4.1.7 공학적 통제

작업장에서 위험 요소가 확인되면 근로자는 피해를 보지 않도록 제거하기 위해 모든 노력을 기울여야 한다. 제거는 장비 또는 프로세스 일부를 설계하거나 재설계하여 달성할 수 있다. 이것은 작업자가 위험 요소와 접촉하는 것을 방지하는 보호장치를 기계에 설치할 수 있다. 위험 요소는 작동하지 않도록 설계될 수 있다. 위험을 줄이거나 제어하는 또 다른 방법은 플라스틱 우유병과 같은 품목을 만드는 데 사용되는 염화비닐 제조와 같이 전체 공정이 폐쇄 회로가 되는 공정을 분리하는 것이다. 이렇게 하면 암을 유발하는 것으로 알려진 염화비닐 가스에 아무도 노출되지 않는다. 따라서 배치된 모든 물리적 제어는 공학 관점에서 최상의 접근 방식으로 간주한다. 이것은 항상 실행 가능한 옵션은 아니다. 사용할 수 있는 공학 제어를 요약하기 위해 다음을 고려할 수 있다.

*** 대체, 제거, 환기, 격리, 프로세스 또는 디자인 변경**

4.1.8 인식 장치

인식 장치는 감각과 연결되어 있으며, 듣고 볼 수 있는 경고장치다. 작업자에게 경고 역할을 하지만 물리적 장벽을 만들지 않는다. 그들은 작업장 대부분에서 발견되며 적당한 정도의 효과를 가지고 있다. 이러한 장치에는 다음이 포함된다.

*** 백업 알람, 청각 및 시각 경고 신호, 경고 표지판**

4.1.9 업무 관행

업무 관행은 업무 또는 활동이 수행되는 방식과 관련이 있다. 이는 작업 또는 작업을 완료하기 위한 특정 절차를 생성함을 의미할 수 있다. 그것은 또한 당신이 직업이나 작업에 대한 특별 훈련을 시행한다는 것을 의미할 수도 있다. 또한 작업을 시작하기 전에 또는 장애가 발생했을 때 장비나 기계를 검사해야 할 수도 있다고 가정한다. 프로세스 또는 작업을 다시 시작하기 전에 검사를 수행해야 한다. 또한 제로 잠재성 에너지 방출을 생성하기 위해 잠금/태그아웃 절차를 사용해야 할 수도 있다.

4.1.10 관리 통제

두 번째 접근 방식은 관리 지침을 통해 위험을 통제하는 것이다. 이는 노출을 제한할 수 있는 교대 근무자를 통해 달성하거나 근무 시간 중 위험 요소가 존재하지 않는 영역에서만 작업자가 작업하도록 할 수 있다. 이것은 인간공학적으로 관련된 사고를 유발할 수 있는 화학 물질 노출 및 반복적인 활동에 특히 적용된다. 관리 통제의 예는 다음과 같다.

*** 특정 훈련 및 교육 필요, 교대근무 일정 잡기, 작업자 순환**

위험 요소에 대한 회사의 관점과 감지된 위험 요소에 대한 대응을 표현하려면 관리 통제가 필요하다. 전체 프로그램은 관리 통제를 통해 지시되고 지원되어야 한다. 경영진이 위험 요소의 통제를 처리하기 위한 체계적이고 정해진 절차를 갖고 있지 않다면 위험 요소의 보고/식별은 시간과 비용 낭비이다. 이는 정책 및 지침과 위험을 수정하고 통제하기 위한 자원(예산)을 제공함으로써 책임을 지는 사람에게 책임을 묻는 것으로 돌아간다. 관리 통제의 일부 측면은 다음과 같다.

*** 정책, 지시문, 책임(라인과 근로자), 활력과 모범, 책임, 예산**

작업장 위험을 식별하고 해결하려는 시도는 관리 접근 방식의 필수적인 부분이어야 한다. 위험이 적시에 해결되지 않으면 식별되거나 보고되지 않는다. 비용이 위험 요소를 수정하거나 통제하지 않는 주된 이유가 된다면 근로자는 위험 요소를 식별하거나 보고할 동기를 잃게 된다.

4.1.11 개인 보호 장비

개인 보호 장비(PPE)에는 작업자를 부상으로부터 보호하기 위한 다양한 장치와 의복이 포함된다. 눈, 얼굴, 머리, 귀, 발, 손, 팔, 전신을 보호하도록 설계된 PPE를 찾을 수 있다. PPE에는 고글, 안면 가리개, 보안경, 안전모, 안전화, 장갑, 조끼, 귀마개, 귀마개 및 전신 보호용 슈트 등이 포함된다.

근로자는 있어야 하고 공학 또는 관리 통제가 불가능할 경우 PPE를 최종 솔루션이 아니라 임시 통제로 사용하는 것이 필수적이다. 예를 들어, 작업 영역에서 보안경이 필요할 수 있다. 종종 PPE 사용은 위험 관리 계획에서 마지막으로 수행되는 것으로 간주한다. PPE는 위험 요소가 다른 수단으로 통제되고 있는 경우에도 근로자를 추가로 보호할 수 있다. 그러나 다음을 포함하여 PPE 사용에는 단점이 있다.

① 여전히 위험이 도사리고 있음, PPE를 사용하는 작업자에 따라 보호

② PPE는 작업 및 생산성 수행을 방해할 수 있음, 감독 필요

③ 지속적인 비용

4.1.12 사고/사건 예방 구조화

구조화는 서면 안전 및 보건 프로그램으로 시작해야 한다. 사고/사건 기록을 평가하고 좋은 사고 및 부상 보고 및 조사 절차를 개발할 필요가 있다. 위험 요소를 식별할 수 있는 충분한 데이터가 확보되면 부상 발생을 방지할 잠재적 개입을 결정하라. 구현을 위해 선택한 개입은 사고 예방 프로세스 및 사고 예방에 도움이 될 것으로 생각되는 기술이다. 이러한 개입은 사고 예방 프로그램의 일부가 된다. 작업 안전 관찰 또는 장비 또는 시설에 대한 실제 물리적 변화(공학)와 같은 사고 예방 기술의 프로세스 또는 적용일 수 있다. 안전 및 건강 프로그램은 손실 관리 프로그램의 효과를 결정하기 위한 후속 평가 절차로 마무리되어야 한다.

4.1.13 당신이 누구와 거래하고 있는지 알기

근로자를 대상으로 하는 모든 유형의 프로그램을 지능적으로 구현하려면 먼저 작업 환경의 문화를 이해해야 한다. 당신은 직업 안전 및 건강과 관련하여 노동력이 가지고 있는 가치, 태도 및 인식을 알고 이해해야 한다. 이는 귀하의 고유한 작업장에서 사고 및 사건을 예방하는 것과 관련된 동기 부여 계획을 실행에 옮길 기회를 제공할 것이다.

4.1.14 사고 원인의 파악

작업장 내에서 발생한 특정 유형의 사고/사건의 원인을 평가해야 한다. 평가 및 분석 프

로세스에서 사용하려는 접근 방식은 작업장에서 발생한 일의 유형과 친숙도에 따라 크게 달라진다.

4.1.15 사고 예방 기술

작업 위험 분석, 안전한 작업절차, 작업 안전 관찰과 같은 사고 예방 기술은 작업장 내 특정 작업에 적용된다. 일반적으로 기존 또는 잠재적인 작업 관련 위험을 해결하고 식별하는 것을 목표로 한다. 이 책에서는 이러한 유형의 사고 예방 기술을 강조한다. 사고 예방 기술을 다루는 책 대부분은 일반적으로 화재 안전 및 기계 보호와 같은 특정 작업 위험 및 예방을 강조한다. 이 특정 책은 특정 직업 위험에 대해 약간만 강조한다.

4.2. 안전보건 문제

4.2.1 안전보건 관리와 관련하여 답변해야 할 질문

- 회사 사업장의 안전보건에 관한 경영방침은 무엇인가?
- 회사의 안전 및 건강 목표는 무엇인가?
- 직업 안전과 건강을 책임지는 사람은 누구인가?
- 감독자와 근로자는 작업 안전 및 건강에 대해 어떻게 책임을 져야 하는가?
- 이러한 유형의 산업에 대한 안전 및 보건 규칙은 무엇인가?
- 안전 규칙을 따르지 않으면 어떤 결과가 발생하는가?
- 작업장에서 안전과 건강을 다루기 위한 정해진 절차가 있는가?

4.2.2 고용주는 아래의 것들을 가져야 함

- 직업 안전 및 건강에 대한 확고한 의지가 있어야 함
- 예산 자원 투입
- 신입사원 교육

- 감독자가 교육을 받았는지 확인
- 서면 안전 및 건강 프로그램 보유
- 감독자에게 안전과 건강에 대한 책임을 물음
- 안전 불만 대응 및 사고조사
- 안전 감사 실시

4.2.3 종합 안전 프로그램의 3가지 이유

4.2.3.1 인도주의적 배려

안전한 작업장 운영은 현대 사회의 도덕적 의무이다. 이 의무에는 인명 손실, 인간의 고통과 고통, 가족의 고통과 고난 등에 대한 배려가 포함된다.

4.2.3.2 법적 의무

연방이나 주 정부는 안전한 작업 조건과 작업 관행에 대한 적절한 감독에 대한 책임을 고용주에게 부과하는 법률을 가지고 있다. 고용주는 또한 근로자는 업무 활동 중에 입은 부상으로 인해 발생한 비용을 지급할 책임이 있다.

4.2.3.3 경제성

예방 비용이 사고보다 적다. 이 사실은 수천 건의 산업 운영 경험을 통해 일관되게 입증되었다. 직접비용은 의료비, 보상금 등으로 대표된다. 직접비용의 4~10배에 달하는 간접비용은 물론 근로자들의 임금 손실과 이러한 손실이 지역사회 전체에 반영되어야 한다.

4.2.4 안전 및 보건 프로그램 구축

KISS 원칙(Keep It Simple Stupid)을 최대한 준수. 성공적인 안전 프로그램을 보장하려면 ① 경영진의 리더십, ② 안전한 작업 조건, ③ 모든 근로자의 안전한 작업 습관이라는 세 가지 조건 필요. 고용주는 반드시 다음 것들을 해야 한다.

- 고용주가 안전 규정을 지속해서 시행하고 강화함으로써 직장 내 안전에 관심이 있음

을 근로자들에게 알린다.

- 모든 근로자에게 안전한 작업 장소를 제공한다. 배당금을 지급한다.
- 귀하의 작업에 적용되는 연방법 및 주법을 숙지하라.
- 모든 안전규제청(OSHA) 기록 가능한 사고 및 부상을 조사하고 보고한다. 이 정보는 향후 이러한 사고를 방지하기 위해 더 많은 작업이 필요한 영역을 결정하는 데 유용할 수 있다.
- 특히 응급 처치, 장비 작동 및 공통 안전 정책과 같은 분야에서 근로자는 교육 및 정보를 이용할 수 있도록 한다.
- 따라야 할 규정된 일련의 안전 규칙을 개발하고 모든 근로자는 규칙을 알고 있는지 확인한다.

고용주가 조직화한 안전 및 보건 프로그램을 개발하기 위한 기본 지침은 다음과 같다.

① 고용주는 직업 안전 및 건강 위험으로부터 근로자를 인식하고 보호하는 데 적절한 체계적인 정책, 절차 및 관행을 제공하는 프로그램을 해당 시설에 도입하고 유지하도록 권장하고 있다.

② 효과적인 프로그램에는 일반적인 작업장 위험, 특정 작업 위험 및 예측 가능한 조건에서 발생할 수 있는 잠재적 위험의 체계적인 식별, 평가 및 예방 또는 통제를 위한 조항이 포함된다.

③ 특정 안전규제청(OSHA) 표준을 포함하여 법률을 준수하는 것이 중요한 목표이지만 효과적인 프로그램은 모든 위험을 처리하기 위해 법률의 특정 요구사항을 넘어선 것이다. 이것은 규정 준수가 문제가 되는지 아닌지에 관계없이 부상과 질병을 효과적으로 예방할 것이다.

④ 프로그램이 서면으로 설명되는 정도는 실제로 얼마나 효과적인가보다 덜 중요하다. 그러나 작업장의 크기나 위험한 작업의 복잡성이 증가함에 따라 정책과 우선순위에 대한 명확한 의사소통과 일관되고 공정한 규칙 적용을 보장하기 위해 서면 지침의 필요성이 증가한다.

4.2.5 관리 약속 및 근로자 참여

경영진의 헌신과 근로자의 참여는 상호 보완적이다. 경영진의 헌신은 조직 내 활동을 조직하고 통제하기 위한 동기와 자원을 제공한다. 효과적인 프로그램에서 경영진은 근로자의 안전과 건강을 조직의 근본적인 가치로 간주하고 다른 조직의 목적과 마찬가지로 적극적으로 안전 및 건강 보호에 대한 약속을 적용한다. 근로자 참여는 근로자가 자신과 동료 근로자를 위해 안전 및 건강 보호에 대한 자신의 약속을 개발하고 표현할 수 있는 수단을 제공한다.

경영진은 안전하고 건강한 작업 및 작업 조건에 대한 작업장 정책을 명확하게 명시하여 현장에서 책임을 지는 모든 근로자가 현장을 책임지는 다른 위치의 근로자는 다른 조직적 가치와 관련하여 안전과 건강 보호의 우선순위를 이해할 수 있도록 해야 한다.

경영진은 조직의 모든 구성원이 원하는 결과와 이를 달성하기 위해 계획된 조치를 이해할 수 있도록 안전 및 보건 프로그램에 대한 명확한 목표와 해당 목표를 달성하기 위한 목표를 설정하고 전달해야 한다.

경영진의 약속이 진지하다는 것을 알리기 위해 프로그램 실행에 가시적인 최고 경영진의 참여해야 한다. 결과적으로 근로자들은 프로그램의 구조와 운영, 그리고 자신의 안전과 건강에 영향을 미치는 결정에 참여하도록 권장되어야 한다. 그들의 헌신, 통찰력, 에너지는 안전보건 프로그램의 목표와 목표를 달성하는 데 도움이 될 것이다. 안전 및 보건 프로그램은 경영진의 헌신과 리더십을 입증하기 위해 다음을 포함해야 한다.

① 서면 목표 포함된 정책 선언문을 수립하고 발행하여 근로자들에게 전달한다.

② 프로그램은 매년 수정된다.

③ 안전 회의, 검사 참여, 회의의 의제 항목.

④ 자원 투입이 적절하다.

⑤ 안전 규칙 및 절차는 작업 현장 운영에 통합된다.

⑥ 경영진은 안전 규칙을 준수한다.

책임 할당은 관리 공무원, 감독자와 근로자의 책임을 식별한다. 모든 사람이 확립된 안전 및 건강 목표와 관련하여 자신의 안전 및 건강 성과에 대한 책임을 진다면 안전 및 건강에 대한 책임을 강조하는 것이 더 신뢰할 수 있다. 책임 할당에는 다음과 같은 측면이 포함되어야 한다.

① 안전 대리인은 현장에 있고 지식이 풍부하며 책임감이 있다.

② 감독자(감독 포함)의 안전 및 보건 책임을 이해한다.

③ 근로자들은 안전 규칙을 알고 준수한다.

고용주는 근로자에게 프로그램의 수립, 실행 및 평가에 참여할 기회를 제공해야 한다. 고용주는 직장 안전 및 건강 문제에 대해 근로자가 정기적으로 의사소통해야 한다. 그녀는 근로자에게 프로그램과 관련된 정보에 대한 액세스 권한을 제공해야 한다. 결과적으로 근로자의 위험식별 및 평가, 위험 우선순위 지정, 교육 및 프로그램 평가에 참여할 수 있는 프로세스가 수립되어야 한다. 근로자는 업무 관련 사망, 부상, 질병, 사고 및 위험을 신속하게 보고하는 방법을 수립해야 한다. 또한 이러한 위험을 제어하기 위한 적절한 수단에 대한 권장 사항을 제공한 다음 이러한 보고서 및 권장 사항에 신속하게 대응할 수 있는 사용하기 쉬운 시스템이 있어야 한다.

근로자는 작업장에서 사망, 부상, 질병, 사고 또는 위험에 대한 보고 및 권장 사항을 작성하거나 작업장 안전 및 보건 프로그램에 참여하는 것을 방해하지 말 것.

4.2.6 위험 식별 및 평가

고용주는 근로자는 노출되는 위험을 체계적으로 식별 및 평가하고 일반 의무 조항 및 안전규제청(OSHA) 표준 준수를 평가해야 한다. 고용주는 작업장을 검사해야 한다. 안전 및 보건 정보를 검토한다. 새로운 장비, 재료 및 위험 요소가 작업장에 도입되기 전에 위험에 대한 프로세스를 평가한다. 식별된 위험의 심각성을 평가하고 심각도에 따라 즉시 수정할 수 없는 위험의 순위를 지정한다.

위험식별에는 작업장 위험을 식별하고 이를 통제하는 데 필요한 시정조치를 결정하는 데 도움이 될 수 있는 항목이 포함된다. 조치에는 작업장 안전 점검, 사고조사, 안전보건

위원회 회의 및 프로젝트 안전 회의가 포함된다. 위험 요소를 식별하려면 다음을 검토해야 한다.

① 정기적인 현장 안전 검사에는 감독관이 포함

② 예방적 통제(개인 보호 장비(PPE), 유지보수, 공학 통제)

③ 위험을 해결하기 위해 취한 조치

④ 적절한 경우 안전 위원회를 구성

⑤ 문서 기술 참조 사용 가능

⑥ 경영진이 시행하는 집행 절차

고용주는 초기 평가를 수행한 다음 규정 준수를 보장하는 데 필요한 만큼 자주 재평가해야 한다. 재평가는 적어도 2년마다 수행되어야 한다. 안전 및 건강 정보 또는 작업장 조건의 변화가 새로운 위험 요소 또는 증가한 위험 요소가 존재할 수 있음을 나타내는 경우 고용주도 재평가를 수행해야 한다. 고용주는 사망이나 심각한 신체적 상해를 일으킬 가능성이 있는 업무 관련 사망, 중상 또는 질병, 또는 사고(아차 사고)를 조사해야 한다. 고용주는 식별된 위험, 평가 및 이러한 위험을 통제하기 위해 고용주가 취했거나 취할 계획에 대한 기록을 유지해야 한다. 안전규제청(OSHA)과 작업장을 검사해야 한다면 이는 긍정적일 것이다. 안전과 건강에 대한 성실한 노력과 헌신을 보여준다.

작업장 분석에는 기존 위험뿐만 아니라 변경이 발생하고 위험을 생성할 수 있는 조건 및 작업을 식별하기 위한 다양한 작업장 검사가 포함된다. 작업장을 점검하지 않아 발생하는 위험을 인지하지 못한다는 것은 안전보건 정책이나 관행이 부적절하다는 확실한 신호이다. 효과적인 관리는 작업과 작업장을 적극적으로 분석하여 해로운 사건을 예측하고 예방한다. 작업장 분석은 모든 위험 요소가 식별되도록 하기 위한 것이다. 이것은 다음을 통해 수행할 수 있다.

① 안전보건에 대한 종합적인 작업장 기본조사 실시 및 주기적으로 종합적인 업데이트 조사 시행

② 계획 및 신규 설비, 공정, 자재와 장비 분석

③ 일상적인 작업 위험 분석 수행

정기적인 현장 안전 및 건강 검사를 제공하여 신규 또는 이전에 놓친 위험 및 위험 통제 실패를 식별하는 것은 작업장 분석에 중요하다. 근로자의 우려 사항을 해결할 수 있는 경우 안전 및 건강 보호에 대한 근로자의 통찰력과 경험도 활용해야 한다. 근로자를 위한 신뢰할 수 있는 시스템은 보복의 두려움 없이 위험해 보이는 조건에 대해 경영진에게 알리고 시기적절하고 적절한 응답을 받을 수 있도록 제공 및 권장되어야 한다.

모든 사고와 "아차 사고"는 원인을 파악하고 예방 수단을 파악하기 위해 조사해야 한다. 일반적인 원인이 있는 패턴을 식별하고 예방할 수 있도록 시간 경과에 따른 부상 및 질병 경향 분석을 수행해야 한다.

4.2.7 위험 예방 및 통제

일반 의무 조항 및 안전규제청(OSHA) 표준의 요구사항을 충족해야 한다. 고용주가 즉시 준수할 수 없는 경우 고용주는 가능한 한 빨리 준수 계획을 수립해야 한다. 여기에는 우선순위와 기한을 설정하고 위험 통제의 진행 상황을 추적하는 것이 포함된다.

① 실현할 수 있고 적절한 경우 공학 기술

② 교육, 긍정적 강화, 불안전한 수행의 교정, 그리고 필요한 경우 명확하게 소통된 징계 시스템을 통한 시행의 결과로 모든 영향을 받는 당사자가 이해하고 따르는 안전한 작업절차

③ 개인 보호 장비 제공

④ 노출 기간 단축과 같은 관리적 통제

위험한 고장을 예방할 수 있도록 시설과 장비 유지보수가 제공되어야 한다. 비상사태에 대한 모든 당사자의 대응이 "제2의 천성"이 되도록 비상사태를 계획 및 준비하고 필요에 따라 교육 및 훈련을 시행한다. 부상이나 질병이 발생하면 피해를 최소화하기 위해 근처에 의사 및 응급 의료 서비스를 제공하는 현장 응급 처치를 포함하는 의료 프로그램을 수립해라.

4.2.7.1 정보 및 교육

고용주는 각 근로자에게 안전 및 보건 프로그램에 대한 정보와 교육을 제공해야 한다. 위험에 노출된 각 근로자는 해당 위험에 대한 정보와 교육을 받아야 한다.

참고: 일부 안전규제청(OSHA) 표준은 정보 및 교육에 대한 보다 구체적인 추가 요구사항을 부과한다. 고용주는 다음 주제에 대한 일반 정보 및 교육을 제공해야 한다.

① 근로자는 노출되는 위험 요소의 특성과 위험 인식 방법

② 이러한 위험을 통제하기 위해 무엇을 하고 있는가?

③ 근로자는 이러한 위험에 대한 노출을 예방하거나 최소화하기 위해 따라야 하는 보호 조치는 무엇인가?

④ 해당 기준의 규정

4.2.7.2 감독자는 책임

① 인식되지 않은 잠재적 위험을 식별하기 위해 감독 아래에 작업 분석

② 작업 영역에서 물리적 보호 유지

③ 지속적인 성과 피드백을 통해 그리고 필요한 경우 안전한 작업 관행의 시행을 통해 작업 중 잠재적 위험의 특성과 필요한 보호 조치에 대한 근로자 교육을 강화한다.

4.2.8 프로그램 효과 평가

고용주의 기본 의무는 안전보건 프로그램을 평가하여 작업장 조건에 효과적이고 적절한지 확인하는 것이다. 고용주는 프로그램의 효율성을 보장하는 데 필요한 만큼 자주 프로그램을 평가해야 한다. 고용주는 또한 적시에 프로그램을 수정하여 프로그램 평가에서 확인된 결함을 수정해야 한다.

4.2.9 직업 안전 및 건강 프로그램의 특징

성공적인 안전 및 보건 프로그램에 관한 연구를 검토한 결과 이러한 프로그램을 구성하는 여러 요인이 있음을 알 수 있다. 보건 및 안전에 대한 경영진의 강력한 의지와 근로자,

감독자와 경영진 간의 빈번하고 긴밀한 접촉은 보건 및 안전에 대한 좋은 보건 및 안전 프로그램에서 가장 지배적인 두 가지 요소이다. 기타 관련 요인으로는 노동력 안정성, 엄격한 가사 관리, 조기 교육 및 후속 교육을 강조하는 훈련, 작업장에 대한 적합성을 향상하게 시키기 위한 기존 건강 및 안전 관행의 특별 적응 등이 있다.

4.2.10 성공적인 보건 및 안전 프로그램을 구성하는 구성.

① 보건 및 안전 프로그램 관리, 검사 및 작업 관찰

② 질병 및 부상 조사, 작업 분석

③ 훈련, 개인 보호, 건강과 안전의 소통과 증진

④ 개인적인 인식, 업무 외 건강 및 안전

4.2.11 안전 및 보건 프로그램 평가를 위한 도구

4.2.11.1 문서조사

문서조사는 표준 감사 기술이다. 수정에 대한 위험 추적이 효과적인지를 이해하는 데 특히 유용하다. 또한, 자체 검사 또는 일상적인 위험 분석과 같은 특정 활동의 품질을 결정하는 데 사용할 수도 있다.

검사 기록은 심각한 위험이 발견되는지 또는 같은 위험이 반복적으로 발견되는지를 평가자에게 알릴 수 있다. 심각한 위험이 발견되지 않고 사고가 계속 발생하는 경우 검사관이 다른 위험을 찾도록 교육해야 할 수 있다. 같은 위험이 반복적으로 발견되면 문제가 더 복잡해질 수 있다. 아마도 위험이 시정되지 않을 것이다. 그렇다면 추적 문제 또는 위험 수정에 대한 책임에 문제가 있음을 시사한다.

4.2.11.2 근로자 인터뷰

모든 수준에서 무작위로 선택된 근로자가 이야기하는 것은 근로자 교육의 질과 프로그램에 대한 근로자 인식의 좋은 지표를 제공할 것이다. 안전 및 보건 교육이 효과적일 때 근로자는 작업하는 위험과 이러한 위험을 통제하여 자신과 다른 사람을 보호하는 방법에 대해 알려줄 수 있다. 또한, 모든 근로자는 프로그램 일부로 수행해야 하는 작업을 정확하게 말할 수 있어야 한다. 그리고 모든 근로자는 비상시 어디로 가야 하는지, 따라야 할 경로를 알고 있어야 한다.

근로자 인식은 다른 유용한 정보를 제공할 수 있다. 위험 요소를 보고하고 응답을 받기가 얼마나 쉬운지에 대한 근로자의 의견은 위험 요소 보고 시스템이 얼마나 잘 작동하는지에 대해 많은 것을 알려준다. 근로자들이 안전보건 수칙과 안전한 작업 관행을 시행하기 위한 시스템이 일관되지 않거나 혼란스럽다고 표시하면 시스템 개선이 필요하다는 것을 알게 될 것이다.

인터뷰는 시간제 근로자에게만 국한되어서는 안 된다. 일선 감독자와의 대화를 통해 많은 것을 배울 수 있다. 또한, 라인 관리자에게 자신이 담당하는 안전 및 보건 책임에 대한 이해를 문의하는 것도 도움이 된다.

4.2.11.3 위험 요소의 현장 조건 및 근본 원인

작업장 조건을 조사하면 기존 위험이 드러날 수 있다. 또한, 위험을 예방하거나 통제하기 위한 관리시스템의 고장에 대한 정보를 제공할 수도 있다.

조건 및 관행을 살펴보는 것은 안전 및 보건 프로그램의 효과 또는 구현을 평가하기 위한 잘 확립된 기술이다. 예를 들어, PPE가 필요한 지역에서 이 요구사항을 알리는 크고 이해하기 쉬운 표지판을 보고 모든 근로자는 예외 없이 장비를 올바르게 착용해야 한다. PPE 프로그램이 작동하고 있다는 귀중한 시각적 증거를 얻었다.

안전 및 보건 프로그램 관리에 대한 정보를 얻는 또 다른 방법은 관찰된 위험 요소의 근본 분석을 통하는 것이다. 이 접근 방식은 많은 기여 요인을 찾아 수정하거나 통제하는 가장 정교한 사고조사 기술과 매우 유사하다.

작업장 안전보건 프로그램의 각 부분을 평가할 때 위의 방법의 하나 이상을 적절하게 사용하라. 이 논의의 나머지 부분에서는 품질 안전보건 프로그램의 각 요소에서 발견되는 구성요소를 식별하고 이러한 구성요소를 평가하는 유용한 방법을 설명한다.

4.3 사건/사고조사

4.3.1 사건/사고조사

- Incident(사건): 작업 완료에 부정적인 영향을 미치는 광범위한 events 일부이다.
- Accident(사고): 주로 accident와 incident 모두를 지칭한다.

사고조사의 목적은 사고의 원인이 되는 문제들을 바로잡으며 사고원인을 밝혀내는 것이다. 사고조사의 주된 목적은 같거나 유사한 사건의 재발을 방지하는 것이다. 부상이나 손상의 정도에 상관없이 모든 사고를 조사해야 한다. 모든 사고가 제대로 조사된다면 관련자들에게는 학습 경험으로 작용할 것이다.

모든 사고조사에서는 다중 원인 측면을 고려해야 한다. 안전하지 않은 행위, 안전하지 않은 조건, 사고를 둘러싼 기여 요인을 고려해야 한다. 근본 원인은 경영방침, 결정 사항 등의 항목으로, 시정 시 사고를 예방할 수 있는 개인적, 환경적 요인이다. 사고는 하나 이상의 원인을 제거함으로써 예방할 수 있다. 사고조사는 무슨 일이 일어났는지 뿐만 아니라 어떻게 그리고 왜 일어났는지 밝혀낸다.

조사는 기계적인 일상이 되지 않고 무슨 일이 일어났는지, 왜 일어났는지, 재발 방지를 위해 무엇을 해야 하는지를 규명하기 위해 노력해야 한다. 사고 수사는 책임을 묻지 말고 사실관계를 규명하기 위해 이루어져야 한다.

- 효과적인 조사를 위해 신속한 보고가 핵심이다. 사고가 발생했을 때 보고 해야 사고에 대응하고, 평가 및 조사할 수 있다. 사고를 숨기면 안 된다. 문제가 아직 작을 때 문제를 아는 것이 중요하다.
- 사고 예방 및 손실 제어에 집중한다.
- 과거 사고를 통해 얻은 지식을 지적하고 전달한다.
- 모든 작업지침의 중요한 부분으로 사고 예를 들으면 좋다. 또한, 신속하게 시정조치를 취한다.

구체적인 사고조사 책임은 다양한 사람에게 할당되어야 한다.

- 심각한 부상이나 장비 손상에 관련된 사고는 위원회가 조사해야 한다.
- 잠재적으로 심각하거나 심각한 장비 손상의 가능성이 있는 사고 대부분은 부서의 상사가 직속 관리자와 함께 조사해야 한다.
- 가벼운 부상 및 가벼운 장비 손상 사고는 일반적으로 책임 있는 일선 감독관이 조사해야 한다.

라인 감독관은 사고조사에 관여해야 한다. 라인 감독관은 보통 작업자와 직접 접촉하고 문제, 성격 및 능력을 이해하고 있기 때문이다. 감독자가 조사에 참여하면 사고원인과 재발 방지 방법을 더 잘 알 수 있게 된다. 감독자가 가벼운 부상 사고를 보고하게 하려면 취할 수 있는 조치는 다음과 같다.

① 해당 사고 보고의 중요성에 대해 근로자들에게 교육한다.
② 근로자가 가벼운 부상을 보고하는 것을 막지 않는다.
③ 가벼운 부상을 보고하지 않은 것에 대해 정기적으로 논의한다.
④ 방치된 부상에 대해 반대한다.

라인 감독자가 사고조사를 함으로써 얻을 수 있는 이점이 있다. ① 생산 시간의 증, ② 작업자에 대한 감독자의 관심 증거, ③ 운영비용 절감, ④ 감독관의 통제 실증

사고가 발견되면 관리 근로자는 사고 분류에 따라 공법이 요구하는 관련 규제기관에 통보해야 한다. 적절한 도구와 장비를 사용해 보안을 확립하고 조사 절차를 수행한다. 사고현장이나 장소에 도착하면 부상이 가해지거나 악화하지 않는 방식으로 부상자나 위험에 처한 사람을 구조하는 것이 최우선 사항이다. 그런 다음 추가 부상 또는 제어 손실의 위험을 줄인다. 사고에 관련된 요소를 식별하여 사고의 보고와 조사를 시작한다. 조사 장비를 미리 준비해 두어야 한다. 사고현장에서의 작업이 완료되면 나중에 추가 조사를 위해 필요할 수 있는 증거의 임시 보관 계획을 수립한다. 조사의 후속 단계에 대한 계획을 수립한다. 작업장 또는 장비에 대한 계획된 검사를 수행한 후 완전한 정상 활동을 재개한다.

조사는 사고 발생 후 가능한 한 빨리 실시해서 부상자의 기억이 왜곡되기 전에 정확한 정보를 얻어야 한다. 또한, 부상자에게 심문할 때 이로 인해 치료가 지연되는 경우나 부상

자가 극도로 화나 있거나 고통스러워할 때 질문을 삼간다. 조사는 다음과 같은 절차를 따른다.

① 조사관은 사고를 일으킬 우려가 있는 장비, 조작 또는 절차에 잘 알고 있어야 한다.
② 사고의 성격, 규모, 기술적 복잡성에 따라 조사 범위와 조사단의 규모를 결정해야 한다.
③ 정확한 사실을 얻기 위해 조사관은 가능한 한 신속하게 현장에 도착해야 한다.
④ 사고를 조사할 때는 다중원인설을 고려해야 한다.
⑤ 책임을 묻는 데 중점을 두지 않고, 사고의 원인이 된 사실을 수집하는 것에 목적을 둔다.

조사자는 노트에 사고현장에서 모든 정보를 수집해 기록해야 한다. 언제, 누가, 무엇을, 어디서, 어떻게, 무엇으로, 왜, 누구랑 얼마나에 대한 정보가 기록되어 있어야 한다. 추가 정보로 사진, 지도, 사고 이후 변경된 사항, 사고 이전의 사건 및 목격자 목록이 포함될 수 있다.

현장 방문은 가능한 한 빨리 실시되어야 한다. 긴급상황 발생하지 않는 한 현장 내 어떤 물건의 위치를 건드려서 안 된다. 또한, 현장에 스케치하거나 사진을 찍을 수도 있다. 현장을 볼 때 다음을 기록해야 한다.

① 사망자와 부상자
② 사고에 관련되거나 영향을 받는 기계, 차량 및 기타 장비
③ 장비와 재료에서 분리 또는 분리된 부분
④ 사고 중 또는 사고로 인해 파손, 훼손 또는 부딪힌 물건
⑤ 표면의 흠집, 긁힘, 움푹 팸, 페인트 얼룩, 고무 미끄럼 자국 등
⑥ 움직임의 흔적 또는 이와 유사한 흔적
⑦ 표면의 결함 또는 요철
⑧ 사고 전에 존재했거나, 사고로 인해 유출된 유체의 축적 또는 오염
⑨ 유출되거나 오염된 물질

⑩ 잔해 영역

⑪ 주의 산만 또는 불리한 환경 조건의 원인

⑫ 안전장치와 장치

사고 피해자와 목격자를 인터뷰할 때 다음을 따른다. 근로자들에게 조사의 목적을 상기시킨다. 근로자들에게 사고에 대한 완전한 설명을 요청한다. 빠진 부분을 채우기 위해 질문을 한다. 사고에 대한 이해를 확인한다. 이런 유형의 사고가 재발하지 않도록 하는 방법에 대해 논의한다. 인터뷰 질문을 할 때 다음을 포함한다.

① 사고 시각 및 장소

② 환경: 날씨, 조명, 온도, 소음, 주의 산만, 은폐. 특정 질문에 사전 접촉, 접촉, 접촉 후 기간을 포함

③ 사람, 기기, 재료 및 접촉 전, 접촉 후 사건과의 관계 인터뷰 중인 증인의 입장을 포함

④ 다른 목격자, 이름 알 수 없는 자 그리고 그들의 직위

⑤ 접촉 전, 접촉 및 접촉 후 단계에서 물건이 이동, 재배치, 전원을 껐다. 켜거나 현장(부상자 포함)에서 가져온 것이 있는 경우

⑥ 비상팀과 감독 요원의 대응 및 현장에서의 행동 관찰

⑦ 무엇이 그 사고에 목격자의 관심을 끌었는지

⑧ 증인은 유사한 상황에서 유사한 사고에 휘말리는 것을 막기 위해 어떻게 해야 하는지 때때로 피해자와 인터뷰 대상자들이 사고를 재현하도록 하는 것이 유용하다.

조사관은 인터뷰 시 목격자의 상태를 고려하고 판단해야 한다. 모든 사람이 특정 자극에 같은 방식으로 반응하는 것은 아니다. 충격적인 경험을 한 목격자는 사고의 자세한 내용을 기억하지 못할 수도 있다. 또한, 목격자의 관찰력이 영향을 미칠 수 있다.

증거수집은 분석 대상 데이터를 제공하는 진상 조사 과정이며, 그 결과에 따라 예방 결정을 내릴 수 있다. 조사관의 증거는 ① 사람, ② 위치, ③ 장비/부품/부속품, ④ 종이 문

서 등 4가지 출처에서 나온다.

사고 고유의 형식을 포함한 표준 사고조사 양식을 개발하면 유사하거나 같은 사건에 의해 야기된 사고와 부상을 비교할 수 있다. 조사자 또는 회사의 요구에 맞게 조정하거나 자체 사양에 맞게 설계해야 한다. 최종보고서가 작성되면 해당 기관에 제출해야 한다.

사고조사과정과 최종보고서 모두 완료되면 결과와 권고사항에 대해 취할 조치를 결정하기 위해 경영진이 관여하여 검토과정이 필요하다.

4.4. 위험 요소 인식 및 방지

사고 대부분은 많은 양의 에너지 또는 위험물질의 계획되지 않은 또는 원치 않는 방출로 인해 발생한다(직접 원인). 사고 조사관은 사고의 직접적인 원인이 무엇인지 찾는 데 관심이 있다. 이 정보는 다른 사고를 예방하거나 이와 관련된 부상을 줄이는 데 도움이 될 수 있다. 위험 분석은 사고를 유발할 가능성이 있는 위험 요소에 대해 작업장을 검사하는 데 사용되는 기술이다. 작업자는 위험식별에 대한 교육을 받고 평가를 위해 위험을 인식하고 보고하도록 한다.

- Hazards: 사고와 같은 우연한 사건을 초래할 수 있는 위험의 원천이다.
- Danger: 부상, 고통 또는 손실에 대한 잠재적 노출 또는 위험이다.
- Risk: 손실 또는 부상의 가능성 또는 그러한 손실 가능성의 정도이다.

위험식별에 대해 일반적으로 빈칸 채우기 짧은 설문지를 사용하여 수행할 수 있다. 위험식별 기술은 경영진이 근로자의 안전과 건강에 대해 개방적이고 진정으로 우려하는 곳에서 잘 작용한다. 이 과정에서 식별된 잠재적 위험에 대한 평가 및 대응 분석이 가장 시간이 많이 소요되는 부분이다. 위험식별 과정에서 얻은 정보는 작업자가 작업을 보다 안전하고 신속하게 수행하기 위해 어떤 작업을 변경해야 하는지 결정하는 기초를 제공한다. 또한, 작업자가 많이 참여할 수 있다.

기업은 위험 요소를 신속하게 처리할 수 있는 것, 시간이 걸릴 수 있는 것, 예산을 초과하는 비용이 드는 것에 따라 우선순위를 정해야 한다. 위험식별은 경영진이 관리하는 프로세스다. 경영진은 위험식별 과정의 결과를 평가하고 즉각적인 조치가 필요한지 또는 실제로 관련된 위험이 있는지 판단해야 한다. 회사가 보고된 위험을 실제 위험으로 보지 않는 경우, 회사가 실제 위험으로 보지 않는다는 것을 작업자에게 알리고 이유를 설명해야 한다.

작업장 분석은 작업장에서 프로젝트, 프로세스 또는 활동과 관련된 위험을 식별하는 과정이다. 근로자를 보호하는 방법을 결정하기 전에 위험 요소를 식별한다.

안전보건 보호에 대한 근로자의 통찰력과 경험을 활용하기 위해 위험 보고/대응 프로그램을 개발해야 한다. 근로자의 우려 사항이 다뤄져야 하며 위험해 보이는 상황에 대해 경영진에게 알릴 수 있는 안정적인 시스템이 제공되어야 한다. 또한, 사고 및 아차 사고를 조사하여 원인과 예방 수단을 식별한다. 일정 동안의 부상 및 질병 경향을 분석하여 일반적인 원인의 패턴을 식별하고 예방할 수 있다.

프로젝트 위험 분석(예비 위험 분석)은 작업 시작 전에 각 프로젝트에 대해 수행되어야 하며 프로젝트별 안전보건 계획의 기초를 제공해야 한다.

① 프로젝트의 예상 단계

② 각 예상 단계와 관련될 수 있는 위험 유형

③ 식별된 위험으로부터 현장 작업자를 보호하는 데 필요한 통제 조치

④ 전문 엔지니어 또는 유능한 사람이 설계, 감독, 승인 또는 검사해야 하는 프로젝트의 단계 및 특정 작업

⑤ 프로젝트 당시 작업장 상태에 대한 불확실성이 있을 수 있는 곳; 또는 작업을 완료하는 데 사용할 방법에 대한 우려가 있는 경우 프로젝트 위험 분석을 통해 추가 분석이 필요한 것으로 확인된 단계와 프로젝트 위험 분석이 완료된 이후 방법 또는 현장 조건이 변경된 단계에 대해 단계 위험 분석을 수행할 수 있다.

감독자와 근로자는 사고를 예방하기 위해 위험을 식별하고 작업장에 기존 및 잠재적 위험을 식별하도록 교육을 받아야 한다. 특정 작업을 볼 때 작업을 단계별 순서로 분류하고 각 단계와 관련된 잠재적 위험을 식별하여 위험을 식별한다. 위험 요소가 식별되면 회사는 이러한 위험 요소를 보고하는 시스템을 갖추고 감독과 관리에 의한 실시간 대응이 수반되

어야 한다.

작업장 위험식별을 수행할 때 사용자는 현재 작업장에 존재하는 위험뿐만 아니라 작업이나 절차의 변경 또는 동시 작업 활동과 같은 기타 요인으로 인해 발생할 수 있는 위험을 고려해야 한다.

① 작업 시작 전 모든 작업장에 대한 위험식별 수행

② 정기적인 안전보건 점검 시행

③ 감독자와 근로자는 각 교대근무 또는 새로운 활동을 시작하기 전 작업장 검사

④ 사고 및 아차 사고조사

⑤ 사고 및 부상 데이터의 추세 분석

정기적인 현장 안전 및 건강 검사를 제공해 새롭거나 이전에 놓친 위험 및 위험 제어 실패를 식별한다. 근로자의 안전 및 건강 보호에 대한 통찰력과 경험을 활용하고 근로자의 우려 사항을 해결할 수 있도록 근로자는 위험해 보이는 상황에 대해 관리 근로자에게 통지하고 절한 응답을 받을 수 있는 신뢰할 수 있는 시스템을 제공한다. 근로자들이 시스템을 사용하도록 권장한다. 사고 및 아차 사고에 대한 조사를 제공해 원인과 예방 수단을 모두 식별한다. 일반적인 원인이 있는 패턴을 식별하고 예방할 수 있도록 시간 경과에 따른 부상 및 질병 경향을 분석한다.

여러 위험 요소가 식별되면 위험 순위를 매겨야 한다. 위험 순위를 지정하는 주요 목적은 먼저 해결해야 하는 위험을 결정하고 우선순위를 지정하는 방법을 제공하는 것이다.

① 위험이 발생할 확률을 결정

② 작업장과 그 자리에 있는 근로자에 대한 영향을 확인

식별된 모든 위험 조건은 즉시 제거하거나 통제해야 한다. 이것이 불가능할 경우 근로자를 보호하기 위해 임시 통제 조치를 즉시 구현해야 하며 위험 위치에 경고 표지판을 게시해야 하며 영향을 받는 모든 근로자에게 위험 위치와 필요한 임시 통제를 알려야 하며 영구적으로 가능한 한 빨리 통제 조처해야 한다. 감독자가 식별된 위험을 개선하는 방법을 확신하지 못하거나 특정 위험을 확실하지 못하면 지정된 권한이 있는 사람, 안전보건 책임

자, 또는 기술기관의 기술 지원을 받아야 한다.

① 작업을 평가해 잠재적인 위험을 식별하고 필요한 통제를 결정해야 한다. 이 평가는 다른 위험 분석과 다르거나 예상되지 않았거나 관련되지 않은 실제 작업장 조건 또는 절차에 중점을 두어야 한다. 작업 안전 평가는 공식적이고 문서로 만들어진 분석을 위한 것이 아니라 실제 현장 조건을 신속하게 확인하고 계획된 절차 및 예방조치를 검토하는 것이다.

② 통제는 공학 장치와 관리 정책에서 개인 보호구에 이르기까지 모든 형태로 제공된다.

근로자에게 부상 또는 질병을 유발하는 모든 사건 및 사고, 그리고 모든 사건(또는 아차 사고)은 다음과 같이 보고되어야 한다.

① 부상이나 질병을 일으켰거나 유발할 수 있는 아차 사고와 같은 사건을 일으킨 요인에 대한 서면 기록을 작성하고, 신체적 상해, 재산피해 또는 차량 손상을 초래하지 않으면 예방 목적으로 인과관계를 설정한다.

② 시정 또는 예방조치를 시작하고 지원하기 위해 사건 및 사고를 즉시 조사할 수 있는 능력을 유지한다.

③ 사건 및 사고의 모든 단계를 분석하기 위한 통계 정보 제공한다.

④ 업무상 부상 및 질병에 대한 보고 요건을 준수하기 위한 수단을 제공한다.

사건을 효과적으로 보고하기 위해 아래의 조치를 해야 한다.

① 생명을 위협하는 심각한 부상이나 질병은 즉시 지역 응급 대응 의료 서비스에 보고해야 한다.

② 업무상 부상이나 질병에 대한 통지를 받으면 감독자는 공식적인 사건/사고 보고서를 작성하고 가능한 경우 다친 근로자가 함께 관련 의료 전문가에게 이를 보내야 한다.

③ 모든 아차 사고까지도 24시간 이내에 보고해야 한다.

④ 안전부서는 업무상 부상 및 질병 기록을 작성하고 유지한다.

모든 근로자는 사고 보고 요구사항을 숙지하고 있는지 확인하기 위해 정기적인 검토 및 감사를 수행해야 한다. 작업장 내 위험 요소 식별 및 위험 관리는 사용자와 회사 경영진의 책임이다. 고용주는 작업장을 통제하기 때문에 자신의 작업 안전보건 요구사항을 설정하고 시행할 권리가 있다.

4.5 의무(accountability)와 책임(responsibility)

4.5.1 안전보건 전문가

산업안전과 건강에 대한 궁극적인 책임을 부여받은 개인은 안전 및 보건 전문가이다. 이는 안전 및 보건에 관한 학술적 훈련을 받은 개인 또는 회사의 작업장에 존재하는 특정 위험에 대한 경험과 이해를 모두 갖춘 개인일 수 있다. 이 안전 및 보건 책임자, 조정자로 불릴 수 있다.

① 위험 조건, 독성환경 및 건강상의 위험을 검출, 시정 또는 관리하기 위한 프로그램 수립

② 적절한 안전장치와 개인 보호장비가 갖춰져 있는지, 적절하게 유지 보수되어 있는지, 적절하게 사용되는지 확인한다.

③ 근로자, 플랜트 설계, 플랜트 배치, 판매상(vendor), 외부 계약자, 방문객의 안전 절차 수립

④ 신규 장비의 구매 및 설치 및 유해물질의 구매 및 안전한 보관을 위한 안전 절차 수립

⑤ 조직의 안전 성과를 측정하기 위한 사고기록시스템 유지

⑥ 작업장의 안전보건과 관련된 현행 연방법, 주법, 지방법, 법규 및 표준을 준수하고 경영진에 조언한다.

⑦ 법률 및 또는 노조 계약에 따라 회사의 안전보건 의무를 이행할 것

⑧ 사고, 근접사고, 재산피해에 대한 조사 및 시정조치에 대한 권고사항의 보고서 작성

⑨ 각급 경영진과 신입사원 및 현직 사원을 대상으로 안전보건 교육을 실시한다.

⑩ 경영노조경영 안전보건위원회(부서장 교육감) 구성 및 매월 부서 안전보건위원회 회의 참석

4.5.2 라인 감독관

작업장의 안전과 건강에 가장 큰 영향을 미치는 사람은 라인 관리자다. 근로자들에게 전달되는 거의 모든 것은 감독관에게서 온다. 일선 상사는 생산부터 산업안전 보건까지 회사의 모든 방침과 절차를 전달, 시행, 지원, 집행함으로써 회사의 본보기가 된다.

라인 감독관이 담당하는 모든 일은 아래와 같다.

① 생산을 감독

② 신입사원 채용

③ 수습근로자에 관한 보고

④ 신입사원 양성

⑤ 작업 안전 지킴이를 실시.

⑥ 안전대책회의 개최

⑦ 근로자의 업무 지도

⑧ 질과 양을 관리.

⑨ 진행 중인 작업을 중지.

⑩ 안전하지 않은 도구를 실전 가동에서 제외.

⑪ 사고를 조사.

⑫ 작업 영역을 점검.

4.5.3 감독자 평가 양식

감독자 평가 양식은 회사의 요구에 더 잘 맞는 회사만의 형태를 고안할 수 있으며, 감독자의 안전이나 건강 성과에 관한 회사의 상황에 따라서 감독자의 평가를 엄격한 득점 시스템이나 덜 엄격한 득점 시스템이 있어야 하는 경우가 있다.

4.5.4 노동자

근로자는 경영진이 자신의 작업장에 대해 가지고 있는 통제력을 가지고 있지는 않지만,

회사의 안전보건 정책과 절차를 준수할 책임이 있다. 일반적으로 받아들여지고 있는 근로자의 책무에는 다음과 같은 것이 있다.

① 안전규제청(OSHA) 규정 및 표준을 준수한다.
② 안전장치의 제거, 교체 또는 사용을 방해하지 않는다.
③ 고용주의 안전보건 규칙 및 정책을 준수한다.
④ 위험 상황이 있을 경우 감독자 또는 고용주에게 보고한다.
⑤ 업무와 관련된 부상 및 질병은 상사 또는 고용주에게 보고한다.
⑥ 위기상황에 가까운 사고를 감독자 또는 고용주에게 보고한다.
⑦ 안전규제청(OSHA) 검사관의 요청이 있을 때 검사 시 협력한다.
⑧ 제시간에 출근하도록 보고한다.
⑨ 적절한 작업복을 입는다.
⑩ 개인위생을 잘 지킨다.

근로자가 규칙을 따르지 않거나 안전하지 않은 방법으로 작업을 수행하기로 선택한 경우, 회사와 그 대리인에 의해 엄격하게 강제되는 결과가 초래되어야 한다. 그렇게 하지 않으면 안전보건 정책과 절차의 권위가 무효가 된다. 각 회사에는 점진적이고 엄격하게 시행되는 규율 정책이 있어야 한다. 정책은 가장 간단하게 다음과 같이 표시된다.

① 말로 경고 - 초범
② 서면 경고 - 2차 범행
③ 해고 - 3차 범행

회사의 지정된 안전 담당자, 감독자와 근로자 등 이들 3개 단체 각각은 어떤 형태로든 안전에 대한 책임을 지고 있으며, 이들의 안전 성과에 대해 엄격히 책임을 져야 한다.

4.6. 안전과 건강에 대한 동기 부여

4.6.1 동기부여 접근 계획

고용주는 개인에게 안전하고 건강한 작업 환경을 촉진하는 방식으로 행동하도록 동기를 부여하고자 하는 경우 계획과 체계적인 접근이 필요하다. 개인에게 수행 동기를 부여하기 위해 수십 년 동안 사용되어 온 것과 같은 접근 방식을 안전한 작업 성과 달성에 적용할 수 있다. 작업장 내의 모든 근로자는 안전 및 보건성과에 대한 기대치가 무엇인지 알아야 한다. 모든 사람은 그들에게 기대되는 것에 대한 명확한 설명을 듣고 싶어 한다.

4.6.2 감독관

안전보건 프로그램의 성패는 안전 의사소통, 안전 교육, 안전 집행, 안전문화 조성 지원 및 근로자 안전보건 프로그램에 대한 헌신 과정에서 핵심 인자는 감독관에게 달려 있다. 관리자와 감독자는 다른 사람의 노력을 통해 성과를 얻는다. 근로자의 의욕을 북돋우기 위해서, 상사는 근로자에게 조직 내에서 일어나는 일을 계속 알릴 필요가 있다.

근로자를 위해 시간을 낼 수 있도록 하고, 서두르지 않고, 방해받지 않고 만날 수 있도록 하며, 적극적으로 사람들의 말에 귀를 기울이다. 감독관은 의사결정에 있어 가능한 한 유연성을 제공해야 한다. 감독관은 피드백을 자주 제공해야 한다. 상사는 자신이 원하는 것과 같은 존경심, 즉 자신을 존중해야 한다. 감독자는 본보기며, 규칙을 따르지 않거나 특권을 취할 경우 감독관이 되어서는 안 된다.

4.6.3 자기 동기 부여 노동자

기업은 안전과 건강의 성과에 대한 동기를 부여하기 위해 사람들과 일할 때 고려해야 할 기본 원칙은 다음과 같다.

① 사람은 자신을 매우 특별하다고 생각한다. 따라서 칭찬, 존경, 책임감, 위임된 권한, 승진, 인정, 보너스, 그리고 인상은 그들의 높은 자존감을 더하고 동기 부여 상황을 형성할 때 고려되어야 한다.

② 비판 대신 긍정적인 접근을 하고 올바른 행동을 요구하세요. 개인은 보통 이 접근법을 사용할 때 긍정적인 방식으로 반응한다.

③ 말로 개인을 공격(징계)하는 것은 매우 방어적인 반응을 끌어내는 경향이 있다. 그러므로, 공공장소에서는 칭찬하고 필요할 때는 사석에서 비판하는 것이 더 낫다.

④ 개인은 독특하며, 적절한 환경을 주면, 그 성취와 창의성으로 여러분을 놀라게 할 것이다.

⑤ 각 개인은 학습과 이해를 위한 독특한 기술뿐만 아니라 다른 수준의 동기 부여하고 있다. 그러므로 각각의 근로자들은 각자의 고유한 적성에 따라 양성되고 동기 부여가 되어야 한다.

근로자마다 다른 요구가 있다. 어떤 사람들은 인정을 받아야 하고, 어떤 사람들은 돈이 필요하고, 어떤 사람들은 내버려 둬야 한다. 그러나 개인의 요구는 매우 강력한 동기 부여이며 동기 부여 계획을 구상할 때 고려되어야 한다.

4.6.4 태도의 변화

때때로, 안전하지 않고 건강에 좋지 않은 행동들은 여러 원인을 통해 발생할 수 있다. 이상행동이 일어나는 이유 중 몇 가지는 아래와 같다.

① 인지 과부하

② 인지 부하/지루함

③ 습관 침입

④ 메모리 소실/호출

⑤ 공간 지향의 결여

⑥ 사고방식/선입견

⑦ 터널(tunnel) 비전(vision) 또는 “큰 그림” 부족

⑧ 인식 불능

⑨ 잘못된 전제 조건

⑩ 성찰적/본능적 행동

⑪ 사고와 행동이 조화되지 않음

⑫ 불충분한 주의도 적용

⑬ 작업을 완료하기 위해 호출된 바로 가기

⑭ 자기만족/관심 요구에 대한 인식 부족

⑮ 혼란

⑯ 오진

⑰ 실패/결과에 대한 두려움

⑱ 지친/피로

요건을 준수하지 않아 높은 위험이 발생할 수 있는 작업자의 안전 및 보건과 마찬가지로, 어떻게 어떤 행동을 변경해야 하는지를 고려하기 전에 각각의 인간 행동 요소를 고려해야 한다.

4.6.5 행동 기반의 안전성 Behavior Based safety

행동 기반 안전(BBS)은 대부분의 작업 관련 부상 및 질병의 원인으로서 작업자의 행동에 초점을 맞춘 안전에 대한 접근법이다. BBS 프로그램의 기획자들은 직장 내 사고의 80%에서 96%가 근로자들이 안전하지 못한 행동으로 인해 발생한다고 주장한다.

BBS 프로그램에는 무한한 변화가 있지만 모두 공통적인 특성이 있다. BBS 프로세스에는 다음과 같은 4가지 단계가 있다.

① 중요한 동작 식별, 자료수집, 쌍방향 피드백, 지속적인 개선

BBS는 행동이 사고 대부분을 일으킨다는 일반적인 원칙에 기초하고 있지만, 그렇다고 해서 고용주가 사고의 발생을 방지하기 위해 모든 통제 장치를 갖춘 안전한 작업장을 제공하는 것은 아니다.

② 책임감의 영감을 주면 행동과 책임의 성취를 촉진한다.

③ 원활한 의사소통을 촉진하는 피드백은 지속적인 개선의 핵심이며, 안전의 우수성은 회사에서 원하는 조직 기반 문화로 확립되어야 한다.

④ 이러한 전제는 다음과 같은 전략에 의해 추진된다.
- 위험에 처한 행동에 대한 객관적 증거 획득
- 안전한 행동에 대한 장벽 정의
- 위험에 처한 관행을 안전하게 대체할 방법을 가르친다.
- 근로자 안전 관련 행동을 개선하고 다른 근로자도 같은 행동을 할 수 있도록 도움을 주다.

4.6.6 지속적인 관리 지원을 제공하는 측정으로 효과 입증

BBS는 안전하지 않은 행동의 식별 및 제거에 중점을 두어 안전의식을 높이고 사고 및 사건을 줄이기 위해 활용된다.

4.6.7 동기 부여에 영향을 미치는 요인

대부분의 훈련은 행동이나 학습 목표 중심이다. 이것은 동기 부여 과정의 주요 목표로 볼 수 있다. 목표를 달성하기 위해, 관리자들은 근로자들이 무엇을 해야 하는지 그리고 관리자들이 어떻게 근로자들이 그들의 임무를 완수하기를 원하는지 명확하게 알 필요가 있다.

① 처음에는 완벽한 결과를 기대해서는 안 된다.
② 보상은 종종 오래가지 못하는 동기 부여가 된다.
③ 원하는 행동을 강화하는 것은 동기 부여가 된다.
④ 고유한 문제 또는 특정 문제를 해결하기 위해 특수 강조 프로그램을 사용하는 것이 적절한 동기 부여 도구이다.
⑤ 일부 조직은 대회를 동기 부여 도구로 사용하려 하지만 일반적으로 만족스럽지 못하다.

4.6.8 안전 문화

안전문화의 정의: 안전문화(safety culture)는 그룹 또는 그 이상에서 정의된 개념으로, 모든 그룹 또는 회사, 기업 또는 조직 구성원 간의 공유된 가치를 가리킨다.

안전문화 발전 또는 변화: 그것은 실행되어야 하고, 새로운 계획이 존재해야 하며, 새로운 접근법이 육성되어야 하며, 관련된 모든 사람으로부터 지지를 얻어야 한다.

안전문화는 조직, 기업, 회사가 직장 안전과 건강에 부여하는 가치이다.

긍정적인 안전문화는 정상 또는 비상 작동에 대응하여 적절한 시간에 올바른 일을 하는 것이다.

지속적인 안전 개선 노력이 필요하다. 조직 내에서 서로 다른 유형의 사고가 발생하는 것은 드문 일이며, 안전하지 않은 상태가 제거된 후에도 계속 발생하는 대부분 사고는 안전하지 않은 행동이나 행동의 결과이다. 안전하지 않은 작업은 일반적으로 오류, 모범 사례 위반 또는 확립된 규칙에 대한 무시로 인해 발생하므로 방지할 수 있다.

안전문화의 평가가 필요하다. 안전 문화가 조직, 기업 또는 회사의 비즈니스 접근 방식과 일치하거나 잘 통합되지 않는 경우, 안전 문화가 존재하지 않거나 부분적으로만 존재한다는 것을 나타냅니다.

긍정적인 안전문화는 다음과 같은 특성을 보인다.

① 위에서 아래로 헌신적인 리더십의 중요성

② 라인 관리에 대한 명확한 기대치 세트

③ 모든 근로자의 참여

④ 효과적인 의사소통이 있어야 한다.

⑤ 일반적으로 이해되고 합의된 일련의 안전 및 건강 목표

⑥ 변화에 대응하는 학습 조직

⑦ 안전 및 건강에 관한 세부 사항에 대한 열정과 관심

⑧ 결함 발견이 아닌 질문 태도와 문제 해결 환경

⑨ 신뢰는 조직에 스며든다.

⑩ 의사결정은 안전을 먼저 반영한다.

시각적 동기 부여가 필요하다. 포스터나 게시판과 같은 시각 자료는 동기 부여 도구로 사용될 수 있다. 그것들은 여러분이 도달하려고 노력하는 원하는 목표를 끊임없이 상기시켜주는 역할을 한다는 점에서 유익하다.

상사는 자신이 원하는 것과 같은 존경심, 즉 자신을 존중해야 한다. 감독자는 본보기며, 규칙을 따르지 않거나 특권을 취하면 감독관이 되어서는 안 된다.

4.7. 사고/사건 분석

위험(hazard)은 사고로 이어질 수 있는 위한 상황이나 조건을 말한다. 즉, 위험 요소가 많을수록 사고가 발생할 가능성이 커지게 된다. 산업재해를 예방하기 위해서는 사람, 기계 등 사고의 원인이 될 수 있는 에너지를 비롯한 사고의 원인이 되는 요인을 통제해야 한다.

한 연구에 따르면 88%는 인간의 실패(안전하지 않은 행동)로 인해 발생했고 10%는 기계적 실패(안전하지 않은 조건)로 인해 발생했으며 2%만 인간이 통제할 수 없는 것으로 나타났다(Heinrich, 1931).

근로자가 위험 요소가 무엇인지, 이를 제거하기 위해 할 수 있는 조치를 알고 있다면 많은 사고를 예방할 수 있다. 사건이 사고라고 하기 위해서는 다음과 같은 특징이 있어야 한다.

① 그것이 계획되지 않은 것이어야 한다.

② 부상이나 재산 피해(또는 둘 다)가 발생해야 한다.

4.7.1 원인분석

사고를 연구하는 전문가는 종종 원인을 "분류"하거나 분석한다. 그들은 세 가지 다른 수준에서 그것들을 분석한다.

① 직접 원인(에너지 또는 유해물질의 계획되지 않은 방출)

② 간접 원인(불안전한 행동 및 불안전한 조건)

③ 기본 원인(경영 안전방침 및 결정, 개인 요인)

4.7.2 직접 원인

대부분 사고는 많은 양의 에너지 또는 위험 물질의 계획되지 않은 또는 원치 않는 방출로 인해 발생한다. 사고 조사관은 사고의 직접 원인을 발견하는데 관심을 둔다. 왜냐하면,

이러한 정보가 다른 사고를 예방하는 데 도움을 주거나 그것들과 관련된 부상을 줄이는 데 도움을 줄 수 있기 때문이다.

에너지는 두 가지 방법의 하나로 분류된다. 그것은 위치 또는 운동 에너지 중 하나이다. 만약 직접적인 원인이 알려진다며, 장비, 자재와 시설을 다시 설계하여 더 안전하게 만들 수 있다. 개인 보호구는 부상을 줄이기 위해 제공될 수 있다;

4.7.2 간접 원인

불안전한 행동과 불안전한 조건은 사고를 직접 유발하는 다량의 에너지 또는 위험 물질의 방출을 유발한다. 여기에서는 간접 원인을 증상 또는 기여 요인으로 부르고자 한다. 그 이유는 불안전한 행위와 불안전한 조건 자체가 사고를 일으키지 않기 때문이다.

4.7.3 기본 원인

종종 위험한 행동과 조건을 사고의 기본 원인으로 생각하지만 실제로는 다른 차원에서 실패의 징후이다. 불안전한 행위와 불안전한 조건은 일반적으로 세 가지 기본 원인으로 추적할 수 있다. 부실한 관리 정책 및 결정, 개인적 요인 및 물리적 시설 설계이다.

4.7.4 요약

사고는 작업 환경에서 자주 발생한다. 이는 여전히 많은 위험 요소가 작업장에 존재하여 작업장 내에서 사고로 이어질 수 있는 조건을 제공하기 때문이다. 그러나 이러한 사고 대부분은 예방할 수 있다.

첫째, 사고를 일으킨 원인을 먼저 파악하여 예방할 수 있다. 사고 조사관이 그 작업을 수행한다. 사고 조사관은 사고의 직접적, 간접적, 기본적 원인을 파악한다. 그러나 예방은 여기서 그치지 않는다.

다음 단계는 그 지식을 적용하는 것이다. 위험 요소를 인식하고 식별할 수 있다면 인력이 사고 예방에 도움이 될 수 있다. 예를 들어, 어떤 습관이 허리 부상을 유발할 수 있는지 알게 되면 이러한 종류의 사고를 제거하는 데 도움이 될 수 있는 적절한 들기 절차를 배울 수 있다.

4.8. 근본원인 분석 (Root Cause Analysis)

근본 원인 분석은 명백한 것을 찾는 것이 아니라 산업재해 또는 사고의 기본 또는 근본적인 원인을 심층적으로 살펴보는 것이다. 근본 원인 분석은 분석 프로세스의 시작이자 일부일 뿐이며 사고 분석에 대한 유일한 접근 방식으로 간주하여서는 안 된다. 모든 근본 원인 조사 및 보고 프로세스에는 5단계가 포함되어야 한다. 근본 원인 분석의 단계는 다음과 같다.

① 1단계: 자료수집

② 2단계: 평가

③ 3단계: 시정조치

④ 4단계: 알리기

⑤ 5단계: 후속 조치

4.8.1 근본 원인 분석 방법

① 이벤트 및 인과적 요인 분석은 일련의 작업 또는 행동의 시간순서와 발생으로 이어지는 주변 조건을 식별하고 인과관계를 결정한다.

② 변화 분석은 문제가 불분명할 때 사용된다. 일반적으로 단일 발생에 대해 사용되는 체계적인 프로세스로 시스템의 계획된 요소와 계획되지 않은 변화 요소에 중점을 두어 사고의 인과 요소로서의 중요성을 결정한다.

③ 장벽 분석은 원치 않는 에너지로부터 사람, 재산 및 환경을 보호하고 발생을 방지해야 하는 물리적, 행정적, 절차적 장벽 또는 통제를 식별하는 데 사용할 수 있는 체계적인 프로세스이다.

④ MORT(Management Oversight and Risk Tree) 분석은 장벽 및 통제, 특정 장벽 및 지원 기능, 관리 기능의 부적절성을 식별하는 데 사용된다. 발생과 관련된 특정 요소를 식별하고 이러한 위험 요소가 존재하도록 허용한 관리 요소를 식별한다.

⑤ 인간 성과 평가는 작업수행에 영향을 미치는 요소를 식별한다. 이 분석 방법의 초점은 운용성, 작업 환경 및 관리 요소이다.

⑥ Kepner-Tregoe 문제 해결 및 의사결정은 정보를 수집, 구성 및 평가하기 위한 체계적인 구조를 제공하고 발생 조사 프로세스의 모든 단계에 적용된다.

4.8.2 1단계: 자료수집

데이터가 손실되지 않도록 발생 식별 직후에 근본 원인 분석의 자료수집 단계를 시작하는 것이 중요하다. 수집해야 하는 정보는 발생 전, 발생 중 및 발생 후의 조건으로 구성된다.

고장 난 구성요소, 파열된 개스킷, 타버린 리드, 끊어진 퓨즈, 유출된 유체, 부분적으로 완료된 작업 주문 및 절차와 같은 물리적 증거를 보존하기 위해 모든 노력을 기울여야 한다.

일단 이러한 발생과 관련된 모든 자료가 수집되면 정확성을 보장하기 위해 데이터를 검증해야 한다. 정보 수집 방법에는 다음이 포함된다.

① 인터뷰 수행 및 진술 수집하는 것-인터뷰는 결함 찾기가 아니라 사실 찾기여야 한다. 필요한 모든 정보를 얻으려면 인터뷰 전에 질문을 준비하는 것이 중요하다.

② 기록 검토 : 필요에 따라 관련 문서 또는 문서 일부를 검토하고 근본 원인 분석을 지원하기 위해 참조할 수 있다.

4.8.3 2단계: 평가

평가 단계는 데이터를 분석하여 원인요인을 식별하고, 결과를 요약하고, 원인에 따라 결과를 분류하는 단계로 구성된다.

다음 단계를 포함하는 모든 근본 원인 분석 방법을 사용할 수 있다.

① 문제를 정의한다. 보호 시스템의 작동은 발생을 구성하지만, 실제 문제가 아님을 기억해야 한다. 작동을 초래한 원치 않는 계획되지 않은 상태 또는 작업은 해결해야 할 문제이다.

② 문제의 중요성을 결정하는 것이다. 결과가 심각했는가? 재발 가능성은 얼마나 되는가?

③ 원인을 확인한다. 문제 직전 및 주변의 원인을 식별한다.

④ 이전 단계의 원인이 존재한 이유를 확인한다.

근본 원인으로 되돌아가 근본 원인을 수정하면 조직이 관리하는 시설 및 기타 시설 전체에서 이와 유사한 일이 재발하지 않도록 하는 근본적인 이유이다.

4.8.4 3단계: 시정조치

각 원인에 대한 효과적인 시정조치를 구현하면 문제가 재발할 가능성이 줄어들고 신뢰성과 안전성이 향상된다.

4.8.5 4단계 : 공지(inform)

재발을 효과적으로 방지하려면 이러한 보고서(특히 배운 교훈)를 혜택을 받을 수 있는 모든 근로자에게 배포해야 한다.

4.8.6 5단계 : 후속 조치

후속 조치에는 시정조치가 문제 해결에 효과적인지 아닌지를 결정하는 것이 포함된다.

① 시정조치가 적절하게 구현되고 의도한 대로 작동하는지 확인하기 위해 추적해야 한다.

② 과거 시정조치가 효과적으로 처리되었는지 확인하기 위해 시정조치 추적 시스템, 정상 프로세스 및 변경 통제 시스템, 발생 추적 시스템에 대한 주기적 구조적 검토를 수행해야 한다.

4.9 인과적 요인 분석 (Causal Factor Analysis: CFA)

인과적 요인 분석(CFA)은 정보를 수집하고 정보를 쉽게 조사할 수 있도록 논리적인 순서로 배치하여 증거 개발을 돕는 근본 원인 분석의 한 형태이다.

인과적 요인 분석은 사건의 긴 인과적 요인 연쇄에 여러 문제가 있을 때 사용된다. 인과적 요인 사슬은 사고가 발생하기 위해 발생한 사건을 단계별로 보여주는 일련의 사건으로 정의할 수 있다.

① 원인 요인 결정 - 사실의 수집은 우선 사고현장 실사, 인터뷰 및 실제 자재 수집부터

시작한다. 이를 통해 수집된 정보의 정확도가 향상되고 불확실성이나 모호성을 제거하는 데 도움이 된다.

② 직접적인 원인 - 직접적인 원인은 사고를 직접 발생시키는 기본적인 기여요인이다. 사고의 직접적인 원인을 식별하는 것은 선택사항이다. 왜냐하면, 인과적 요인 분석을 완료할 필요가 없기 때문이다.

③ 기여 원인 - 기여 원인은 단독으로 사고를 일으키지는 않지만 사고가 발생할 확률을 높이는 사건이나 조건이다. 즉, 스스로 사고를 일으키기에는 충분하지 않고 사고가 발생하는 데 필요하다.

④ 근본(기본) 원인 - 근본 원인은 바로잡으면 사고가 재발하거나 유사한 사고가 발생하지 않도록 방지하는 것이다. 단일 직접적인 원인에 초점을 맞추기보다는 여러 문제를 해결하는 상위 순서의 원인이다.

4.9.1 이벤트 요인 체인(차트) 및 설명 이벤트

이벤트는 작업을 완료하기 위해 발생하는 발생이다. 인과적 요인 분석의 경우 이벤트는 단일 발생을 설명하고 요점까지 짧고 세부 사항을 포함한다.

4.9.1.1 조건

조건은 사건이 아니라 사고를 둘러싼 상태 또는 상황이다. 사고의 가능성을 높이는 비활성 요소다.

4.9.2 기여요인

기여 요인은 단독으로 사고를 발생시키지 않는 사건이나 조건이 될 수 있다.

4.9.2.1 2차 사건

2차 사건은 사고와 직접적인 관련이 없는 사건이다. 그러나 간접적으로 사고와 관련이 있다는 점에서 기여 요인과 같다.

4.9.3 이벤트 및 원인 요소 작성의 이점

이벤트 및 원인 요인 차트의 이점은 10가지가 있다. 조건 설명 및 검증 등

4.9.4 원인 요인 분석(CFA) 사용(이벤트 요인 체인) 차트 구성

이벤트 구성 및 인과적 요인 차트는 조사 자료수집 단계 전반에 걸쳐 매일 업데이트되어야 한다. 차트를 최신 상태로 유지하면 조사가 원활하게 진행되고 정보의 격차가 식별되며 조사관이 증거수집 및 증인 인터뷰에 사용할 사고 연대를 명확하게 표시할 수 있다.

4.9.5 차트 기호

이벤트는 직사각형에 배치하고 화살표로 연결해야 한다. 주요 이벤트 체인은 굵은 화살표로 연결되어 사고로 연결되어야 한다. 일련의 절차를 수행하여야 한다.

4.9.6 원인 요인 워크시트

사고원인은 7개의 범주 ① 장비/재료 문제, ② 절차상의 문제, ③ 인적 오류, ④ 설계상의 문제, ⑤ 교육의 부족, ⑥ 관리상의 문제, ⑦ 외부 현상으로 분류할 수 있다. 이러한 범주는 사고의 원인을 추가로 설명하기 위해 하위 범주로 더 세분화된다.

4.9.7 요약

원인 요인 분석(CFA)은 사고가 발생한 이유를 이해하려고 할 때 유용한 도구이다. 사고를 조사하고 사고와 관련된 모든 정보를 수집한 후 이벤트 체인 기술을 사용하여 사고가 발생한 이유를 이해하고 시각적으로 묘사할 수 있다.

4.10 변경 분석 (Change Analysis: CA)

변경 분석(CA)은 논리적 순서를 따른다. 차이의 원칙에 기반을 두고 있으며 예상치 못한 변화로 인해 발생하는 문제를 고려한다. 변경 분석은 다음 단계를 사용하여 원인을 결정하는 데 사용된다.

① 문제를 정의한다. (무슨 일인가?)

② 규범을 확립하시오. (어떤 일이 일어났어야 했나?)

③ 변경 사항을 식별하고 찾고 설명한다. (무엇을, 어디서, 언제, 어느 정도?)

④ 영향을 받은 항목과 영향을 받지 않은 항목을 지정한다.

⑤ 변화의 독특한 특징을 식별하시오.

⑥ 가능한 원인을 나열하시오.

⑦ 가장 가능성이 큰 원인을 선택하시오.

4.10.1 변경 분석(CA)을 사용하는 경우

변경 분석은 문제가 불분명할 때 사용된다. 일반적으로 단일 발생에 사용되며 변경된 요소에 중점을 두는 체계적인 프로세스이다.

4.10.2 변경 분석(CA)을 사용하는 방법

변경 분석은 예상한 것과 실제로 발생한 것 사이의 편차를 분석하여 문제를 살펴본다. 평가자는 본질적으로 이 작업이나 활동이 성공적으로 완료된 다른 모든 시간과 다른 이 작업이나 활동의 결과를 만들기 위해 어떤 차이가 발생했는지 묻는다. 이 기술은 다음과 같은 질문으로 구성된다. ① 무엇, ② 언제, ③ 어디에, ④ 누구, ⑤ 어떻게 등으로 이러한 질문에 답하면 근본 원인 질문은 왜(why)의 각 범주에 포함된 1차 및 2차 질문은 전체 질문에 철저히 대답하는 데 필요한 절차(prompt)를 제공한다.

변경 분석(CA)은 조건의 원인이 불분명하거나, 어디서부터 시작해야 할지 모르거나, 변경이 조건에 이바지했을 수 있다고 의심될 때마다 사용하는 좋은 기술이다. 이 기술은 비교적 단순한 상태의 근본 원인을 파악하는 데 적합할 수 있다. 그러나 일반적으로 더 복잡한 상태의 모든 원인을 파악하는 것만으로는 충분하지 않다.

4.10.2 분석 구조화

변경 분석에는 6단계(5W1H)가 포함된다. 이러한 단계는 아래의 워크시트 표를 참조하기 바란다. 다음 질문은 6단계(5W1H)를 완료하고 워크시트에 필요한 정보를 식별하는 데 도움이 된다.

4.10.3 요약

변경 분석(CA)은 다음과 같은 질문을 던진다. 일반적인 프로세스나 사용 중인 절차와 다르거나 변경된 사항이 있는가 등의 변화를 찾으려면 많은 질문에 답해야 한다. 조사 중인 사고의 원인이 변경되었는지를 최소한 확인하는 것이 중요하다.

*** 변경 분석(CA)의 6단계(5W1H) 워크시트 표**

1. 무엇(what)?

a. 조건은 무엇인가?

b. 조건을 만들기 위해 무슨 일이 일어났는가?

c. 이 질환이 발생하기 전에 무슨 일이 일어났는가?

d. 그 상태 이후에 무슨 일이 일어났나요?

e. 해당 상황이 발생했을 때 어떤 활동이 진행 중이었는가?

f. 상태가 확인되었을 때 어떤 활동이 진행 중이었는가?

i. 작업 공간의 운영 혁신?

- 감시 테스트? / - 전력 증가/감소? / - 장비의 시동/정지?

ii. 작업 공간 외부의 운영 혁신?

- 밸브 제품군은? / - 연료 취급? /

- 서비스에서 장비의 제거? / - 장비를 서비스 센터에 반환?

iii. 유지보수 활동?

- 감시? / - 보정 유지보수? / - 수정 설치? / - 문제 해결?

iv. 훈련 활동?

- 실내 활동? / - 실습 활동? / - 직장에서? / - 직무교육?

g. 이 상태와 관련된 장비는 무엇인가?

i. 어떤 장비가 증상을 일으켰는가?

ii. 어떤 장비가 이 질환의 영향을 받았는가?

iii. 어떤 장비가 상태를 완화했는가?

iv. 장비의 기능은 무엇인가?

v. 어떻게 작동하는가?

vi. 어떻게 운영되는가?

vii. 가장 먼저 실패한 것은 무엇인가?

viii. 첫 번째 문제로 인해 다른 문제가 실패했는가?

ix. 어떤 형태의 에너지가 장비 문제를 일으켰는가?

x. 장비와 관련된 반복적인 활동은 무엇인가?

xi. 장비에 어떤 교정 유지보수가 수행되었는가?

xii. 장비에 어떤 수정이 이루어졌는가?

h. 어떤 시스템이나 통제 장치(장벽)가 이러한 상태를 예방해야 하는가?

i. 어떤 장벽이 그 상태의 결과를 완화했는가?

2. 언제(when)?

a. 언제 그 상태가 발생했는가?

b. 발생 당시 시설의 상태는 어떠하였는가?

c. 상태가 언제 확인되었는가?

d. 식별 당시 시설의 상태는 어떠하였는가?

e. 하루 중 시간이 상태에 어떤 영향을 미쳤는가? 영향을 미쳤는가?

i. 정보 가용성?

ii. 인력 가용성?

iii. 주변 조명?

iv. 주변 온도?

f. 교대근무 근로자와 관련된 상태였는가? 그렇다면:

i. 어떤 유형의 교대근무가 사용되었는가?

ii. 근로자는 순환에서 어디에 있었는가?

g. 관련 근로자는 연속 몇 시간 동안 근무했는가?

3. 어디(where)?

a. 그 상태는 어디서 발생했는가?

b. 해당 지역의 물리적 조건은 어떤가?

c. 상태는 어디서 확인되었는가?

d. 위치가 이 상태를 유발하는 요인이었는가?

i. 인적 요소:

- 조명? / - 소음? / - 온도? / - 장비 라벨링?
- 노출 수준? / - 해당 지역에 개인 보호장비가 필요한가?
- 접근성? / - 적응증 가용성?
- 해당 지역의 다른 활동은 무엇인가?
- 해당 분야의 업무를 수행하려면 어떤 직위가 필요한가?

ii. 장비 요인:

- 습도? / - 온도? / - 청결?

4. 어떻게(how)?

a. 상황이 부적절한 행동이었는가, 아니면 부적절한 행동으로 인해 발생했는가?

i. 생략된 동작? / ii. 외부 행동?

iii. 순서에 맞지 않게 수행되는 작업인가?

iv. 너무 작은 수준으로 수행된 작업인가? 어느 정도 너무 큰가?

b. 절차의 사용이 상태의 요인이었는가?

c. 해당하는 절차가 있었는가?

d. 올바른 절차가 사용되었는가?

e. 절차는 따랐나요?

i. 차례대로 따라왔는가?

ii. "맹목적으로"(생각 없이) 따라갔다.

f. 절차는 다음과 같았다.

i. 읽기 쉬운?

ii. 오해의 소지가 있는가?

iii. 혼란스럽나요?

iv. 승인된 최신 개정판인가?

v. 작업을 수행하는 데 적합한가?

vi. 기타 해당 코드 및 규정을 준수하는가?

g. 절차를 수행했습니다.

i. 세부정보가 충분한가?

ii. 충분한 경고와 예방조치가 있는가?

iii. 기술과 구성요소를 적절하게 식별하는가?

iv. 단계가 적절한 순서로 되어있는가?

v. 관련된 모든 시스템을 다루는가?

vi. 적절한 작업 검토가 필요한가?

5. 누구(who)?

a. 어떤 근로자:

i. 이 질환과 관련이 있었나요?

ii. 상태를 관찰했나요?

iii. 상태를 확인하였나요?

iv. 상태를 보고했는가?

v. 상태를 수정했나요?

vi. 상태를 완화했다.

vii. 조건을 놓쳤나요?

b. 무엇이었는가(What where):

i. 이 인력의 자격은 무엇인가?

ii. 이 인력의 경험 수준은 무엇인가?

iii. 이 인력의 작업 그룹은 무엇인가?

iv. 이 근로자들의 태도는?

v. 해당 질환과 관련된 당시의 활동은 무엇인가?

c. 관련 근로자는 다음을 수행했는가?

i. 적절한 지시를 받았나요?

ii. 적절한 감독을 받고 있는가?

iii. 적절한 교육을 받았나요?

iv. 적절한 지식을 갖고 있는가?

v. 효과적으로 의사소통을 하나요?

vi. 올바른 조치를 하는가?

vii. 상태를 악화시키는가?

viii. 상태를 완화하는가?

6. 왜(why)?

Change Factor	Difference / Change	Effect	Questions to Answer

① What (conditionoccurrence, activity equipment

② When (occurredidentified, plant status schedule

③ Where (physical location, environmental conditions)

④ How (work practice, omission, extraneous action, out-of-sequence procedure)

⑤ Who (personnel involved, training, qualification, supervision)

⑥ Why

4.11. 장벽 분석 (Barrier Analysis)

장벽(barrier)은 에너지의 흐름을 제거하거나 감소시키는 물리적, 비물리적 장치로 펜스, 가드레일, 경고 장치, 훈련, 교육 등이 있다.

① 수동 장벽 : 운영자의 조치 및 제어로 동작

② 능동 장벽 : 운영자가 입력한 에너지 임계치 초과 시 장벽 자동

4.11.1 예비자료 분석 (PDA : Preliminary Data Analysis) : 물리적 장벽 분석

위험이 목표에 도달하는 것을 통제, 방지, 방해하는 수단으로 세부적으로 아래와 같은 방법이 있다.

① 에너지원에 대한 장벽 : 주된 목적은 불필요한 에너지의 강제성을 줄이는 것

② 사람과 에너지원 사이의 장벽 : 불필요한 에너지가 그 사람과 접촉하는 것을 막는 것

③ 개인에 대한 장벽 : 불필요한 에너지의 강제성을 줄이는 것

④ 시간 또는 공간에 따른 장벽 : 시간 또는 공간에 따라 불필요한 에너지로부터 사람을 분리하는 장벽은 불필요한 에너지가 사람과 접촉하는 것을 막는 것

4.11.2 인적 장벽 분석 (HBA : Human Barrier Analysis) :

물리적 장벽은 사고 가능성을 줄이지만, 인적장벽은 5가지 장애 요소가 있으므로 주의가 필요하다.

① 정보(Information) - 사람은 업무에 대한 정보를 받지 못하면 일을 완수하는 데 지장을 초래하기도 하고 명확한 지시를 하지 않으면 업무의 수행도 완료할 수 없으므로 적절한 정보제공이 중요함.

② 적절한 도구(Proper Tool) - 작업을 수행하는 데 적합한 도구 또는 장비를 사용할 수 없거나 부적절하게 사용하는 경우 인적 장벽을 수행할 수 없음.

③ 지식(Knowledge) - 사람들은 잘 알지 못하기 때문에 안전하지 않은 일은 함. 작업자가 안전하게 업무수행을 하는 방법을 모르면 장벽이 발생

④ 역량(Capacity) - 역량은 신체 능력, 집중력, 습관 등을 말함. 어떤 작업이 작업을 수행하는 개인의 역량을 초과하거나 역량을 넘어설 때 사고로 이어짐.

⑤ 유인 동기(Incentive) - 유인책은 개인의 역량을 강화하고 변화시키는 가장 강력한 수단 중의 하나임. 성과보수를 더 받기 위해 정기정점을 미루는 등 업무시간을 초과하면 안전사고로 이어질 수 있음

4.12. 직무 안전 분석 (Job Safety/Hazard Analysis)

직무 안전 분석(JSA)과 직무위해분석(JHA)은 작업의 각 기본 단계는 잠재적 위험을 식별하고 작업을 수행하는 가장 안전한 방법을 추구한다.

- 작업 안전 분석 (JSA : Job Safety Analysis)
- 작업 위해 분석 (JHA : Job Hazard Analysis)

4.12.1 JSA / JHA가 필요한 작업

① 부상 또는 질병 발생률이 높은 작업

② 이전 사고의 전력이 없더라도 증상 또는 장애를 일으킬 가능성이 있는 작업

③ 단순한 사람의 실수로 심각한 사고나 부상을 초래할 수 있는 작업

④ 작업이 처음이거나 프로세스 및 절차가 변경된 작업

⑤ 서면 지침이 필요할 정도로 복잡한 작업

4.12.2 JSA / JHA 분석 우선순위

① 사고빈도

② 사고의 중대성

③ 판단과 경험

④ 새 작업 또는 작업변경

⑤ 통상적인 작업 순으로 우선순위를 정함

4.12.3 JSA / JHA 솔루션 개발

① 그 일을 하는 새로운 방법을 찾을 것

② 위험을 발생시키는 물리적 조건을 변경할 것

③ 절차를 변경하여 위험을 제거할 것

④ 특정 작업을 수행하는 빈도를 줄이고 노출을 줄일 것

⑤ 덮개(enclosure), 장벽 또는 가드를 사용하여 위험을 방지할 것

⑥ 개인 보호 장비 등의 보호장치를 사용할 것

4.13. 안전보건 교육

안전보건교육은 근로자가 직업이나 작업이 처음인 경우, 또는 작업 기술의 개선이 필요한 경우에 적용할 수 있다. 교육이 다루는 문제는 작업을 안전하게 수행할 수 있는 기술의 부족이 아니라 작업자의 불안전한 행동이다. 안전보건교육은 사고 예방의 완성은 아니지만, 작업장 안전보건의 핵심 요소이다. 안전보건교육은 근로자뿐만 아니라 감독자와 경영진도 포함되어야 한다.

4.13.1 교육 시기 및 대상

안전보건교육은 작업자의 안전 기술 부족 및 운영절차 변경으로 교육이 필요할 경우 진

행하며, 교육대상에 따라 구별된 교육이 이루어져야 한다.

① 신입사원 교육: 현장 안전보건에 관한 초기 교육 및 안전 장비 교육

② 감독자 교육: 안전보건 프로그램 운영, 안전사고 예방 및 성과 관리

③ 근로자 교육: 새로운 안전 교육, 현장 훈련(OJT), 직무 지침 훈련(JIT)와 같은 방식으로 수행.

4.13.2 안전보건교육 문서화

각 근로자의 안전 및 보건 교육은 문서로 만들어지고 영구적으로 저장되어야 한다. 이것은 안전규제청(OSHA)의 검사관, 법률 고문 또는 기타 이해관계자가 근로자가 받은 교육을 확인하기 위함이다.

4.13.3 안전 대담(Safety talks)

안전 대담(talk)의 근무일 전, 교대 중, 휴식 시간 또는 필요에 따라 5~10분 동안 감독자가 작업수행의 변경, 짧은 훈련 모듈, 사고나 부상과 관련된 사실, 절차 및 규정 변경에 관해 감독하에 있는 모든 근로자에게 중요하다고 느끼는 정보를 전달하는 것이다. 구체적인 메시지와 실제 사고 방지 기술을 효과적으로 전달하기 위해 신중하게 안전 대담(talk)을 계획해야 한다. 이는 각 감독자가 근로자에게 중요한 정보를 적시에 전달할 수 있으므로 중요한 교육 도구다. 안전 대담(talk) 또한 관련해 모두 문서로 만들어야 한다.

4.13.4 안전규제청(OSHA) 교육 지침

안전규제청(OSHA)의 교육 지침은 고용주가 근로자 자신, 동료 근로자와 대중에게 최소한의 위험을 감수하는 데 필요한 안전 및 보건 정보와 지침을 제공하는 데 도움이 되도록 고안되었다.

① 교육으로 작업장 문제를 해결할 수 있는지 판단

② 필요한 교육이 있다면 어떤 교육이 필요한지 결정

③ 교육 목적 및 목표 식별

④ 디자인 학습활동

⑤ 교육 시행

⑥ 교육의 효과성 확인

⑦ 근로자, 감독자 등의 의견을 바탕으로 교육 프로그램 수정

안전규제청(OSHA)의 지침은 고용주에게 교육 프로그램을 설계, 시행, 평가 및 개정하기 위한 모델을 제공한다. 교육 모델은 직장에서 확인된 다양한 작업 안전 및 건강 위험에 대한 교육 프로그램을 개발하는 데 사용될 수 있다.

4.13.5 교육이 필요성 판단 및 목표 파악

먼저, 교육을 통해 문제를 해결할 수 있는지를 결정하는 것이다. 작업 프로세스에 대한 지식 부족, 장비에 대해 익숙하지 않거나 작업의 잘못된 실행으로 인해 문제가 발생할 때 교육을 통해 효과적으로 해결할 수 있다. 교육은 근로자의 동기 부여 부족이나 직무에 관한 관심 부족으로 인해 발생하는 문제에 대해서는 덜 효과적이다. 교육은 고용주의 전체 안전보건 프로그램의 목표와 관련하여 설계될 때 가장 효과적이다.

문제가 교육으로 해결될 수 있는 문제라면, 다음 단계는 어떤 교육이 필요한지 결정하는 것이다. 이를 위해 근로자는 무엇을 할 그것으로 예상하는지, 어떤 방식으로 할 것인지, 근로자의 성과가 부족한지를 작업 분석을 수행함으로 파악할 필요가 있다.

근로자의 교육 요구사항이 확인되면 고용주는 교육 목표를 준비할 수 있다. 교육 목표는 명확하게 명시되어 고용주에게 근로자는 무엇을 하고, 더 잘하고, 중단하기를 원하는지 알려준다.

목표가 효과적이려면 개인이 학습했거나 목표에 도달했음을 입증하기 위해 무엇을 할 것인지를 정확하게 식별해야 한다. 구체적이고 행동 지향적인 언어를 사용하여 교육 목표는 선호하는 실습이나 기술 및 관찰 가능한 행동을 설명해야 한다.

4.13.6 학습활동 개발

고용주가 훈련 프로그램의 목적이 무엇인지 정확하게 명시하면 훈련 방법 및 자료의 형태로 학습활동을 식별하고 설명할 수 있다. 고용주가 효과적으로 교육하기 위해 다양한 교육 방식(활동은 강의, 역할극 및 시연으로 구성된 그룹 중심이나 자율 학습을 통해 개인 중심)과 교육자료로 활용할 수 있다. 학습활동은 근로자들이 원하는 기술과 지식을 습득해야 하며 학습 상황은 실제 업무를 최대한 가깝게 시뮬레이션해야 한다.

4.13.7 교육 시행

학습활동을 조직한 후 고용주는 교육을 시작한다. 교육의 구성과 의미가 근로자에게 명확하게 제공되어야 한다. 고용주나 감독자는 학습할 자료의 개요를 제공하고, 새로운 정보나 기술을 근로자의 목표, 관심 또는 경험과 연관 지어 교육한다.

내용을 구성하는 것 외에도 고용주는 교육의 구조와 형식도 개발해야 한다. 프로그램을 위해 개발된 콘텐츠는 작업장(또는 기타 교육 장소)의 특성 및 교육에 사용할 수 있는 자원과 밀접하게 관련되어야 한다.

효과적인 교육 프로그램은 근로자가 교육 과정에 적극적으로 참여하고 자신의 기술이나 지식을 실습할 수 있다.

4.13.8 프로그램 효과 평가 및 개선

교육 프로그램이 목표를 달성하고 있는지 확인하기 위해 교육에 대한 평가가 중요하다. 교육평가 계획은 교육 과정 내용과 교육 목표를 개발할 때 같이 개발해야 한다. 평가는 고용주와 감독자가 달성한 학습의 양과 근로자의 업무 성과가 개선되었는지를 결정하는 데 도움이 된다. 또한, 근로자가 원하는 결과를 얻었는지 아닌지와 훈련 세션이 미래에 다시 제공되어야 하는지 아닌지를 결정하는 데 필요한 정보를 제공한다.

평가 후 교육이 근로자에게 기대했던 수준의 지식과 기술을 제공하지 못했다면 교육 프로그램을 수정하거나 정기적인 재교육을 제공해야 한다. 교육 과정의 단계에 대한 비판적 검토는 고용주가 과정 수정이 필요한 부분을 결정하는 데 도움이 될 것이다.

4.13.9 위험에 있는 근로자 식별

모든 근로자는 자신이 노출된 안전 및 건강 위험에 대해 알 권리가 있으며 고용주는 모든 관련 정보와 지침을 모든 근로자에게 제공해야 한다. 그러나 이것을 위한 자원은 종종 따르지 않는다. 따라서 고용주는 종종 정보와 교육이 가장 필요한 사람을 결정해야 한다. 교육이 먼저 필요한 근로자를 선별하는 방법은 ① 위험한 산업을 파악하고, ② 회사 및 업계 내에서 사고 및 부상 발생률을 조사한다. 사고 및 부상 발생률을 조사할 때는 근로자의 나이, 근무 기간, 기업 규모, 유해물질의 사용 등의 변수를 고려한다.

4.13.10 위험에 처한 근로자 교육

더 높은 수준의 위험에 처한 근로자 모집단에 대한 교육 내용을 결정하는 것은 근로자가 알아야 할 사항을 포함하지만, 작업 요구사항과 부상 가능성에 더 중점을 둔다. 작업 요구사항에서 교육 내용을 결정하는 데 유용한 도구 중 하나는 작업 위험 분석이다. 이 절차는 작업의 각 단계를 검사하고 기존 또는 잠재적 위험을 식별하며 위험을 줄이거나 제거하기 위해 작업을 수행하는 가장 좋은 방법을 결정한다.

물질안전보건자료(MSDS)는 또한 물질의 안전한 사용에 대한 근로자 교육을 위한 정보를 제공할 수 있다. 이 시트에 포함된 정보는 고용주가 교육이 필요한 근로자(물질을 취급하는 작업자)를 식별하고 근로자에게 물질의 안전한 사용을 교육하는 데 도움이 될 수 있다. MSDS는 안전한 화학 물질 사용에 대한 교육을 개발 중인 고용주에게 특히 유용하다.

4.14 안전보건 위험의 예방

직업병은 항상 과소 계산된 것으로 간주하여왔다. 그것들은 연간 50,000 - 90,000건 사이로 추정된다. 직업병에는 다음을 포함하여 과소 보고로 인해 발생할 수 있는 몇 가지 고유한 특징이 있다.

① 직업병은 인식하거나 진단하기가 더욱 어렵다.

② 종종 노출과 증상 발생 사이에 잠복기가 있다.
③ 항상 명확한 원인과 결과 관계가 있는 것은 아니다.
④ 근본 또는 기본 원인이 명확하지 않다.
⑤ 사건의 순서를 결정하기가 어렵다.

직업병을 일으키는 건강 위험은 안전 위험보다 더 복잡한 문제를 나타낸다. 건강 관련 위험은 노출로 인해 발생하는 직업병을 예방하기 위해 식별(인식), 평가 및 통제되어야 한다. 건강과 관련된 위험은 화학적, 물리적, 인간공학적 또는 생물학적 위험과 같이 다양한 형태와 관련된다.

① 화학적 위험 요소(Chemical hazards)는 먼지나 흄 형태의 미스트, 증기, 가스 또는 고체의 과도한 공기 중 농도로 인해 발생한다. 흡입 위험 외에도 이러한 물질 중 다수는 피부 자극제로 작용하거나 피부를 통한 흡수로 유독할 수 있다.
② 물리적 위험 요소(Physical hazards)에는 과도한 수준의 비 이온화 및 이온화 방사선, 소음, 진동, 극단적인 온도 및 압력이 포함된다.
③ 인간공학적 위험 요소(Ergonomic hazards)에는 부적절하게 설계된 도구 또는 작업 영역이 포함된다. 부적절하게 들어 올리거나 뻗거나, 시각 상태가 좋지 않거나, 어색한 위치에서 반복적으로 동작하면 작업 환경에서 사고나 질병이 발생할 수 있다. 작업자에게 맞게 도구와 작업을 설계하는 것이 가장 중요할 수 있다. 이러한 종류의 위험을 제거하려면 공학 및 생체 역학 원리를 지능적으로 적용해야 한다.
④ 생물학적 위험(Biological hazards)에는 곤충, 곰팡이, 균류, 바이러스와 박테리아 오염 물질이 포함된다(식수, 산업 폐기물과 하수 제거, 식품 취급 및 개인 청결과 같은 위생 및 가사용품은 생물학적 위험의 영향에 이바지할 수 있음). 생물학적 및 화학적 위험은 때에 따라 겹칠 수 있다.

여기에서 직업병의 모든 잠재적 원인과 위험을 다룰 수는 없지만, 직장에서 가장 흔한 건강 관련 위험성(risk) 중 일부를 검토한다.

4.15 사고 예방을 위한 안전보건 개선 사항

사업주는 사고 예방을 다루고 관리해야 하고, 근로자 문제를 해결하고, 사건/사고를 분석하고, 검증된 사고 예방 기술을 사용하고, 존재할 수 있는 특정 상황과 잠재적 위험을 살펴보아야 한다. 이를 위해 필요한 사항은 다음과 같다.

① 경영진의 리더십과 근로자 참여가 포함되어야 한다.

② 직장 분석이 되어야 한다.

③ 사고 및 기록 분석이 되어야 한다.

④ 위험 예방 및 통제 이전 구성요소에서 위험을 통제해야 한다.

⑤ 비상대응 과정도 계획되어야 한다.

안전보건 교육현장에서 일하거나 운영에 영향을 미치는 모든 근로자의 안전 및 보건 책임을 다루어야 한다. 각 사고조사/근본 원인 분석 접근 방식을 사용하여 체계적으로 분석하여야 한다. 위험을 인식하는 것이 가장 중요하다.

첫째, 근로자는 위험을 보고하고, 감독자 또는 회사 근로자의 위험을 관리하는 것이다.

둘째, 사업주는 예방 유지 관리 프로그램, 특별 강조 프로그램, 교육, 작업장 감사, 공학적 통제, 행정적 통제, 그리고 최후의 수단으로 개인 보호장비를 사용할 수 있다.

직업적 부상 및 질병을 유발하는 안전 및 건강 문제를 해결하기 위해서는 사업주와 근로자 모두의 공동 노력이 필요하다.

05장
장벽과 사고 예방 (Barriers & Accident Prevention)

5.1. 사고와 원인 (Accidents & Causes)

5.1.1 개요

이 장에서는 홀라겔 교수(Erik Hollnagel, 2004)의 핵심 내용을 중심으로 안전과 사고의 개념을 설명하고자 한다.

여기서는 실제로 일어난 사고 발생에서 시작한다. 항상 발생하는 수많은 사고의 전형이다. 신문을 펴거나 라디오를 듣거나 인터넷에 접속할 때마다 도움이 될 다른 사고를 찾을 수 있다. 국내 및 국제적으로 언론의 머리기사를 장식하는 큰 사고가 거의 매주 발생하고 있다. 이 사건은 2002년 5월 28일 덴마크 게드세르 항구에서 발생한 버스 사고이다. 사고 결과 버스의 상부 데크가 심하게 손상되었다. 4명이 숨지고 18명이 인근 병원으로 이송되었다. 버스는 자가용과 소형 트럭의 차선을 덮고 있는 지붕 아래에 단단히 고정되어 있었다. 버스와 대형 트럭은 다른 차선을 사용해야 했고 운전자는 전방 높이 제한에 대한 경고 표지판을 세 번 놓쳤다.

5.1.2 사고의 개념

이 장은 사고 예방에 있어서 장애물의 역할에 관한 것이지만, 사고의 본질에 대해서도 약간 생각해 보기로 한다. 사고는 불가피하지 않다. 실제로 모든 사고를 예방하는 것은 불가능하지만 많은 사고를 예방하는 것은 충분히 가능하다. 그렇게 하기 위해서는 사고가 실제로 발생하는 이유를 이해하여 사고를 방지하는 가장 효과적인 방법을 찾을 수 있어야 한다. 기존의 사고 예방 방식을 당연하게 여기지 말고 사고 분석 및 조사 과정에서 일어나는 일에 대해 조금 성찰해야 한다는 의미이다. 이 장에서는 사고를 효과적으로 예방하기 위해서는 사고가 무엇인지에 대한 이해를 새롭게 해야 한다는 것이다.

5.1.3 사고의 정의 (Definition of Accident)

사고는 원치 않고 바람직하지 않은 결과를 초래하는 짧고 갑작스럽고 예상치 못한 사건으로 정의할 수 있다. 짧고 갑작스럽고 예상치 못한 사건은 예를 들어 지진과 같은 자연적 사건이 아니라 직간접적인 인간 활동의 결과이다. 따라서 잘못된 사업 결정으로 인한 수익 손실은 아무리 원치 않을 때도 사고라고 할 수 없다. 예고 없이 발생한다는 의미에서 사고는 갑자기 발생해야 한다. 환경에 독성 폐기물이 천천히 축적되는 것은 사고로 간주하지 않는다. 이 경우 원치 않는 최종 결과(생태계 파괴)로 이어지는 조건이 계속해서 눈에 띄었기 때문이다.

5.1.4 사고와 행운 (Accident vs. Good Luck)

사고가 예상치 못한 사건 이상을 수반한다는 것은 분명하다. 사실은 원하지 않는 결과가 아니라 원하는 결과가 나오는 예기치 않은 이벤트만 보면 된다. 이 경우 가장 간단한 예는 복권에 당첨되는 것이다. 보다 일반적으로 긍정적이지만 예상치 못한 일이 발생하는 상황을 생각해 보라. 이 경우 우리는 행운에 관해 이야기한다. 마찬가지로, 오랜 투병 끝에 사망하는 것과 같이 예상했지만 예방할 수 없는 상황에서 원치 않는 결과가 발생하면 사고가 아닌 불운이나 불행에 관해 이야기한다. 마지막으로 결과가 긍정적으로 예상되는 경우 일반적으로 우리는 그것을 성취 또는 목표 달성, 즉 원하는 것을 의도적으로 가져오는 것으로 생각한다.

5.1.5 사고, 원인과 결과 (Accidents, Causes and Consequences)

지금까지 '사고'라는 용어는 주로 관심 있는 일련의 현상에 대한 것으로, 다른 말로 하면 사고의 전체 영역이 포함된 성능 변화이다. 이러한 사건의 공통점은 아래의 두 가지를 가지고 있다.

① 첫째, 그들은 원치 않고 바람직하지 않은 결과를 수반한다.

② 둘째, 예상치 못한 것으로 원하지 않는 결과이다. 모든 인공물과 시스템은 특정 기능과 목표를 달성할 수 있도록 설계되었다.

비디오 카세트 레코더(VCR 또는 DVD RAM 레코더)는 사용자가 지정된 시간에 지정된 채널의 TV 프로그램을 녹화할 수 있도록 설계되었다. 비행기는 편안하다. 속도 및 안전에 중점을 두고 한 지점에서 다른 지점으로 사람(또는 자재)을 운송하도록 설계되었다.

컴퓨터 네트워크는 사람들이 서로 효과적으로 통신하고 분산된 방식으로 작업할 수 있도록 설계되었으며, 안전과 속도(및 용량)를 주요 기준으로 한다. 시스템이 의도한 기능을 수행하는 것을 방해하거나 어떤 다른 방식으로 계속해서 이어질 수 있다.

5.1.6 원하지 않는 사고의 결핍(Lack of Unwanted Outcomes)

원하지 않는 결과가 없다는 것은 사고가 없다는 것을 의미한다. 이것은 모든 것이 잘되고 있음을 표시로 받아들일 수 있다. 불행히도 반드시 그런 것은 아니다. 그 이유는 원치 않는 결과가 나타나지 않는 것은 여러 조건이나 요인 때문일 수 있기 때문이다.

그것은 모든 것이 제대로 작동하고 있기 때문일 수 있다. 즉, 상황이 정상적이고 안전한 성능 범위 내에 있기 때문일 수 있다. 또 다른 이유는 실패 기준이 너무 높기 때문일 수 있다. 이 경우 원치 않는 결과 대신 잠재적인 조건이 있을 수 있다. 예를 들어 양식 연어의 '안전한' 수준의 살충제 또는 기타 오염 사례가 있을 수 있으며, 기준은 때때로 새로운 발견에 따라 변경되거나 수정된다. 마지막으로, 그 이유는 측정이 너무 부정확하거나 너무 드물게 수행되기 때문일 수 있다. 이 경우 다른 방식으로 나타나지 않는 한 원하지 않는 결과를 놓칠 수 있다. 이것은 또한 잠복 상태로도 이어질 수 있다.

5.1.7 원하지 이벤트(Unexpected Events)

예상치 못한 사건이 부정적인 결과를 낳는 것처럼 보이지만 항상 그런 것은 아니다. 예를 들어 복권에 당첨되었다고 상상해 보라. 많은 낙관적 희망에도 불구하고 이것은 일반적으로 예상치 못한 일이다. 그러나 그런 일이 일어나면 달갑지 않은 일이 거의 없다. 그 반대는 우리가 보험에 가입한 사고, 즉 예상되거나 가능한 사건이지만 반갑지 않은 원하지 않는 사고를 당하는 경우이다.

5.1.8 사고 기반 설계 초월(BDBA: Beyond Design Base Accidents)

일부 사고는 예상치 못한 것일 뿐만 아니라 예상치 못한 것일 수도 있다. 기술적인 용어로 이러한 사고는 BDBA(Beyond Design-Base Accidents)라고 하며, 이는 시스템이 설계될 때 고려되지 않았음을 의미한다.

가시적 사례는 1996년 6월 4일 아리안 5호 발사의 첫 비행이었는데, 이륙 후 약 40초 만에 충돌로 끝났다. 로켓 발사 발사대(launcher)를 보내는 것은 비용이 많이 들고 위험하므로 문제가 발생하지 않도록 모든 실질적인 예방 조처한다. 이 경우 디자인에서 예상하거나 고려하지 않은 문제가 발생했다.

Ariane-4 발사대의 10년 된 소프트웨어 모듈인 Inertial Reference System 수평 바이어스 모듈을 Ariane-5에서 재사용했기 때문에 사고가 발생했다. 10년이 아니더라도, 사고 이후 유럽 우주국(ESA)의 첫 번째 보도 자료는 '최초의 Ariane-5 비행이 유럽의 새로운 발사의 유효성을 확인하지 못했다'라고만 언급했다.

5.1.9 의도한 행동과 의도하지 않은 결과(Intended Acts & Unintended Outcomes)

어떤 사람이 다른 사람이 원하지 않고 예상치 못한 일이 일어나도록 의도했다면 그 사건은 사고가 아니라 악의에 의한 행동으로 간주한다. 고의적인 행위는 우발적인 사고가 아니다. 원인은 태업과 테러에 이르기까지 다양할 수 있다. 원하지 않는 결과는 다른 것의 부작용일 수도 있다.

5.1.10 사고, 사건, 아차 실수(Accidents, Incidents, and Near Misses)

사고의 일부인 특정 조건은 다양한 정도로 고려될 수 있다. 사건의 발생은 어떤 불확실성과 연관될 수 있다. 그러나 우리가 사건을 예측할 수 없다는 것이고, 그것을 상상하거나 생각할 수 없다는 것을 의미하지는 않는다. 실제로 우리가 차를 운전할 때 충돌에 연루되어 피해를 볼 가능성이 매우 적다는 것을 알고 있다. 하지만 그런 일이 발생하면 우리는 그것을 사고라고 부른다.

5.1.11 원인을 찾아서(The Search for Causes)

사고가 발생할 때마다 정확히 무슨 일이 일어났는지 자세히 파악하고 원인을 파악하려고 한다. 행동이나 사건의 결과가 기대했던 것보다 훨씬 못하거나 예상치 못한 일이 발생할 때마다 그에 대한 설명을 찾으려고 노력한다.

인간 본성의 이러한 특성은 너무 강해서 오해의 소지가 있거나 가짜 상관관계의 경우와 같이 존재하지 않을 때도 원인을 찾으려고 노력한다.

여러 가지 이유로 인간은 어떤 일이 우연히 일어날 수 있다는 사실을 받아들이기를 극도로 꺼리는 경향이 있는 것 같다. 아주 좋은 이유 중 하나는 기술 사용에 크게 의존하는 생활 방식을 만들었고, 기술 시스템이 결정적이며 따라서 신뢰할 수 있는 방식으로 작동하도록 구축되었기 때문이다.

5.1.12 사실과 설명(Facts and Explanations)

오류에 초점을 맞추는 것이 가장 중요하다고 생각하기 때문이다. 단순한 원인-결과 모델이 합리적 모델임을 암시한다. 사고를 설명하고 이해할 수 있는 몇 가지 방법이 있으며 원인-결과 가정은 아마도 가장 덜 매력적인 선택일 것이다. 또 다른 이유는 종종 광범위하게 다른 견해와 의견이 있지만, 오류에 대한 논의에 관한 내용이 이미 출판되었다.

예는 Reason(1990a; 1997), Senders & Moray(1991), Rasmussen 등(1987), Hollnagel (1993 & 1998); Woods et al. (1994) 외 등이다. 따라서 오류에 대한 또 다른 분석을 시도하는 대신 이 장은 사고 자체에 초점을 맞추고 가능한 원인이 있는 한 열린 마음을 유지할 것이다.

5.1.13 설명과 원인간의 차이(The difference between explanations and Causes)

사고조사는 사고가 어떻게 발생했고 왜 발생했는지 모두 알아내려는 시도이다. 조사는 체계적이고 합리적인 방식으로 수행되어야 한다. 그래야 사고에 대한 설명이 성급한 가정이나 가설에 따라 편향되지 않게 된다. 이를 보장하기 위해 인간공학 연구자와 안전 지식이 있는 실무자는 수년에 걸쳐 일련의 사고 분석 방법과 분류 시스템을 개발했다.

모든 방법은 필연적으로 사고 모델, 즉 사고 발생 방식에 대한 상호 합의 및 무언의 이해를 의미한다. 지난 수십 년 동안 사고에 대한 이해에 약간의 변화가 있었지만 그러한 변화는 대부분 원인의 본질을 다루었다. 우리는 기술적 결함에 초점을 맞추는 것에서 인간성과 실패의 부정적인 영향에 초점을 맞추고 조직적 요인의 역할에 초점을 맞추는 것으로 바뀌었다. 그러나 이러한 설명은 암묵적 사고 모델에 의존하며, 이는 일반적으로 당연시되고 분석에 관련된 사람들 사이에서 공유된다. 뒤에서 일반적인 사고 모델을 소개한다.

5.1.14 기술적 실패에서 인간실수까지(From technological failure to Human Error)

사고조사의 역사를 통틀어 가장 자주 고장이 나거나 어떤 면에서는 눈에 띄는 시스템 부분에서 설명이나 원인을 찾는 자연스러운 경향이 있었다. 초기 단계, 즉 1950년대 후반까지 그것들은 시스템의 기술적 또는 기계적 부분이었다. 사람들은 일상적인 경험을 통해 전반적으로 기술이 실패하거나 오작동하기 쉽다는 것을 알고 있었다. 따라서 사고, 특히 극적인 사고가 발생하면 기술적 실패로 표현될 수 있는 원인을 찾는 자연스러운 경향이 있다. 시간이 지남에 따라 기술은 더욱 신뢰할 수 있게 되었고 따라서 사고의 가능한 원인인 배경으로 물러났다. 그 자리에 "인간의 실수"로 악명 높게 알려진 인간 행동이 등장했다. 기술적 오작동이 아닌 인간 행동에서 설명을 찾는 것은 물론 충분하지 않다. 게다가 어떤 시스템도 자신을 생성하거나 유지하지 않기 때문에 인간 행동에 대한 탐색이 충분히 오래 지속한다면 성공할 수밖에 없다. 그러한 인간의 행동이 원인으로 확인되면 어떤 식으로든 그 사람을 비난하거나 처벌하는 것 외에는 할 수 있는 일이 거의 없다.

5.1.15 인과관계와 시간(Causality and Time)

사고 분석에서 가장 중요하지만 아마도 가장 간과되는 관계 중 하나는 인과관계와 시간 간의 관계이다. 양자 물리학과 같은 분야를 제외하고 원인이 결과보다 먼저 존재해야 한다는 것은 인과관계의 일반적인 공리이다. 사건이 시간에 따라 정렬된다는 것이다.

사고 분석과 관련하여 사고 이전에 발생한 사건에 대한 설명이 사고와 관련이 있는지에 관계없이 순서를 부여한다는 것을 의미한다. 이것은 시간이 한 방향으로만 진행된다는 단순한 사실의 결과이다. 그러나 사건 A가 사건 B보다 먼저 일어난다는 사실은 A가 B의 원인이 되기 위한 필요조건이지 충분조건은 아니다.

이것은 1739년에 출판된 인간 본성에 관한 논문에서 인과관계에 대한 획기적인 분석을 제공한 스코틀랜드 철학자 데이비드 흄(1711-1776)에 의해 이미 지적되었다. 그런데도 우리는 시간적 순서를 인과관계와 동일시하는 경향이 있다. 특히 두 사건이 공통점이 있는 것처럼 보일 때에는 더욱 그러하다.

5.1.16 원인의 진화된 개념(Evolving Concepts of Causes)

원인을 찾아 제거하는 것이 항상 사고를 예방할 수는 없지만, 근본 원인보다는 설명 일부로 원인을 찾는 것이 여전히 유익하다. 단순한 사고 설명에서 복잡한 설명으로, 단순한 인과관계에서 복잡한 우연으로의 발전을 반영하여 원인의 범주가 수년에 걸쳐 어떻게 발전해 왔는지 살펴보는 것도 유익하다. 물론 이것은 기술 시스템의 복잡성이 사실상 증가하는 것과 무관하지 않다.

5.1.17 원인의 비판적 정의(A Cynical definition of Causes)

원인이 무엇인지 정의하는 것이 간단한 문제가 아님이 분명해졌으면 한다. 철학자들은 적어도 데이비드 흄 시대부터 그 일을 해왔고 최근에는 단지 사고에 대해 무언가를 할 수 있는 실용적인 목표를 가지고 있지만, 더 최근에는 실무자들과 합류했다. 사고 및 실패에 대한 현재 행동 과학 연구에 스며드는 전체 추론 라인에 따라 원인은 사실 이후에 상황의 제한된 측면을 식별하는 것으로 정의할 수 있다. 관찰된 효과가 발생하기 위한 필요충분조건으로 간주한다.

즉, '인적 오류'가 사후에 내린 판단(hindsight)인 것처럼 원인은 발견되는 것이 아니라 구성된다(Woods et al., 1994, p. 210). The cause, in other words, is constructed rather than found just as the label 'human error, is a judgment made in hindsight.

이 정의의 결과로 '원인'은 다음과 같은 특성을 갖는다. 시스템 구조 또는 기능(사람, 구성요소, 절차 등)과 명확하게 연관될 수 있다. 즉, 그 원인은 우리가 구체적으로 생각할 수 있는 유형의 무언가와 연관될 수 있다. 허용된 비용 및 시간제한 내에서 원인을 줄이거나 제거하기 위한 조처하는 것이 가능하다. 우리가 아무것도 할 수 없는 원인에는 가치가 거의 없으므로 이것은 실용적인 관점에서 중요하다. 원인이 있지만 통제할 수 없다는 사실을 알면 불확실성이 생기고 어떤 경우에는 불확실성을 제거하는 데에 비용을 아끼지 않는다. TWA 800 사고 분석은 4년 가까이 지속된 좋은 예이다(NTSB, 2000).

설명은 현행 '규범'에 따른다. 이것은 아마도 가장 중요한 측면일 것이다. 수용 가능한 원인이 발견되면 원인 검색이 중지된다는 것을 의미하기 때문이다. 따라서 한 시점에서 허용 가능한 원인이 항상 그대로 유지되지는 않을 수 있다. 결론은 '원인'의 결정이 절대적인(과학적) 과정이 아니라 상대적인(실용적인) 과정이라는 것이다. 올바른 원인이나 설명을 찾는 것의 가치는 미래의 사고를 예방하기 위해 건설적으로 무언가를 할 수 있게 된다는 것이다.

5.2. 사고에 관한 생각 (Thinking about Accidents)

5.2.1 개요

아리스토텔레스 시대부터 인간은 지식에 대한 갈증과 사물에 대해 알고자 하는 욕구가 있다. 끝없는 지식 탐구, 영원한 호기심, '무엇'을 묻고 '왜'를 알아내려는 끊임없는 욕구 때문에 인류가 스스로 발전한다. 그러나 많은 경우 지식보다는 확실성을 추구한다고 언급하였다. 우리가 알기를 원하는 것은 순수한 지식에 대한 갈증 때문이 아니라 불확실성을 없애기 위함이다. 설명할 수 없는 무언가가 있으면 불안해하는 경향이 있다. 그 설명이 어떤 유형인지, 그것이 이성적이고 과학적인지, 감정적인지, 종교적인지, 비합리적인지, 미신적인지 등은 별로 중요하지 않다.

5.2.2 사고에 대한 욕구

사고와 같이 불안하고 처음에는 설명할 수 없는 사건에 직면한 사람들은 사고가 발생한 이유를 알아내고자 하는 강한 욕구를 가진다. 원인의 형태로 확실성 즉, 사고가 실제로 발생한 이유를 찾는 것보다 수용 가능한 원인을 찾는 것이 더 중요하다. 이런 종류의 논쟁은 분명히 사람들이 적어도 가끔은 정직하지 않다는 것을 암시한다. 그러나 이것은 고의가 아니며, 자신을 속이려는 것이 아니다. 오히려 우리는 종종 빠른 설명에 만족하는데, 이는 확증적인 증거를 찾으려는 인간의 욕구이다.

5.2.3 과학과 철학에서 원인 찾기

원인 찾기(fact finding)는 사고조사에 국한되지 않으며 서구 사고의 한 특성이다. 정신분석에서 기본 원칙은 모든 행동에 영향을 미치는 역동적인 무의식적 존재가 있다. 정신분석의 주요 요소는 어떤 것도 우연의 문제가 아니라 모든 것이 더 깊은 원인을 가지고 있다고 주장한다. 무의식적인 믿음, 생각 또는 감정을 드러내는 언어적 실수가 있다. 프로이트의 말 실수 (Freudian slip : 은연중에 속마음을 드러내는 실수)와 같은 것이다. 이 예로, 미국의 43번째 대통령이 국가의 교사들에게 보내는 텔레비전 연설에서 "먼저 모든 교사를 때리고 싶습니다."라고 말했다는 것이다.

또 다른 방식은 범죄 수사에서 범죄 동기를 항상 찾는 것이다. 동기가 없으면 행동이 무의미하거나 무의미해지며, 이런 경우는 거의 없다고 가정한다. 사람들이 하는 행동에 대한 그럴듯한 이유를 찾을 수 없다면 우리는 그들을 심리적으로 혼란스럽거나 심지어 정신병적이라고 분류한다.

5.2.4 빅뱅 이론

인과적 사고의 가장 좋은 예는 빅뱅 이론인 우주론에서 찾을 수 있다. 빅뱅 이론은 우주의 모든 물질과 에너지가 약 150억 년 전에 폭발한 아주 작은 부피에 집중되어 있다고 말한다. 모든 물질, 에너지, 심지어 공간과 시간까지 바로 그 순간에 탄생하였으며, 빅뱅을 시작으로 우주는 팽창하였다. 무에서 유를 창조할 수 없기에 물리학의 전통에 따라 일부 과학자들은 인플레이션이라고 적절하게 부르는 특수 입자가 필요하다고 제안하였다. 이 '해결책'은 이러한 사고방식을 잘 보여주고 인과관계 가정에 대한 강한 믿음을 반영하였다. 이러한 사고방식은 과학에 대한 서구의 접근 방식에 너무 깊이 뿌리 박혀 있어서 우리는 거의 인식하지 못하고 있다.

5.2.5 인과 관계

데이비드 흄(1739)에 의하면, 개념은 복잡하고 세 가지 구성요소가 포함되어 있다고 주장하였다.

① 원인이 결과보다 시간상으로 선행

② 원인과 결과는 시간과 공간에서 연속적

③ 원인과 결과 사이에 필연적인 연결 (같은 원인이 항상 같은 결과를 갖도록 원인과 결과의 끊임없는 일치가 있거나 있었다는 것)

인과관계는 관찰로부터 유추되지만 직접 관찰될 수 있는 것은 아니다. 이는 원인은 발견되는 것이 아니라 상황에 대한 이해에서 구성된다는 현대적 관점에 해당한다. 훨씬 더 정확하게 우리는 그 원인이 일련의 가능한 원인으로부터 선택된다고 말할 수 있으며, 연역 행위가 아니라 추론 행위의 결과라고 말할 수 있다. 그것에 대해 철학적이기를 원하지 않더라도 우리는 일반적으로 원인이 있으면 결과가 있어야 한다고 당연하게 여긴다.

5.2.6 논리적 추론

사람들은 일반적으로 원인에서 결과로 추론하는 데 매우 성공적이지만, 불행하게도 그 반대가 동등한 정당성을 가지고 이루어질 수 있다고 믿도록 그들을 속인다. 후자를 긍정하는 것, 즉 후자가 참이기 때문에 전자가 참이라고 결론을 내리는 것은 논리적으로 타당하지 않더라도 그럴듯한 추론이 될 수 있다고 주장하였다.

'이 좋으면 비싸다', '비싸다', '그러므로 질이 좋다', 실제로 이것은 그럴듯한 추론이지만 예외가 있다는 것도 알고 있다. 그러나 사고 분석에서는 타당성만으로는 충분하지 않으므로 논리적으로 잘못된 결론을 피하는 것이 중요하다.

5.2.7 모델(참조 틀)의 필요성

어떤 모델(참조 틀) 없이는 무언가에 대해 생각할 수 없다는 것은 자명한 사실이다. 모델의 장점은 공통 준거 틀을 갖는 것으로, 의사소통과 이해가 더 효율적이라는 것이며, 많은 것들이 당연하게 받아들여질 수 있기 때문이다.

모델의 단점은 단일 관점을 강력하게 선호한다는 것이다. 일단 참조 프레임이 설정되면 거의 의문을 제기하지 않는다. 이것은 대안을 충분히 분석하기 어렵게 한다.

참조 프레임은 사고에 대해 생각하는 데 특히 중요한데 사고를 보는 방식, 특히 인간의 역할을 보는 방식을 결정하기 때문이다. 이 준거 틀을 사고 모델, 즉 사고가 어떻게 발생하는지에 대한 틀에 대한 사고방식이라고 부른다.

5.2.8 사고 요인 및 사고 방식

사고 분석에 관련된 사람들은 대체로 인간이나 기술을 주요 원인 범주로 두는 것에다가 '기타'라는 포괄 원인을 고려한다. 1979년 3월 28일 쓰리마일 섬에서 발생한 원자력 발전소 사고로, 인적 원인과 기술적 원인 유형을 뛰어넘는 무언가가 필요했으며 조직적 요인을 생각하였다. 1990년대 중반 이후로는 조직 사고와 안전문화를 연구한 결과가 보편화되며 실질적인 변화가 있었다. 그러나 사고에 대한 사고방식(사고 모델)은 거의 같았다. 원인 유형의 변화와 함께 사고 모델이 일부 발전했기 때문에 이 설명은 다소 불공평함을 인정하였다. 수년에 걸쳐 많은 사고 모델(순차적 사고 모델, 역학적 사고 모델, 시스템적 사고 모델)이 제안되었다.

5.2.9 순차적 사고 모델

가장 단순한 유형의 사고 모델은 사고를 특정 순서로 발생하는 일련의 사건의 결과로 설명하는 것이다. 부상의 발생은 항상 완전한 일련의 요인들로부터 발생하며 마지막 요인은 사고 그 자체이다. 사고는 항상 사람이 안전하지 않은 행동 또는 기계적 또는 물리적 위험에 의해 발생 (Heinrich의 도미노 이론)한다. 이 모델에 따르면 시스템이 정상적으로 작동하는 것처럼 보일 때 사고가 발생할 수 있다. 사고 분석의 목적은 사고에서 근본적인 원인으로 가는 추론의 방향으로 표시되는 이러한 인과관계를 식별하는 것이다. 이러한 사고방식은 도미노 이론에 해당하는 산업안전의 첫 번째 공리와 상당히 일치한다.

동시에 여러 개의 평행선을 추적하는 것보다 한 줄씩 추론을 따라가기가 훨씬 쉽고 그래픽으로 표시하기 쉬워 결과를 쉽게 전달할 수 있다. 사고 설명에 적합하게 하도록 순차 모델은 이벤트가 모델 가정에 일치해야 하며, 사고의 기본 인과관계가 상대적으로 단순해야 한다.

순차 사고 모델은 20세기 중반까지 사회기술 시스템에 적합했지만, 복잡한 시스템에서 사고를 설명하는 능력에는 한계가 있었다. 사고를 이해하는 보다 강력한 방법에 대한 필요성으로 인해 역학적 사고 모델의 종류가 생겨났으며, 1980년대에 인기를 얻기 시작했다.

5.2.10 사고 진화와 장벽 모델

사고를 일련의 사건 또는 실패한 장벽 측면에서 설명한다. 이를 AEB (Accident Evolution and Barrier) 모델 (Svenson, 1991, 2001)이라고 한다.

5.2.11 결함수 분석 (Fault Tree Analysis)

트리의 표현으로 최상위 이벤트인 사고가 어떻게 다른 이벤트나 조건의 조합 순서의 결과인지 보여준다.

5.2.12 근본 원인 (Root Cause)

근본 원인은 일반적으로 사고나 사고의 기저에 깔린 조건과 요인의 조합으로 정의되거나 인과관계 사슬의 절대적인 시작점으로 정의한다. 국제원자력기구 IAEA (International Atomic Energy Agency)의 안전 용어집에서 근본 원인은 '시정될 경우 재발을 방지할 초기 사건의 근본적인 원인'으로 정의하였다. 일반적으로 근본 원인이라고 하는 최종 원인이 있다는 것은 순차 사고 모델의 원칙과 일치한다.

다른 도미노를 넘어뜨리는 첫 번째 도미노가 있어야 하는 것처럼 사고를 발생시키는 첫 번째 사건이 있어야 한다. 이것은 매우 매력적이지만 다음과 같이 오류이기도 하다. 뿌리가 지하에 있어서 뿌리를 볼 수 없으므로 무시하는 경향이 있다. 그러나 실제로 상황은 상당히 다르며, 예상치 못한 사건은 사고가 시작된 곳이 아니라 복잡한 원인의 결과로 볼 수도 있다.

'근본(root 뿌리)'에서 예상치 못한 이벤트가 저절로 발생하는 것은 아니다. 예기치 않은 이벤트가 발생한 이유를 설명하기 위해 항상 한 단계 이상 뒤로 분석을 수행한다. 이것은 사고 분석에 대한 중요한 점, 즉 중지 규칙의 정의, 즉 분석이 중지되는 기준을 제시한다. 이것은 체계적이어야 하지만 실제로는 설명의 완전성보다는 시간 등 자원에 대한 제약 때문에 더 많이 결정되므로 다소 자의적이다. 이것은 근본 원인의 개념이 추상일 뿐만 아니라 특정 분석 원칙의 인공물이라는 것이다.

5.2.13 역학적 모델

'역학적 사고 모델'이라는 용어는 1961년, 써치맨(Suchman)이 사고 현상을 '위험을 감수하고 인식하는 상황에서 호스트(host), 에이전트(agent) 및 환경 요인의 상호작용으로 인해 발생하는 예상치 못한, 피할 수 없는 의도하지 않은 행위'라고 제안하면서 사용하였다. 이 견해에 따르면 사고는 관찰할 수 있고 측정 가능한 영향을 미칠 것이지만 사고 자체는 불행한 환경을 만드는 '요인'과 환경 요인의 조합에서 발생한다.

특정 환경에서 호스트에 대한 에이전트의 영향을 설명하려고 시도하는 전염병의 일반 모델에 해당한다. 이는 분석이 단순한 원인을 찾는 것이 아니라 서로 다른 요인 간의 더욱 복잡한 상호작용에 대한 설명을 포함해야 함을 의미한다.

순차적 사고 모델과 같이 시간적 진행이 있어야 하지만, 사고를 창발적(emergent) 현상으로도 바라본다 (창발적 현상은 예측 불가능). 그러나, 추론의 방향을 나타내는 화살표는 남아있다.

프로세스로서의 사고 분석은 사고가 발생한 시점에서 시작하여 시간을 거슬러 사건의 전개를 추적하기 때문이다. 시스템 모델의 가장 큰 장점은 사고 분석이, 예를 들어 정보처리 또는 고장 경로의 표준 표현 때문에 제공되는 내부 메커니즘에 대한 가정이나 가설이 아니라, 시스템의 기능적 특성에 대한 이해를 기반으로 해야 한다는 점이다. 사고는 인과관계나 인과 관계망으로는 설명할 수 없다.

역학 모델은 사고를 질병의 확산과 유사하게 설명한다. 시간과 공간에 함께 존재하는 일부 명시적 및 일부 잠재요인의 조합 결과로 설명된다. 1980년대 초부터 쓰리마일 섬을 비롯한 여러 주요 산업재해에 대한 분석을 통해 더 강력하고 더 복잡한 사고 모델이 필요해졌다.

특정 원인 결과 '메커니즘' 또는 역학적 요인 수준이 아니라 시스템 전체 수준에서 특징적인 성능을 설명한다. 시스템적 관점은 사고를 긴급 현상으로 간주하며, 따라서 이는 예상되어야 한다는 의미에서 정상 사고 (Normal Accident) 개념과 일치 (Perrow, 1984) 한다. 역학 모델보다 구조적으로 단순하지만 다른 한편으로는 기능적으로 더 복잡하다.

역학 모델과 비교에서 성능 편차 / 환경 조건 → Sharp End / Blunt End로 대체된다. 마지막 사건뿐만 아니라 사고에 이바지하는 모든 사건은 Sharp End가 이바지한다.

역학 모델은 이러한 요구에 대한 대응으로 볼 수 있으며, 순차적 사고 모델과 크게 네 가지 점에서 차이가 있다.

① Performance Deviations (성능 편차)

② Environmental Conditions (환경 조건)

③ Barriers (장벽)

④ Latent Conditions (잠재 조건)

5.2.13.1 Performance Deviations (성능 편차)

종종 Human Error와 동의어로 취급되었던 Unsafe Act의 개념은 점차 성능 편차의 개념으로 대체되었다. 새 용어는 무엇보다도 그 대상과 관련하여 중립적이며 성능 편차는 사람뿐만 아니라 기술 구성요소에 대해서도 발생할 수 있기 때문이다. 성능 편차는 별도의 범주나 기능이 아니라 어떤 이유로든 잘못된 정상적인 행동이었기 때문에 'Human Error'라는 용어보다 부담이 적다.

5.2.13.2 Environmental Conditions (환경 조건)

역학 모델은 성능 편차로 이어질 수 있는 조건도 고려한다. 위의 근본 원인에 대한 논의와 관련하여 환경 조건의 개념은 분석을 보다 개방적으로 만드는 방법으로 사용된다. 환경 조건은 인간과 기술 모두에 대해 존재하지만, 환경 조건의 경우 종종 단순히 작업 조건이라고 한다.

5.2.13.3 Barriers (장벽)

예상치 못한 결과가 발생하는 것을 방지할 수 있고 어떤 의미에서는 마지막 순간에 사고의 전개를 멈출 수 있다. 역학 모델에서 장벽은 오른쪽에 표시한다.

장벽에 관한 생각은 도미노 모델에서 이미 예상한 것처럼 보호 장벽뿐만 아니라 사고 전개의 모든 단계에서 장벽을 포함한다.

5.2.13.4 Latent Conditions (잠재 조건)

역학적 사고 모델의 마지막 기능이자 여러 면에서 가장 중요한 기능은 잠재 조건의 개념을 도입한 것이다. 처음에는 잠재 고장이라고 불렸고 나중에는 잠재 고장 조건이라고 불렸던 잠재 조건은 1980년대 후반 잠재(latent) 고장과 능동(active) 고장 사이의 구분에서 탄생하였다. 잠재 조건의 특징은 인식 가능한 사고 순서(sequence)가 시작되기 훨씬 전에 시스템 내에 존재한다.

원자력 발전소, 화학 처리 공장, 최신 항공기 등과 같은 복잡하고 위험한 시스템에서 이러한 요인의 영향으로 다중 고장 사고가 발생하였다. 이는 설계, 구성, 절차, 유지 관리, 교육, 통신, 인간-기계 인터페이스 등과 같은 기본적인 조직 프로세스에 기인한다 (Reason, 1990).

능동적(active) 고장, 특히 '인적 오류'는 일반적으로 사고의 즉각적인 원인으로 간주하는 국지적 시작점(triggering) 이벤트를 나타내지만, 잠재적인(latent) 조건은 그 자체로 사고를 촉발하지 않고 겉보기에 무고한 사람에 의해 나타날 수 있다.

성능 편차와 마찬가지로 잠재적인 조건은 시스템의 장벽을 비효율적으로 만들 수 있다. 조직 결정, 설계 실패, 결함, 유지 관리 실패, 감지되지 않은 시스템 기능 또는 자원(resource)의 느린 성능 저하(예: 부식, 작은 누출) 등과 같이 여러 가지 원인이 존재한다. 잠재적인 조건은 능동적 실패와 결합하여 사고를 일으키는 여러 형태로 존재한다. 이러한 조건은 일반적으로 다음 세 가지 범주 중 하나에 속한다.

① 장벽이 부족하여 사고에 대한 예방책이 없거나 기능이 제대로 작동하지 않는다.

② 장벽은 물리적 또는 기능적 (절차, 규칙 등) 자원 부족으로 이벤트에 대응하거나 무력화하는 데 필요한 수단이 없다.

③ 소화기의 압력이 너무 낮음 또는 비상 조명 전원 부족과 같은 불확실한 조건은 시스템 일부가 불안정하여 작은 능동적 오류만으로도 잠재적인 조건(눈사태 등)을 해제할 수 있다.

5.2.14 날카로운 상황과 무딘 상황 (Sharp End & Blunt End)

역학 모델과 시스템 모델 사이의 중요한 변화 중 하나는 사고로 이어진 사건을 설명하기 위해 끝이 날카롭고 둔탁한 끝(상황)을 사용하는 것이다.

① Sharp End: 조종사, 의사, 우주 관제사 등 위험한 과정과 실제로 상호 작용하는 사람. 즉, 사고가 발생한 시간과 장소에서 일하고 있는 사람들.

② Blunt End: 실무자에게 작용하는 제약과 자원은 갑자기 발생하는 것이 아니라 다른 사람들이 더 이른 시간에 다른 장소에서 수행한 작업에 의해 결정되는 것으로 가정한다.

주요 의미는 날카로운 상황(끝)에서 사람들의 성능 변동성, 특히 그들이 저지를 수 있는 실패가 여러 요인에 의해 결정된다는 것이다. 그러나 '왜'라는 질문에 대한 답을 찾는 것은 어렵다. 그러한 결정에 대한 이유가 제대로 문서로 만들어지지 않았거나 알 수 있는 사람이 없기 때문이다. 따라서 추론이 얼마나 멀리까지 거슬러 올라갈 수 있는지에 대한 한계가 있다. 무엇이 날카로운 상황(끝)이고 무엇이 무딘 상황(끝)인지에 대한 정의는 상대적이다.

5.2.15 모델에 대한 고찰

순차적 사고 모델과 역학적 사고 모델 모두 명확한 원인-결과 연결 측면에서 사고를 나타낸다. 이러한 모델에서 사고는 적어도 원칙적으로는 그 구성요소에 대한 지식에서 결과를 예측할 수 있다는 점에서 결과적 현상이다.

이와 대조적으로 시스템 모델은 사고를 창발적(emergent) 현상, 즉 복잡한 조건에서 발생하지만 유사한 방식으로 예측할 수 없는 어떤 것으로 간주한다.

이러한 관점의 차이는 사고 분석이 수행되는 방식에 중요한 결과를 가져오며, 사고를 이해하고 설명하는 방식이 우리의 대응 방식을 결정하기 때문에 그 차이는 사고 예방에도 중요하다. 사고 모델의 선택은 확률론적 안전 평가에 대한 접근 방식과 같이 위험평가가 수행되는 방식에 영향을 미친다는 점에 유의한다. 이 분야 방법 대부분은 전통적인 이벤트 트리를 기반으로 하지만 현대 사회 기술 시스템의 복잡성을 설명하는 데 적합하지 않다는 것이다.

5.3. 장벽 기능과 장벽 시스템 (Barrier Functions & Barrier System)

5.2.1 개요

사고란 하나 이상의 장벽(Barrier)이 제대로 작동하지 못하여 생긴 결과이다. 장벽(Barrier)이란 어떤 것 또는 물건의 지나가는 것을 막는 무언가이다. 장벽(Barrier)에는 어떤 것들이 있는가?

① 중국의 만리장성

② 영국의 Hadrian's Wall

③ 덴마크의 Dannevirke

5.2.2 시스템 장벽

Systematic barrier 'Castrum'이란 다중 장벽(Multiple Barrier)을 갖추고 있어 상대방의 공격을 효율적으로 방어할 수 있는 구조를 가졌다. 현대의 핵에너지 발전이 위험한 만큼 더 안전한 상황을 구축하고자 여러 가지 장벽(Barrier)을 적용해 놓았다.

Barrier의 예로 차도의 보호대(fence)가 있다. 얼핏 보기에 보호대(FENCE)만 장벽(Barrier)인 듯하나, 연석이나 표지 등 다중 장벽(Multiple Barrier)이 적용되어 있다.

① 공학 로봇의 경우, 1차 barrier는 단순 fence, 2차 barrier는 문이 열릴 시 로봇이 작동을 멈춤

② ICBM 미사일 발사 조건: 1차. 권한을 가진 2명 이상의 명령, 2차. 별도의 키 혹은 암호 설정, 3차. 두 명 이상의 인원이 동시에 버튼을 작동해야 함.

5.2.3 장벽과 사고

장벽의 목적은 예방과 보호 크게 두 가지가 있다. Failure model을 막고자 하는 예방과 이미 Failure model을 막지 못했다면 피해를 최소화하기 위한 보호에 목적이 있다.

하돈(Haddon)은 부상 방지를 위한 예방을 하기 위해서는 이래 내용을 적용해야 한다고 주장했다.

장벽(Barrier)은 물리(physical), 기능(functional), 상징(symbolic), 무형(incorporeal) barrier system으로 분류할 수 있다. 물리 장벽(Physical barrier)은 말 그대로 물리적인 물질을 사용하여 사고를 예방해주는 요소이다. 기능장벽(Functional barrier)은 논리 구조를 적용하여 상황에 맞게 위험(risk)을 줄여주는 요소이다. 상징장벽(Symbolic barrier)은 물리적으로 사고를 막지는 못하나, 위험 혹은 안전에 대한 무지 등의 위험(risk)을 줄여줄 수 있는 요소이다. 마지막으로 무형장벽(incorporeal barrier)은 행동에 제약을 주거나 안전 중시 분위기를 조장하여 위험(risk)을 줄여줄 수 있는 요소이다.

각 장벽(barrier)에 포함되는 예시는 다음들과 같다. 그 성질과 특성이 다르므로 각각의

장점이 다른데 그 장점 및 특징은 아래와 같다.

장벽(Barrier)을 제대로 작동하지 못하게 하는 요소를 실패모델(failure model)이라고 하는데, 그 종류가 매우 다양하며 크게 분류하자면 아래와 같다. 또한, Barrier마다 Failure models에 영향을 받는 정도와 그 영향을 받는 정도 또한 각기 다르다.

5.4. 사고에서 장벽의 역할

5.4.1 개요

장벽의 실패나 오작동 그 자체가 사고에 영향을 줄 수는 있을지라도 사고의 원인이 될 수는 없다. 장벽 시스템은 무엇이 발생하는 것을 방지하기 위해 존재하며, 그 장벽이 예방하려는 유효한 영향력이 존재한다.

5.4.2 3가지 이슈

3가지 이슈에 관한 관심이 필요하다.

① 장벽 기능이 사고분석과정에 어떻게 묘사되고, 사고 예방의 한 부분으로서 어떻게 기능하는지(AEB: Accident Evolution and Barrier function 모델과 variation tree diagrams를 이용하여)에 관한 관심

② 장벽체계와 장벽 기능의 복합성 (단독 기능이 아닌 상호작용 분석, 의도된 것과 의도되지 않은 영향 등)에 관한 관심

③ 장벽의 관점에서 사고 예방 (식별된 위험 제거 또는 감소 방법)에 관한 관심

사고 분석은 그 특성상 탑다운 형식으로 이루어지고, 각각의 이벤트들은 일련의 시간축을 형성하며 발생하지만, 먼저 일어난 이벤트가 후에 일어난 이벤트의 원인이라고 확언할 수는 없다. 반면 위험성 분석은 주로 2가지 방법으로 가능하다.

① 첫 번째는 결합수(Fault tree), 이 방법은 사고 분석과 유사하게 Top event나 가상

의 결과를 상정하여 논리적으로 거슬러 올라가는 방식이다.

② 두 번째는 이벤트 트리(Event tree), 선택된 event에서 시작해서(initiating event로 불림) 발전 가능한 다양한 경우를 고려하는 방법이다.

5.4.2.1 Fault trees

1961년 Minuteman ICBM 발사 제어장치를 평가하기 위해 제안된 기법으로서 현재는 기술적 시스템의 위험성 분석을 위한 기초 기술이다.

5.4.2.2 Event trees

이벤트 트리는 보통 하나 이상의 기본 이벤트(initiating event)에서 시작하여, 이 기본 이벤트로부터 파생될 수 있는 모든 중간 이벤트와 최종 이벤트를 식별한다. 중간 이벤트는 기본 이벤트와 다른 중간 이벤트를 연결하고, 최종 이벤트는 최종 결과로써 사고나 재해를 나타낸다. 이벤트 트리는 각 단계에 확률적 개념을 더함으로써 최종 결과에 대한 확률을 계산할 수 있다.

5.4.2.3 Fault trees와 Event trees 비교

① Event tree는 순차적 사고 모델, Fault tree는 역학적(epidemiological) 사고 모델(병렬적 개념)

② Fault tree는 잠재적 조건의 영향을 포함할 수 있나 Event tree는 불가능하다.

5.4.2.4 변동 다이어그램 (Variation diagrams/trees)

1987년 Leplat & Rasmussen이 제안하였으며, INRS가 개발하였다. 작업자 실수는 정상적 이벤트들의 과정 변화로 보는 인식(not unique events in themselves)이다.

발생한 사건에 대해 원인이 무엇인지 요약하여 제공할 수 있다. 변동 트리(Variation tree)의 목적은 사고에 이르는 이벤트와 조건을 파악하여 안전조치가 어디에 도입되어야 할지 결정하기 위함이다. (Cancelling a node or breaking the accident sequence)

5.4.2.5 사고 묘사에서 장벽의 표현(Representing barriers in accident descriptions)

장벽의 특성상 질량, 에너지, 정보의 잠재적 흐름과 연계되어 묘사되어야 한다. 즉, 기능, 이벤트들의 절차, 연속성 들이 시간순서 또는 tress diagrams로 묘사되는 것을 기초로 장벽분석이 이루어진다.

① time-line 묘사는 순차적으로 일어난 일을 보여주어 동시다발적, 병렬적 사건에 대한 묘사를 제한 (장벽 분석에 부적합)한다.

② event-tree는 원치 않는 결과를 보여주는 경로 위에 장벽을 고려할 수 있지만, 분석전에 이벤트들의 순서가 정해져 있으므로, 순서의 변경, 생략, 삽입 등 현실적인 상황과 동떨어진 분석 결과가 나오기에 장벽 분석에 부적합하다.

③ Fault tree는 이벤트들이 단독적이 아닌 동시 복합적으로 분석할 수 있기에 장벽 묘사에 적합하다.

5.4.2.6 그래픽 표현의 한계(Limitation of graphical representations)

① 인간의 뇌는 쉽게 패턴을 감지하는 장점이 있지만 의도되지 않은, 무의미한 패턴에 사로잡히기도 쉽고 이는 의식적으로 제어(control)할 수 없다

② 2차원에서는 2가지 이상, 3차원에서는 3가지 이상 요소들의 상관관계 분석이 어렵고, 더 고차원적인 분석이 가능하다고 하더라도 인식이 불편하고 고성능 컴퓨터가 필요로 하는 등 제한적 요소가 많다. 이 부분에서는 텍스트 묘사가 더 효율적이다..

5.4.2.7 장벽 기능의 복잡성

장벽은 단일 효과, 다른 장벽들과 독립적인 것처럼 얘기했지만 실상은 여러 효과, 그중 몇몇은 의도되지 않고 상호작용하는 등 복잡하다.

1) Reciprocity (상호성)

현대 기차를 예로 들면, 빨간 불일 때 통과 시 자동으로 제어하는 시스템(ATC: Automatic Train Control System)은 기능적 장벽 시스템이고, 빨간불은 상징적 장벽 시스템이다.

빨간불은 기차 운전사가 보고, 해석해야 하기 때문이다. 이때 운전사와 ATC의 관계가 reciprocity(상호 보완적)로 불린다.

2) Barrier Bypass (장벽 우회)

웹사이트 접속 시 패스워드 또는 접속 코드는 기능적 장벽으로 정의된다. 단점은 사용자가 암호를 기억해야 함에 따라, 첫 접속 이후에는 시스템이 암호를 보유하는 경우가 많다. 이 경우가 bypass 또는 facilitator로 불린다. Bypass의 문제점은 장벽을 무효로 한다는 것이다. 한가지 해결책은 지문인식, 타자 리듬 분석, 홍채 인식, 음성인식 등이 있다. 다른 해결책은 한가지 잠금장치가 충분한지 또는 다른 수단이 있는지 고려하는 것이다.

3) Unintended Barriers (의도치 않은 장벽)

국제 우주 정거장(The Russian Zarya control module)은 소음이 너무 심해 소통에 제한이 발생하였다. 이에 대한 장벽으로 귀마개(물리적 장벽 시스템)를 착용하면, 의도되지 않은 결과로서 음향 경고 신호를 듣기 어렵다. 소음 그 자체를 줄이는 방안은 비용이 너무 많이 들어 제외되었다. 다른 방안은 알람을 다른 모드로 전환하거나 볼륨을 높이는 대안이 있다.

4) Bi-Directional Barriers (양방향성)

문은 해당 구역에 들어가거나 구역에서 나올 때 장벽 역할을 한다. 2003년 7월 31일, 미국의 한 정신과 치료소에서 화재가 발생하였는데, 소방관들이 문을 신속하게 열지 못해(정신과 병동이라 창문도 강화유리였음) 비극적 결과 발생하였다. 이 경우 해당 시설에 스프링클러, 적절한 야간근무자 교육, 야간 비상상황 발생 시 접근법 등이 부재한 경우로서 다른 요인들과 복합적으로 작용한 결과이다.

5.4.2.8 장벽과 사고 예방

① 대체 (완전 또는 부분적) - 같은 유닛, 개선된 유닛

② 예방 - 기능적, 물리적, 상징적, 무형적

③ 간략화 / 명료화 - 작업 재설계, 훈련, 인터페이스 설계, 지원

④ 보호 - 물리적, 기능적 장벽 체계, 회복, 완화

⑤ 제거 - 체계 재설계, 회수

5.5. 시스템 사고 모델(A System Accidents Model)

5.5.1 개요

사회기술 시스템은 복잡성이 증가하는 경향이 있다. 우리가 만든 시스템에 더 의존하게 되기 때문이며 이에 대한 성과 개선을 위해 계속 수정하기 때문이다. 복잡성의 증가는 개별 시스템 간의 상호작용과 의존성의 증가로 이어진다. 이로 인해

① 기술 혁신은 개선된 시스템 구축하게 한다.

② 빠르게 이동하는 대중교통, 강력한 에너지, 어디서든 사용 가능한 통신을 통해 신속한 생활에 의존한다.

③ 안전하고 신뢰할 수 있는 운영을 위해 기술 혁신을 요구한다.

여기에서 입장은 Perrow 교수의 입장과 같다. 사고는 정상적으로 발생할 순 있으나 주된 원인은 시스템의 복잡성보다는 결과의 다양성이라 주장하였다. 그 변동성은 나아가 오류나 비파괴적인 것으로 간주하여선 안 된다. 반대로 변동성은 복잡성이 있는 시스템이 기능하기 위한 필요조건이며, 그렇지 않으면 작동하지 않는다. 변동성은 제한이 존재하고 문서화되어 있으나 인간의 다양성에 기인하지는 않는다.

5.5.2 시간과 변동성

시스템 상태를 나타내는 두 값 간의 차이가 지정된 임계값을 초과하는 경우를 가변적이라 한다. 이는 시스템의 변화 속도가 중요하다는 것을 의미한다. 자원, 수요 및 작업 조건 등의 변동에 따라 성능 변동성이 있다. 이러한 작업은 1초 또는 1분 단위로 수행하며, 환

경의 요구에 대해 빠르게 변동하나 통상은 느리다. 마지막으로 조직 자체의 변동성, 새로운 규범과 성과에 대한 암묵적인 표준으로의 느린 변화가 있다.

5.5.3 효율성-철저성 절충 (ETTO) 원칙

먼저 조건의 충족, 자원 혹은 자재의 확보가 없다면 할 수 있는 것이 없다.

5.5.4 예상 및 실제 작업 조건

작업 상황 설계 시 여러 가정이 이루어진다.

첫째, 작업 프로세스에 대한 입력이 규칙적이고 예측 가능해야 한다.

둘째, 수요와 자원은 제한 범위 내에 있어야 한다.

셋째, 일반적으로 작업 조건이 한계 내에 있다는 것은 사람들이 품질과 양에서 원하는 출력의 제공이 가능하다.

넷째, 시스템에 의해 생산되는 것은 기대나 규범에 부합한다.

그러나 설계 가정이 단순화된 경우가 대부분이며, 그것은 잘못된 것이다.

5.5.5 최적 성능의 역설

인간의 행동은 여러 가지 변화하는 기준을 충족해야 하며, 상황에 맞게 조정할 수 있기에 복잡성에 대처할 수 있다. 이 능력은 적응, 최적화, 만족 평준화, 인지적 노력의 최소화, 작업부하의 최소화, 각성 균형 등의 용어로 설명된다. 단일 기준이나 개념을 통해 설명할 수 없으며 여기서 문제는 인간의 능력에 관해 설명을 시도하는 것이 아니라 그 능력의 결과를 고려하는 것이다. 그 능력의 결과는 중요치 않은 면과 조건을 빠르게 무시하기 때문에 인간의 수행은 효율적이란 것이다.

5.5.6 지역(local) 최적화의 필요성

인간 수행의 효율은 개인 및 공동 시스템(사람+다른 사람+기술)에 필요한 조건이며 이것에 의해 기능상의 얽힘이 생기고, 이것은 장해가 발생하는 이유를 이해하는데 불가결하다. 이것은 시스템에 영향을 주고 각각 다른 시스템의 환경이 서로 의존한다, 이것을 인공 두뇌학에서 '상호 편차 증폭 루프'라 하며 시스템 이론에서는 '소멸구조'라 한다. 개인의 성과 수준에 관해 지름길, 휴리스틱스 및 부분 최적화는 예외라기보다는 작업 환경의 규칙성을 반영하는 균형이다.

5.5.7 문제가 발생하는 이유

정상적 성능이 성공과 실패의 원인이 되는 방법을 이해하는 것이 중요하다. 시스템적 견해는 사람과 사회 시스템 최적화의 지속적 과정에 관여한다는 것을 강조한다. 그러나 모든 것이 잘못되는 것을 단순한 원리로 설명되어야 한다는 것은 아니다. 이에 대한 주요 문제의 원인은 아래와 같다.

① 경험 부족 ② 부적절한 작업 일정 ③ 해로운 조직환경

④ 부적절한 작업 환경(온도, 소음, 먼지, 진동)

⑤ 기기 및 인터페이스의 잘못된 설계 ⑥ 불충분하거나 일관성 없는 운영 지원

⑦ 규정되지 않은 작업 ⑧ 애매한 성능 기준 ⑨ 불합리한 요구

⑩ 잘못된 절차 및 계획 ⑪ 비효율적인 협업 ⑫ 비효율적인 의사소통

5.5.8 ETTO (효율성-철저성 절충) 규칙

인간의 성과에 관한 연구에서 사람은 빨리 반응하는 경우 더 많은 오류를 범하는 경향이 있고, 반대로 오래 걸리는 경우 정확한 경향을 보인다는 것이 밝혀졌다. 이 효과는 ETTO: 효율성 - 철저성 절충(trade-off)이라고 알려졌으며 사람은 장기적으로 빠르면서 정확할 수는 없다. 성과를 최적화하기 위한 사람은 균형을 맞추려고 노력하며 이때 철저성은 올바른 방법으로 완벽함을 의미한다. 효율성이란 요구에 대해 노력을 많이 들이지 않고 잘하는 것을 의미한다.

5.5.9 ETTO (효율성-철저성 절충) 연습

ETTO 원칙은 우리가 무리한 노력을 들이지 않고 일을 수행하거나 하루를 보내는 방법

을 보여준다. William James(1842-1910)는 연구를 통해 '사람들은 목표를 달성하기 충분한 만큼의 노력만 기울인다' 고 하였다. 실용적으로 인식하는 사람은 정확성, 효율성 또는 적응성을 반드시 최대화하는 것은 아니며 자신의 목표를 줬을 때 충분한 이해가 원칙임을 말한다 (Fiske, 1992, p. 879).

5.5.10 성공의 원천

인간의 성과에서 최적화는 표준과 같은 방법을 찾고 발전을 예상하기 위해 올바른 학습을 하기 때문이다. 이러한 조정이 잘못되면 실패가 발생하나 이에 대한 조치나 조정은 잘못된 것이 아니다. 인간의 적응성과 유연성은 성공과 실패 모두의 근원이나 실패의 원인으로 여겨선 안된다. 만약 불합리한 것이 있다면 효율적이면서 철저히 확인하는 것이 요구된다. 아니면 나중에 효율적으로 처리한 것이 잘못된 경우는 더욱 철저해야 한다.

5.5.11 사고모델로서의 확률적 공명

사고를 이해하기 위해 순차적 모델, 역학 모델, 시스템 모델의 세 가지를 이해해야 한다. 시스템 모델은 사고를 이해하는데 가장 정확하고 선호되는 접근 방식이다. 시스템 모델의 예로 카오스 이론이 거론되나 사고 모델로서의 실용가치는 제한적이다.

시스템 모델은 복잡하여 다른 유형의 모델보다 해결책을 찾기 어려우나, 확률적 공명은 좋은 사고 모델의 후보로 제시되었다. 확률론적 공명은 잡신호가 복잡한 시스템에서 질서를 유도하는 방법으로 설명한다. 공명은 라디오와 텔레비전과 같은 기술 발명의 기초이다. 그 예로 놀이터의 그네를 사용하여 설명할 수 있다. 놀이터 그네의 고유 진동수는 로프의 길이에 따라 다르며 적절한 순간에 누군가 밀면 진폭이 증가하여 그네가 공명한다.

5.5.12 확률적 공명

흔들림이 심했던 미국의 두 다리 문제의 원인은 공명이었다. 이는 고전적 유형이고 사고는 순차적 모델로 설명할 수 있다. 원인은 공명을 발생시킨 다리에 가해진 힘이다. 따라서 해결책은 다리에 가해진 힘의 영향을 차단, 즉 기능 장벽 시스템에 의한 예방이 가능하다.

소음은 확률적 공명 모델의 적절한 예이다. 전달되는 과정에서 의도하지 않은 것이 부가되는 것이 특징이다. 이러한 변화를 잡음(noise)이라 하며 이것이 확률에 의해 공명을 일으키기도 하며 그렇지 않기도 한다. 이런 것을 확률적 공명현상이라 한다.

5.5.13 복잡한 시스템의 공명

확률 공명은 겉보기에 무질서한 시스템에서 질서의 발생에 대한 설명으로 사용된다. 그러나 사고는 질서와 반대로 규칙성이 무너지는 상황을 의미한다. 따라서 확률 공명은 사고의 설명에 맞지 않는다.

성능 가변성의 개념은 복잡한 시스템이 하위 시스템 및 구성요소의 가변성과 복잡성으로 인해 가변 성능을 갖는 방식을 설명하기 위해 도입되었다. 이러한 가변성은 인간이 조건에 따라 성능을 조정하고 지각 및 인지 기능이 일정치 않기에 사고로 이어짐을 설명한다.

5.5.14 확률적에서 기능적 공명

기능적 공명의 개념을 복잡한 시스템의 사고를 이해하기 위한 비유로 어떻게 사용할 수 있는지를 설명한다. 이 모델에서 신호와 잡음 사이의 설명은 상대적이며 시스템 가변성의 모든 부분이 신호가 될 수 있다. 제안된 시스템 사고 모델의 주요 구성요소에는 인적 성능 변동성, 기술적 결함 또는 실패, 잠재 조건, 장애 또는 빠진 장벽이 포함된다.

5.5.15 기능 공명 사고 모델(FRAM)

개별 기능을 요소로 하는 시스템 사고 모델에 대한 대안을 제시하였다. 각 기능은 6가지의 측면 특성인 입력, 출력, 전제 조건, 자원, 시간 및 제어를 사용하여 다른 기능에 연결하는 방식으로 특화된다. 각 기능의 가변성이 다른 기능의 가변성에 고려하여 기능적 공명이 어떻게 발생하는지의 설명에 유용하다. 사고 모델은 이러한 개별 기능의 표현을 기반으로 하며 지배원리는 기능적 공명이므로 기능적 공명 사고 모델(FRAM)이라고 한다.

5.6. 사고 예방(Accidents Prevention)

5.5.1 개요

원치 않는 결과에 대한 보호를 포함한 사고의 예방을 다룬다. 사고 발생을 방지하는 것은 불가능하지만, 심각한 사고가 발생하지 않도록 하는 것은 바람직하다.

5.5.2 위험의 현실

모든 사고 예방의 기본 요구사항은 위험의 존재와 이를 이해하는 능력이다. 시스템 오류를 이해하고 예방하는 데 어려운 점은 아래와 같다.

① 문제가 무엇인지 이해할 수 있는지의 여부

② 결과를 예상하고 큰 위험과 작은 위험의 구분

③ 위험을 줄이거나 제거할 방법이 있는지

5.5.3 필요한 상상력

위험의 존재를 이해하고 세부 사항을 이해하는데 중요한 요소는 상상력을 갖는 것이다. 엉뚱한 추측이 아닌 일련의 사건을 체계적으로 탐색하는 능력을 의미하다. 사고가 상상은 가능했지만, 발생 가능성이 존재하지 않을 정도로 낮다고 가정함을 의미한다.

5.5.4 상상력의 활용

두 가지 경우(레드스톤 로켓, 반사 기둥)에서 바람직하지 않은 결과는 상상력이나 체계적 방법을 통해 예측 가능. 후자는 가능한 결과의 세트를 생성하고 바람직하지 않은 결과를 식별하는 방법을 제공하기에 더 중요하다.

5.5.5 사고 예측

사건과 사고를 예방하기 위해선 예측이 필요하다. 순차 사고 모델에서 시스템 사고 모델로 이동함에 따라 모델이 더 복잡해지므로 예측이 더 어려움. 그러나 순차 사고 모델은 현실을 단순화한 것이며 예측의 정확도는 높지만 정확할 가능성이나 확률은 낮음.

5.5.6 1단계 필수 시스템 기능 식별

시스템은 구성요소와 기능 모음의 정렬된 배열로 정의하다. 시스템이 특정 목적을 달성하기 위해 구축하도록 배열을 주문한다. 따라서 무엇이 시스템을 구성하고, 요소를 구성하는지에 대한 결정은 목적, 설명수준과 관련된다.

약물 조제 절차의 다섯 가지 기능을 객체 지향 형식으로 설명할 방법을 보여줌.

FRAM의 원리에 따라 6개의 독립적인 기능(function) 또는 "눈송이 육각형" 으로 재현한다. 각 기능이 연결되면 결과 구조는 FRAM 네트워크이다.

5.5.7 2단계 변동 가능성 파악

기능적 공명의 특징은 모든 기능의 가변성이 나머지 시스템의 가변성에 의해 영향을 받는다. 따라서 각 기능의 변동 가능성을 특성화하는 것이 FRAM 방법의 중요한 부분이다. 변동 가능성은 해당 기능의 특성과 구성(context)에 따라 다르다.

5.5.8 3단계 기능 간의 종속성에 기반한 기능적 공명

FRAM 절차 1단계에서 필수 기능 식별, 특성화 2단계에서 잠재적 가변성 결정 다음 단계는 기능 간의 종속성을 설명한다. 실제로 이 단계의 주요 목적은 특정 조건에서 발생해서는 안 될 때도 발생할 수 있는 연결의 찾기.

5.5.9 4단계 대책 결정

사고 분석과 위험 분석 모두 예방 또는 보호의 필요성을 식별하다. 시스템에서 장벽 기능을 도입해야 하는 장벽의 배치. 장벽은 물질이든 에너지이든 정보이든 흐름을 멈추는 역할이다. 분석에서 장벽이 구체적 방식의 구현 필요.

5.5.10 성과 변동성 관리, 성능 변동성 감지 및 제어

직접적인 상호작용보다 반응 개발 모두에서 시스템 반응과 방식에 영향

① 사고 예방에 대한 세 가지 접근 방식은 오류 관리, 성능 편차, 변동성 관리

② 사고 발생의 특성 네 가지 : 정상 동작, 사전사고 축적, 즉각적인 결과를 초래하는데 실제 사고, 장기적인 결과가 있는 사고 후 기간

이러한 각 단계에서 성능 가변성 관리는 모니터링, 감지, 분산 또는 수정과 같은 별도의 형식을 취한다.

5.5.11 물러가는 날카로운 상황(끝)

사고 분석에서 뾰족한 끝에서 만족스러운 설명을 찾을 수 없고, 사고 조건이 시간 또는 공간에서 제거된 요인에 의해 결정된다는 것이 자주 발견되어 도입되었다. 필수 다양성의 법칙은 복잡할 때만 사고를 예방하기 위해 효과적으로 무언가를 할 수 있다는 의미로 적용된다. 이를 위한 첫 번째 단계는 분석과 예방을 위해 어떤 모델을 사용하는지를 알고, 단순한 인과적 용어로 추론은 삼가한다.

06장
사고조사 방법론의 소개

사고 분석 방법은 선형적(Sequential) 모델에서 역학적(Epidemiological) 모델과 시스템적(Systemic) 모델로 발전해 왔다. 선형적 사고 분석 모델은 시간의 흐름에 따라 연쇄적으로 발생하는 사건의 관점에서 사고를 설명하며, FMEA(Failure Mode Effects Analysis), FMECA, ETA, RCA 등 여러 방법이 현재까지 많이 사용되고 있다. 순차적 사고 분석 모델은 시간의 흐름에 따라 연쇄적으로 발생하는 사건의 관점에서 사고를 설명하며, 도미노 이론에 영향을 받은 모델이라 할 수 있다. 이 모델은 기계 고장이나 단순한 작업자 실수로 인한 사고에 잘 들어맞았지만, 시스템이 복잡해지는 1900년대 후반의 사고를 설명하는 데 한계를 보였다. 이에 따라 나타난 것이 역학적 모델이다.

역학적 사고 분석 모델은 시스템 내의 다양한 영향 요소들과 방어벽의 잠재적 결함들이 조합되어 사고가 발생한다고 보고 있으며, 스위스 치즈 모델(Swiss Cheese Model)이 대표적이고, 이 모델에서 HFACS(Human Factor Analysis and Class System)가 파생되었다. 역학적 사고 분석 모델은 시스템 내의 다양한 영향 요소들과 방어벽의 잠재적 결함들이 조합되어 사고가 발생한다고 설명하며, 스위스 치즈 모델(Swiss cheese model)이 대표적이다. 그러나 시스템의 복잡도가 증가하여 명확한 사고 요인이 존재한다는 가정으로는 사고를 설명하기 어려운 상황이 되어 시스템적 모델이 등장했다.

시스템적 사고 분석 모델은 시스템에 대한 부분적 이해를 넘어서 전체론적 관점에서 사회기술시스템(socio-technical systems)을 바라보고 내부의 복잡한 관계를 고려하여 사고를 분석하며, STAMP-CAST(System Theoretic Accident Model and Processes - Causal Analysis on Systems Theory), AcciMap, FRAM(Functional Resonance Analysis Method) 등이 대표적이다. 시스템적 사고 분석 모델은 시스템에 대한 부분적 이해를 넘어서 전체론적(holistic) 관점에서 사회기술 시스템(socio-technical systems)을 바라보고 내부의 복잡한 관계를 고려하여 사고를 분석한다. STAMP, FRAM, AcciMap 등이 대표적이다..

최근까지 AcciMap은 석유나 가스, 항공우주, 해운 분야에서 발생한 사고 분석에 주로 적용되었고, STAMP-CAST는 항공우주, 식품산업, 철도운송, 의료기기 제조 품질관리, 보건의료, 공정산업, 해운, 석유나 가스 시추 등에 주로 사용되었다. 2014년 세월호 사고와 같이 국내에서 발생한 사고들을 STAMP CAST, AcciMap 등의 사고 분석 방법을 이용하여 분석한 연구 논문도 있다. 이러한 사고 분석 연구에서는 사고의 원인을 기술적 문제와 함께 외부요인이 포함된 사회 기술적인 관점에서 분석하였다.

사고조사 방법론을 세부적으로 살펴보기 전에 HFACS, AcciMap, STAMP, FRAM과 같은 대표적 4가지의 특징을 먼저 파악한 다음에 각각을 좀 더 자세히 알아보기로 하자.

6.1 HFACS의 특징

- 인과관계 모델을 기반으로 함
- 조직요인부터 오류까지의 인과관계를 체계적으로 파악.
- 데이터 기반의 통계 모델 적용 가능 (안전 지표 관리)
- 항공전용 모델 존재
- 인적오류와 인지적 사고원인에 대한 고려 부족

6.2 AcciMap의 특징

- 상·하위 수준을 가진 사회기술 시스템의 사고원인 분석에 유용
- 시스템의 기여 요인과 상호관계를 통합하여 사고를 표현하는 장점
- 시스템 발생 사고 관련 인과 요인을 그래픽으로 나타내는 사고 분석 방법론
- 상위수준과 관련된 사고 기여 요인의 제약사항(constraint)을 파악.
- 시스템 기반 사고 분석으로 다중의 수준을 포함하는 계층 구조
- 위험 관리 모형으로 시스템 전체의 기여 요인을 확인하도록 지원
- 복잡한 사회기술 시스템의 새로운 속성이라는 원칙에 기반
- 속성은 작업자와 시스템 내의 모든 이해관계자(정치인, 최고 경영자, 관리자, 안전 책임자 및 작업 계획자)의 결정과 행동으로 생성
- 하부에 있는 사람의 행동, 물리적 절차, 기술적인 측면, 조직적인 측면, 정부와 규제기관 등 사고와 관련이 있는 요인을 네트워크 형태로 구성

6.3 STAMP의 특징

- 복잡한 시스템의 사고원인 분석에 유용
- 의사결정 전후에 관련된 이해관계자 간의 관계를 표현하는 데 유용.
- 이해관계자 수가 많아 대책 마련이 어려움
- 기능별 특화된 프로그램을 준비해야 함

6.4 FRAM의 특징

- 직무 분석, 기능 할당, 사고 분석, 위험/위험평가에 유용.
- 설계변경, 개선 등 변화에 따른 영향을 분석하는 데 유용.
- 분석가의 전문지식 필요, 실무 적용 어려움

<그림 6.1> 사고조사 매뉴얼 (1권과 2권)

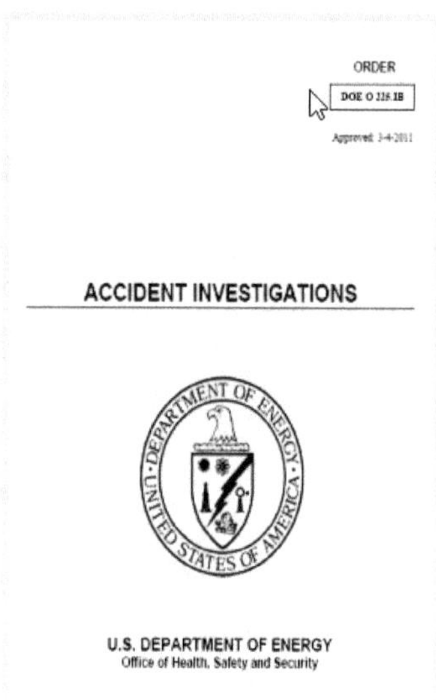

<그림 6.2> 사고조사 매뉴얼 (DOE O 225.1B)

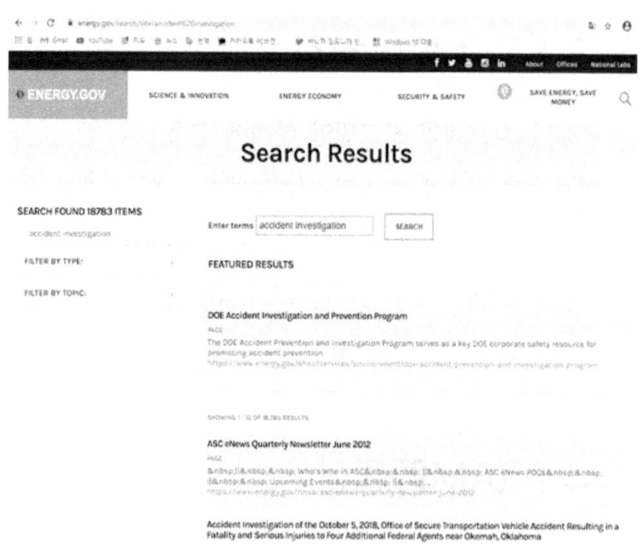

<그림 6.3> DOE에서 사고조사 검색

07장
HFACS의 소개

7.1 HFACS (Human Factors Analysis and Classification Systems

HFACS 모델은 1997년 미국 해군의 요청으로 민간 항공의학협회 S. Shappell 박사와 일리노이 주립대학의 D. Wigmann 교수에 의해 항공 분야의 인적요인 분석을 위해 인적오류의 전통적 이론인 J. Reason의 스위스 치즈 모델을 기반으로 개발되었다. 그 후 HFACS 모델은 항공사고 이외의 분야에 적용하였을 때도 높은 신뢰성을 보여 다양한 분야에서 활용되고 있다.

HFACS는 Reason(1990)의 스위스 치즈(Swiss Cheese) 모델을 기초로 하여 인적요인 분류체계를 구체화 시킨 역학적인 사고분석모델로써 300여 건의 미 해군 항공사고 분석과 해병대의 항공사고 데이터를 사용하여 분류체계를 발전시켰다. 인적요인 중심의 사고 분석을 위해 Shappell과 Wiegmann이 2001년에 모델을 제안하였다. 이후 미 육·공군, 그리고 NTSB와 FAA의 자료를 통해 재정립되어, 세계 여러 항공 조직에서 사용되고 있다.

인적오류의 전통적 이론인 J. Reason의 스위스 치즈 모델은 사고를 예방하기 위한 다중의 방호장치가 있는데 이 장치는 구멍이 뚫려있어 완벽하지 않기 때문에 우연히 이러한 구멍들이 일렬로 늘어서게 되면 사고가 발생한다는 이론으로서, 실제 사고를 유발한 직접적인 요인뿐만이 아니라 그 오류 이면에 내재하여 있는 불안전한 잠재적인 요인들 또한 사고와 밀접한 관련이 있다고 보고 인적오류의 요소를 불안전한 행동, 불안전한 행동의 전제 조건, 불안전한 감독, 조직영향의 4개의 대분류로 구분하였다. 다만 대분류별로 세분된 분류내용이나 목록을 제시하지 않아 사고 발생에 이바지한 구체적인 원인의 분석에는 한계점이 있다.

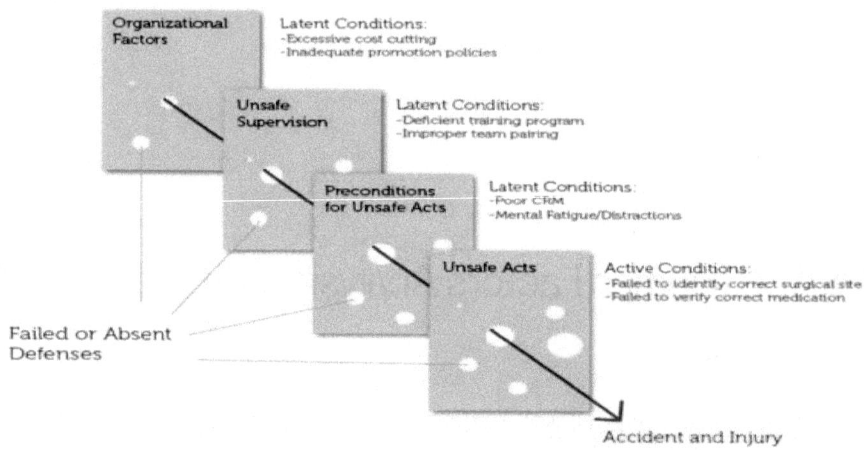

<그림 7.1> Reason의 스위스 치즈 모델

HFACS 모델은 이러한 치즈 모델의 한계점을 보완하기 위하여 대분류별로 세분된 19가지의 인적요인 목록을 제시하고 있다. 이 모델에 따르면 취급자의 불안전한 행동은 의사결정 오류, 기술기반 오류, 지각오류 등의 오류와 일상적 위반과 예외적 위반 등의 위반으로 구성되고 사고의 직접적인 요인으로 분류하고 있다. 불안전한 행동의 전제 조건은 사고의 잠재요인들을 환경적 요인, 운영자의 상태 및 인적 요인으로 구분하여 각각 물리적 환경과 기술적 환경, 비정상적인 정신 및 신체 상태와 신체/정신적 한계, 인적자원관리와 개인적 준비로 분류하였다. 불안전한 감독에서는 사고의 잠재적 요인들로 부적절한 감독, 계획상 부적절한 운영, 발생한 문제의 교정실패, 감독자 위반으로 분류하였으며, 조직영향 또한 사고의 잠재적인 요인들로서 자원 관리, 조직문화, 조직 내 절차 3가지로 분류하였다.

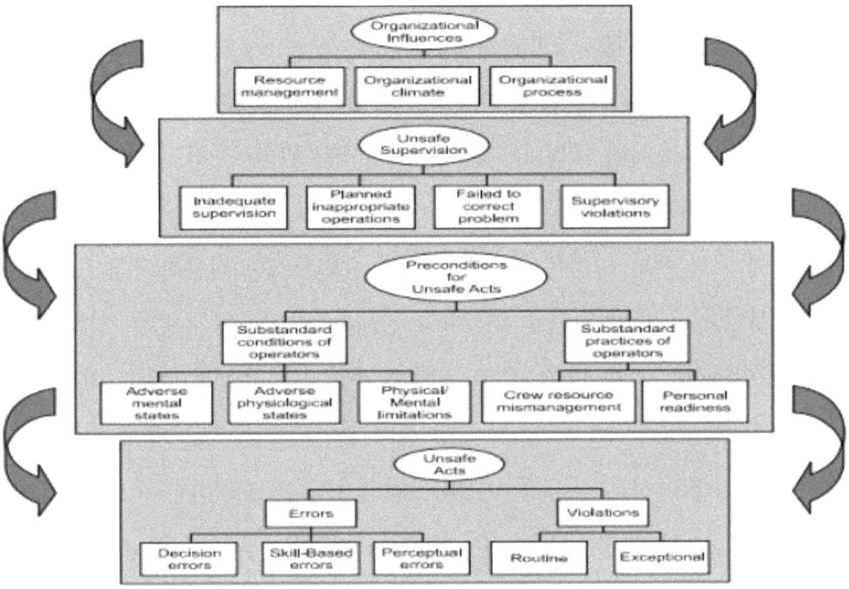

<그림 7.2> HFACS Framework

HFACS 분류에서 대분류(Tier)로는 ① 조직의 문제/영향(organizational influence), ② 불안전한 감독/감독의 문제(unsafe supervision), ③ 불안전 행위 전제 조건(precondition of unsafe act)과 ④ 불안전한 행위(unsafe act)이다.

조직의 문제/영향의 소분류(category)는 ① 자원 관리, ② 조직문화, ③ 조직 과정으로 나눈다. 자원 관리는 성과 위주의 비행자원운영, 장비 유지 상태 등이며, 조직문화는 조직 안전문화, 의식 정착 등이며, 조직 과정은 관리자의 의사결정, 교범/규정의 적절성 등으로 하부 분류(sub-category)한다.

불안전한 감독(감독의 문제)의 경우는 부적절한 감독, 계획된 부적절한 운영, 문제 교정 실패, 그리고 감독자 위반으로 소 분류한다. 부적절한 감독은 감독관 역할 수행 미흡, 임무 과포화 상태 제거 등이며, 계획된 부적절한 운영은 규정에 근거하지 않은 비행 운영, 규정 이해 미흡, 문제 교정실패는 위험 요소 건의/조치 상태, 망각 방지 활동 등이다.

감독자 위반은 감독자의 규정 위반 등의 내용이다. 불안전 행위의 전제 조건은 환경적 요인, 운영자 상태, 개인적 요인으로 소 분류한다. 환경적 요인은 정신적/육체적 피로, 약물복용, 능력 초과 등이며, 운영자 상태는 운영자의 불안전한 신체 및 정신상태, 개인적 요인은 의사소통, 협조 및 비행 준비 등의 내용이다.

불안전한 행위는 실수(오류)와 위반으로 소분류하고, 실수(오류)는 기량 미숙, 잘못된 상황인식, 의사결정 미숙 등이며, 위반의 경우는 지시사항 위반, 규정·절차 미준수, 허용범위 초과 비행, 비인가 저고도 비행 등이다.

HFACS 분류에 의한 세부 원인은 단순한 사고의 요인으로만 작용하지 않고, 상호 인과관계가 있다는 것이다. 그래서 원인을 분석하기 위해서는 행위자, 유발자, 감독자, 그리고 조직의 문제 등 다양한 수준에서 각 요인 간의 상관관계를 복합적으로 고려해야 한다는 것이다. HFACS는 Schmidt 등(1998)에 의해 정비 분야의 HFACS_ME로 확장하여 사용하고 있는데, 분류체계의 하부 분류에서 정비작업의 특성을 고려하여 코드화하고 있다.

HFACS는 조직의 영향, 불안전한 감독, 불안전한 행동의 전제 조건, 불안전한 행동 등 4가지 수준의 실패를 바탕으로 사고를 설명하고 있다. 항공기 사고조사를 위한 HFACS를 그대로 우리나라 산업현장에 접목하여 사용하기에는 그 활용에 한계가 있는 것으로 보고, 제조업의 인적오류 관련 사고 분석을 위한 HFACS-K를 개발하여 발표하였다.

본 연구에서는 HFACS를 이용한 분석은 별도로 수행하지 않고, AcciMap, STAMP-CAST, 업무처리절차를 이용한 분석을 통해 도출된 사고원인을 HFACS-K에서 제시한 분류기준에 따라 분류하였다. 이를 통해 HFACS를 이용하여 분석을 수행하는 경우 어느 수준까지 사고원인을 도출할 수 있을지 예상해 보고자 하였다. Table 1에는 본 연구에서 사용한 HFACS-K의 분류기준을 나타내었다. 사업장별로 원인을 명확히 구분하기 위하여 사고원인을 모기업과 협력업체(2개사)로 구분하여 제시하였다.

사고사례를 적용해 본 결과는 정비사 에러는 정비작업 현장의 관리 요소 등 불안전한 행위의 전제 조건에 의해 기인하게 되므로, Human Error, 유발환경, 감독자 문제, 그리고 조직의 문제 등의 다양한 수준에서 잠재적인 영향요인의 파악에 도움이 된다. 사고의 일차적 원인인 불안전한 행위는 불안전 행위 전제(유발) 조건, 감독의 문제, 그리고 조직의 문제/영향에 의해 영향을 받는다. 불안전 행위의 전제 조건은 감독의 문제와 조직의 문제에 의해, 감독의 문제에는 조직의 문제에 영향을 받는다. 사고의 일차적 원인이 되는 행위자(조작자)의 불안전 행위(절차 누락이나 오조작과 같은 오류와 시간 압박이나 감독자 압력 등에 의한 위반 행위)에만 초점을 두어서는 사고를 근원적으로 막을 수 없다는 사항에 대해 알 수 있다.

HFACS 기법의 특성은 사고와 관련된 전체적인 문제점을 이해하기 쉽도록 표현할 수 있다. 다만, 다층구조 내에서 이루어진 상호관계, 사건이 일어난 앞뒤 관계에 대한 깊은 분석은 다소 부족하다.

Wen-Chin Li(2007)는 총 41건의 대만 항공기사고 분석에 HFACS 모델을 이용하여 330여 개의 인적요인을 식별하였으며, Cohen's Kappa 분석이라는 상호 신뢰도 분석과정을 통하여 연구의 신뢰성을 확보하였다. 최연철(2002)은 청 59건의 국내 항공사고 분석에 HFACS 모델을 이용하여 항공사고의 인적요인으로 불안전 행동 약 72%, 불안전한 행동의 전제 조건 약 20%, 불안전한 감독 약 7%, 조직의 영향 약 1%가 작용하고 있음을 제시하였다.

철도 분야에서는 Stephen Reinach(2005)가 HFACS 모델에 외부요인을 추가하여 철도화물 입환 분야에 특화된 HFACS-RR(railroad)을 개발하였고, 화물 입환 역에서 무선입환 조작기(RCL)를 이용한 입환 작업 중 발생한 6건의 사고를 분석하여 36개의 인적요인을 식별하였다. Hongkon Kim(2019)은 철도교통관제사의 책임사고 원인 분석에 적합한 HFACS-RTC(Railroad Traffic Controller)를 개발하여, 38건의 관제사 책임사고를 분석하였다.

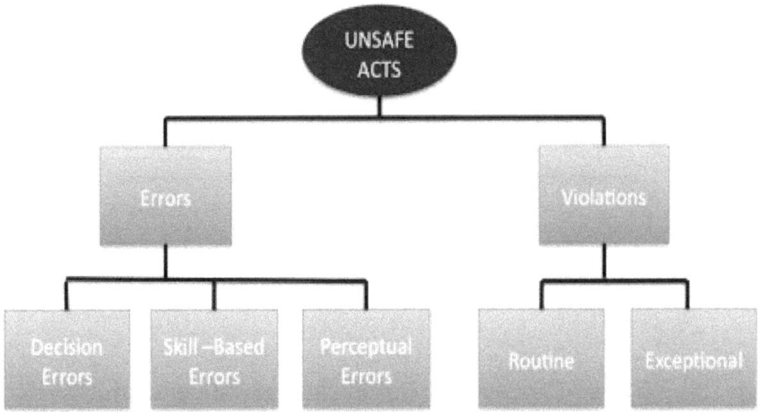

<그림 7.3> HFACS Level 1: Unsafe Acts(불안전한/위험한 행동)

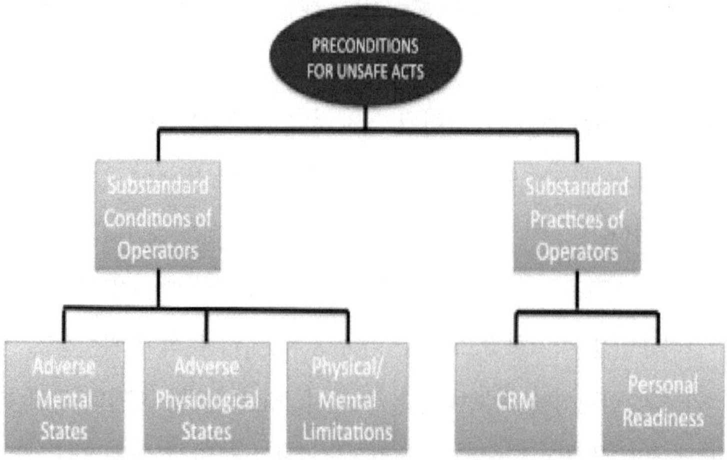

<그림 7.4> HFACS Level 2: 전제 조건 Preconditions for Unsafe Acts

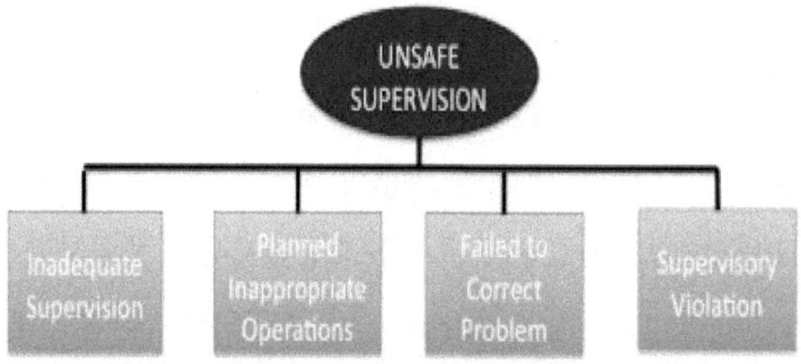

<그림 7.5> HFACS Level 3: Unsafe Supervision (불안전한 감독)

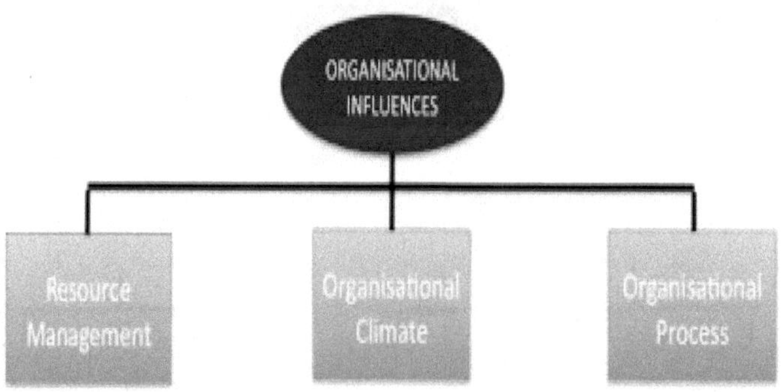

<그림 7.6> HFACS Level 4: Organizational Influences(조직 영향)

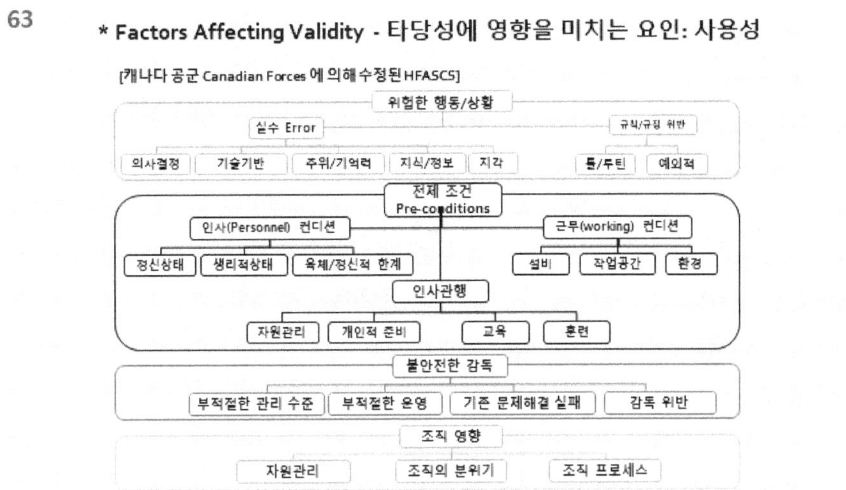

<그림 7.7> 4단계 HFACS 모델 - [캐나다 공군 Canadian Forces에 의해 수정된 HFACS]

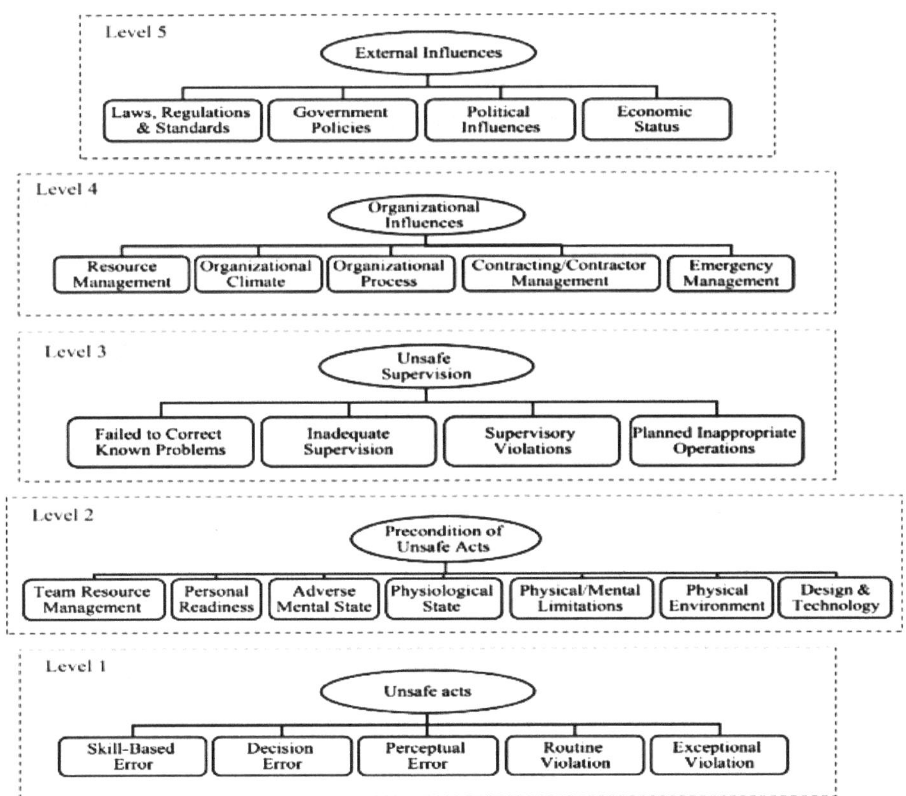

<그림 7.8> 인적요인분류수정모델- HFACS 5단계 모델

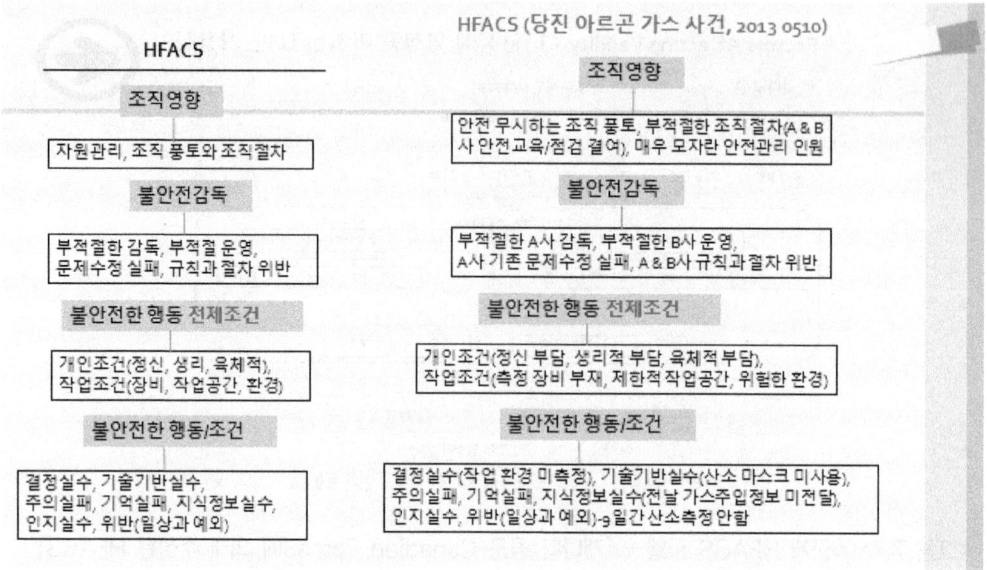

<그림 7.9> 인적요인분류수정모델- HFACS 4단계 모델 (아르곤 가스 사건)

그림 7.9에서 H 사의 아르곤 가스 사례를 HFACS 기법을 활용하여 대략 분석하였다. 1) 불안전한 행동/조건, 2) 불안전한 행동 전제 조건, 3) 불안전한 감독, 4) 조직 영향 요소에 해당하는 내용을 각 항목에 배치하여 분석을 시행한다. 좀 더 체계적으로 하기 위해서는 그림 7.3에서 7.6까지의 하위 요소에 대한 항목들을 체계적으로 정리해야 한다.

HFACS 관련 사이트

[1] Human Factors Analysis and Classification System - Wikipedia

[2] HFACS, Inc | The HFACS Framework

[3] HFACS 8.0 (af.mil)

[4] Human Factors Analysis and Classification System (HFACS) | SKYbrary Aviation Safety

[5] Human Factors Analysis and Classification System (HFACS): As Applied

to Asiana Airlines Flight 214 (purdue.edu)

[6] The Human Factors Analysis and Classification System—HFACS (erau.edu)

[7] The evolution of the HFACS method used in analysis of marine accidents: A review - Science Direct

[8] Comparative study of HFACS and the 24Model accident causation models (springer.com)

[9] Incorporating Human Factors Analysis and Classification System (HFACS) Into Analysis of Reported Near Misses and Incidents in Radiation Oncology - Practical Radiation Oncology (practicalradonc.org)

[10] The Human Factors Analysis Classification System (HFACS) applied to health care - PubMed (nih.gov)

[11] viewcontent.cgi (wright.edu)

08장
AcciMap의 소개

8.1 AcciMap

AcciMap은 Rasmussen이 1997년에 발표한 사고 분석 모델로 복잡한 사회-기술적 시스템을 개인과 조직 및 관계자의 계층적 구조로 구성되어 있다고 보고 있으며, 이 모델에서의 안전 개념은 각 계층 또는 수준 간의 상호작용으로부터 나타나는 속성으로 취급하고 있다. 즉 사고가 발생하는 현장만 볼 것이 아니라 전체 시스템 간에 어떠한 상호작용이 있었는지의 문제를 살펴봐야 한다고 되어있다.

AcciMap은 사고 시나리오를 행동(acts)과 의사결정(decision)으로 이루어진 사건의 인과적 흐름을 시스템 계층을 통해 나타낸다. AcciMap에서 제시하고 있는 계층 구조는 정부(Government), 규제자/협회(Regulators, Associations), 회사(Company), 관리자(Management), 직원(Staff), 작업(Work)으로 이루어져 있으며, 사고 발생에 이바지한 원인 요소들(Causal Factors)을 연관성에 따라 계층별로 배열하는 방식으로 모델을 작성한다. 6가지 시스템 계층은 아래와 같은 시스템으로 표현된다.

① 정부 정책 및 예산 (Government Policy & Budgeting) - 정부

② 규제기관과 협회 (Regulatory Bodies and Associations) - 규제자

③ 회사 경영 (Company Management) - 회사

④ 기술 및 운영 관리 (Technical & Operational Management) - 관리자

⑤ 물리적 프로세스와 행위자 활동 (Physical Process & Actor Activities) - 직원

⑥ 장비 및 주변 환경 (Equipment & Surroundings) - 작업

시스템이 안전하게 운영되기 위해서는 정부-규제-경영(경영정책)-경영(현장관리)-작업-도구로 구성된 6가지 계층에서 상위 계층에서 이루어진 의사결정은 하위 계층에서 이루어지는 의사결정과 행동에 반영되어야 하고, 반대로 하위 계층의 시스템 상태를 나타내는 다양한 정보들은 상위로 전달되어 상위 계층의 의사결정과 행동에 쓰일 수 있어야 한다. 이러한 관점을 바탕으로 계층 내부의 상호작용과 계층 간 상호작용을 정의하면서 사고로부터 조직적 문제까지 추적할 수 있어 복잡한 사회-기술 시스템을 포괄적으로 분석할 수 있다. 사고는 주로 상위수준의 영향요인으로 인해 하위수준에서 발생한다.

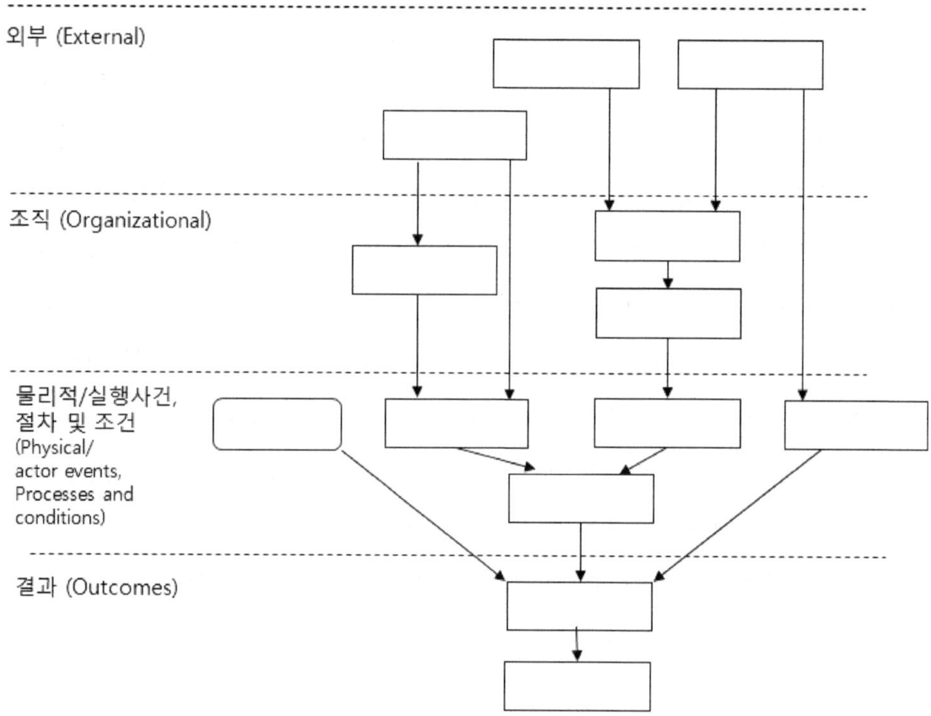

<그림 8.1> AcciMap 표준화 모형 (4단계 모델)

AcciMap 활용의 단점은 형식, 기본 논리, 분석 범위 등 다양한 상황이 존재하므로 새로운 사용자가 활용하기에는 어려움이 있다는 것이다. 따라서 사용자가 쉽게 활용할 수 있는 AcciMap 표준화가 필요하다. 사고 결과(outcomes)는 하부수준에 위치한다. 사고는 장비와 물리적인 환경과 관련된 요인을 포함하며 상부 수준에 영향을 받는다. 하부로부터 두 번째 수준의 물리적/실행사건, 절차 및 조건은 사고의 순차적인 흐름으로 왼쪽에서 오른쪽으로 이동한다.

Rasmussen(1997)은 정부 요인과 규제요인을 정부, 규제기관, 지방 정부 3개의 개별 수준으로 구분하여 적용하는 방안을 수립하였다. 하지만 정부, 규제기관, 지방 정부 3개의 개별 수준에 대한 명확화가 어렵다는 판단으로 외부요인 통합하여 구분할 수 있다. AccMap 모형 분석 방법은 ① 외부, ② 조직, ③ 물리적(실행사건) 절차 및 조건, ④ 결과의 4가지 요인으로 모형을 HFACS와 유사하게 구분한다.

Rasmussen의 위험 관리 체계는 작업 하부에 있는 사람의 행동은 관리자, 경영층, 회사의 정책, 규제, 국가의 영향을 받는다는 것이다. 아래 그림 8.2는 Rasmussen의 위험 관리 체계이다.

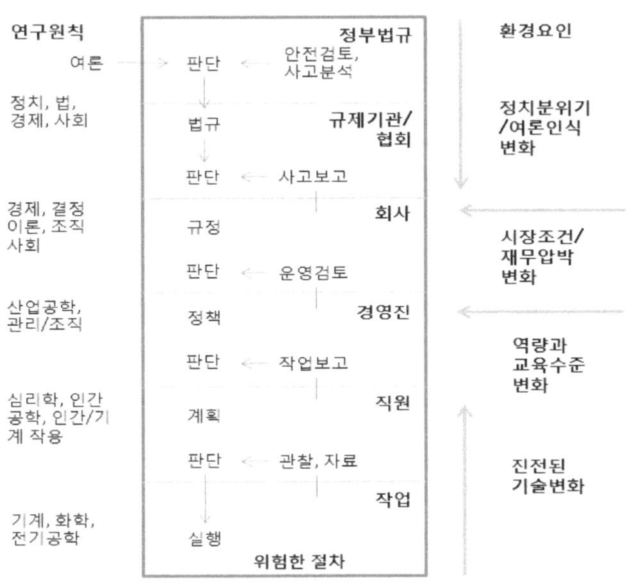

<그림 8.2> Rasmussen의 위험 관리 체계

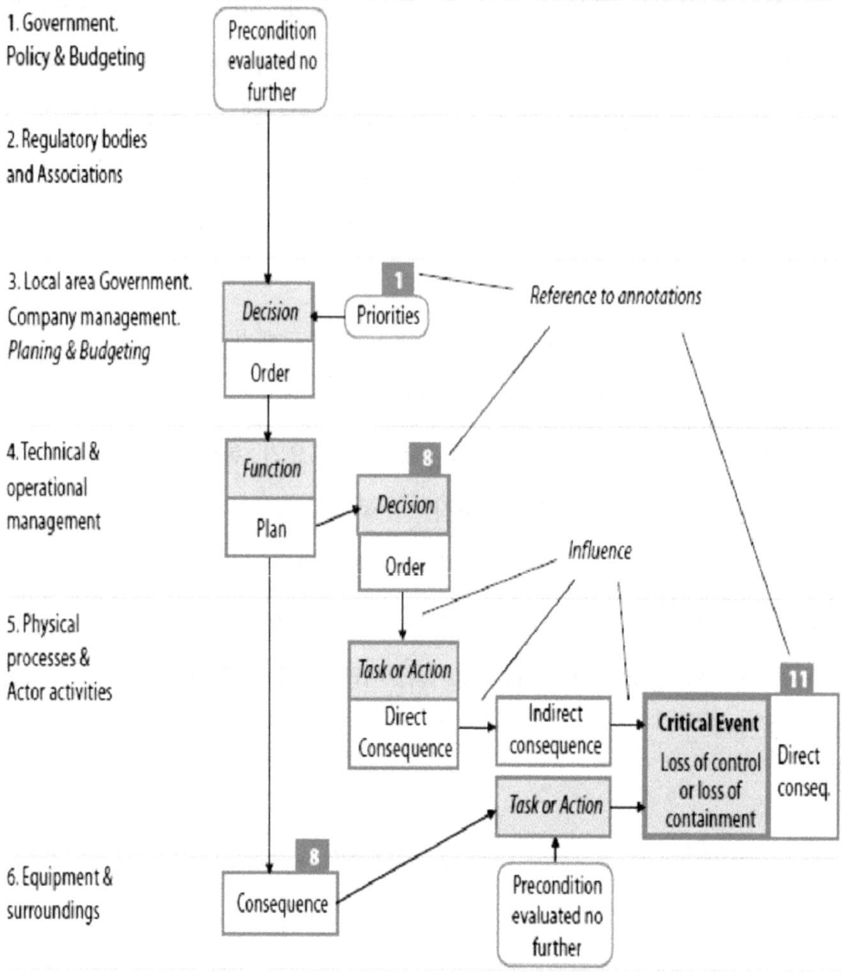

<그림 8.3> AcciMap 6단계 모델

1) 정부 법규(정책)와 예산 (1. 외부요인 통합)

2) 규제기관과 협회 (1. 외부요인 통합)

3) 지방 정부, 회사 관리, 계획 및 예산 (1. 외부요인 통합)

4) 기술관리와 운영 관리 - (2. 조직 요인 파악-회사 시스템)

5) 물리적 과정 및 작업 활동 - (3. 물리적 /실행 사건, 절차 및 조건 파악)

6) 장비와 주변 설비 (공사 결과와 개선) - (4. 결과 확인)

AcciMap 관련 사이트

[1] AcciMap approach - Wikipedia

Introduction-to-AcciMap-1.pdf (hpog.org)

[2] Accident investigation techniques - OSHwiki | European Agency for Safety and Health at Work (europa.eu)

[3] An evaluation of the formalized AcciMap approach for accident analysis in healthcare | Cognition, Technology & Work (springer.com)

[4] 'Remixing Rasmussen': The evolution of Accimaps within systemic accident analysis - ScienceDirect

[5] The Accident Mapping (AcciMap) Method | 13 | Handbook of Systems Think (taylorfrancis.com)

[6] (PDF) Guidelines for AcciMap Analysis (researchgate.net)

[7] Systems-Based Analysis of China-Tianjin Port Fire and Explosion: A Comparison of HFACS, AcciMap, and STAMP | SpringerLink

[8] Application of systems thinking accident analysis methods: A review for railways - ScienceDirect

[9] Systemic accident analysis models: A comparison study between AcciMap, FRAM, and STAMP - Yousefi - 2019 - Process Safety Progress - Wiley Online Library

[10] Systems-based accident analysis methods: A comparison of Accimap, HFACS, and STAMP - ScienceDirect

[11] A socio-technical approach to food safety incident analysis using the AcciMap model in the hospitality sector - ScienceDirect

09장
STAMP의 소개

9.1 STAMP

STAMP(System Theoretic Accident Model and Processes)는 사고원인 모델과 분석과정으로 Leveson이 2004년에 발표하였다. STAMP에서 사고는 상호 작용하는 시스템의 구성요소들 사이에서 시스템의 안전제약 사항(safety constraints)이 부적절하게 시행된 결과라는 개념을 사용하고 있다. STAMP에서의 안전제약사항(safety constraints)은 환경적 또는 재정적인 조건, 규칙, 절차, 기술 설계, 장비 등이 될 수 있다.

STAMP(시스템 이론 사고 모델과 프로세스)에서는 안전을 실패(failure)의 예방 문제가 아닌 제어의 문제로 보고 있다. 이것은 시스템 설계단계부터 위험을 식별하여 관리하는 개념이다. STAMP는 사건을 중심으로, 다층구조, 소통 및 통제(Control) 위주로 분석하기 때문에, 사건의 발생은 부적합한 통제로 인해 기인하는 것이며, 구성품이나 개인의 결함이 근본 원인은 아닌 것으로 판단한다.

기법 적용을 위해서 식별해야 할 사항은 다음과 같다. 우선 ① 안전 요구 및 제한사항(safety requirement & constraint)과 ② 부적합한 통제를 유발한 요인, ③ 안전 관련 책임을 위반한 부적합한 통제 행위, 그리고 ④ 부적합한 통제를 유발한 처리 과정

(process, mental model flaw)이다.

STAMP 모델의 기본 제어구조는 시스템 개발 구조 및 시스템 운영 구조를 포함하고 있으며, 각 제어구조는 계층으로 구성되어 있다. 상위 구조에서는 안전 정책, 표준, 절차 등을 결정하고, 하위 구조에서는 정책이나 절차를 실제 수행하는 역할을 하며, 실제로 동작하는 운영 절차나 제어 구조도 하위 구조에 포함되어 있다. 시스템의 구성요소를 계층별로 나타낸 후 상위 레벨의 결정 사항과 하위 레벨의 피드백을 표시하는 방식으로 시스템을 모형화한다.

STAMP는 상향식이 아닌 하향식이므로 매우 복잡한 시스템에 적용할 수 있고, 사고나 손실의 원인 요소가 되는 소프트웨어, 사람, 조직, 안전문화 등을 모두 포함하고 있으므로 이러한 사항들을 다른 방법으로 별도로 다루지 않아도 되는 장점이 있다.

Leveson(2004)에 따르면, 이 방법은 과거의 순차적(sequential) 사고 분석 방법의 한계를 고려하여 사고에 대한 시스템적 접근을 시도한 방식이다. STAMP는 안전을 브레이크의 라인이나 신호 제어 케이블이 끊어져 정상적으로 작동할 수 없는 것과 같은 실패(failure)의 예방에 대한 문제가 아닌 제어(control)의 문제로 보고 있으며, STAMP에서 사고의 원인은 손실(loss)을 방지하지 못한 안전 제어 구조(safety control structure)로 정의된다.

여기에서 제어는 공학적 제어와 그 이상의 사회적 제어도 포함한다. 따라서 STAMP에서 사고조사의 목표는 안전 제어구조에서 위반된(violated) 안전제약 사항(safety constraints)이 제대로 시행되지 않은 이유를 파악하고, 앞으로 관련 손실을 방지하기 위해 안전 제어구조에 어떠한 변경이 필요한지를 결정하는 것이다. 안전제약 사항은 환경적 또는 재정적 조건, 규정(규칙), 절차, 장비, 기술 설계 등이 될 수 있다(Leveson, 2019).

STAMP 모델의 기본 안전 제어구조는 계층으로 구성되어 있다. 상위 구조(계층)에서는 안전 정책, 표준, 절차 등을 결정하고, 하위 구조(계층)에서는 정책이나 절차를 실제로 수행하는 역할을 한다(Leveson, 2019). 실제로 동작하는 운영 절차나 제어 구조도 하위 구조에 포함된다. 시스템 모델은 시스템의 구성요소를 계층별로 나타낸 후 상위 레벨의 결정 사항과 하위 레벨의 피드백을 표시하는 방식으로 작성할 수 있다(Leveson, 2019).

계층적 안전 제어구조에 대한 전형적인 예시로 시스템 개발 구조와 운영 구조의 두 가지 기본 계층적 제어구조와 이들 간의 상호작용을 보여준다. 제어구조의 각 레벨에는 하위수준 구성요소 간 상호작용 및 동작을 제어하는 컨트롤러(controller)가 포함되어 있다. 상위수준의 컨트롤러는 전반적인 안전 정책, 표준 및 절차를 제공하고, 사건 및 사고 보고서 등 다양한 유형의 보고서를 통해 그 효과를 피드백 받을 수 있다.

CAST는 시스템 이론 기반의 사고원인 분석 방법으로 시스템적 관점에서 사고 인과관계를 분석하는 구조화된 기술이다. CAST는 분석 방법이며 조사기법은 아니다. 그러나 사고조사 과정에서 CAST 분석을 수행하면, 사고가 발생한 이유에 대한 포괄적인 설명 자료와 사고 예방을 위한 권고사항을 작성하기 위해 어떤 질문에 답해야 하고 어떤 정보가 수집되어야 하는지를 파악하는 데 도움이 될 수 있다.

정리하자면, STAMP는 사고가 어떻게 발생하는지에 대한 모델(model) 또는 가정들의 집합이라 할 수 있으며, CAST는 시스템 이론에 기초한 사고원인 분석 방법으로 STAMP를 사용하고 있다. STAMP는 상향식이 아니고 하향식이기 때문에 매우 복잡한 시스템에도 적용할 수 있고, 사고나 손실의 원인 요소가 될 수 있는 사람, 조직, 소프트웨어, 안전문화 등을 모두 포함하고 있다. 따라서 이러한 사항들을 다른 방법으로 별도로 다루지 않아도 되는 장점이 있다. STAMP를 이용한 사고 분석 순서는 'CAST Handbook(2019)'에 제시되어 있으며, 다음과 같이 정리할 수 있다.

① 분석에 필요한 기초자료 수집

② 안전 제어 구조 모델링

③ 안전 제어구조의 구성요소를 조사하여 손실 방지에 효과가 없었던 이유 파악

④ 손실에 이바지한 안전 제어구조의 결함을 전체적 관점에서 파악

⑤ 유사 손실 방지를 위한 권고사항 작성

STAMP를 기반으로 한 사고원인 분석은 위반된 안전제약 사항을 식별하는 것부터 시작하여 안전제약 사항을 시행하기 위해 설계된 제어가 왜 부적절했는지, 잠재적으로 적절했다면 시스템이 안전제약 사항에 대해 적절한 제어를 행사할 수 없었던 시행 이유를 결정한다.

STAMP를 사용하면 요인을 식별하는 것뿐만 아니라 요인 간의 관계를 이해하는 데에도 도움이 된다. STAMP 모델은 사고에 대한 책임을 특정 개인이나 집단에 전가하지 않는다. 기술, 관리, 조직 및 규제 측면을 포함한 안전한 시스템을 만드는 데 도움이 된다. 이 목표를 달성하기 위해 사고를 유발하는 요인을 분류하기 위한 구조는 기본 개념적 사고 모델에서 파생되었다. 특정 사고와 관련된 요소를 식별하고 손실로 이어지는 과정에서 해당 요소의 역할을 이해하는 데 도움이 된다.

STAMP는 발생한 사고를 분석하는 것뿐만 아니라 사고를 예방하기 위한 새롭고 잠재적으로 더 효 과적인 시스템 엔지니어링 방법론을 개발하는 데에도 유용하다.

STAMP는 성능 분석을 개선하는 데에도 사용될 수 있다. 시스템 이론과 안전제약의 기본 개념을 기반으로 한 사고 모델의 사용은 적절한 안전 지표와 선행 지표를 식별하기 위한 방향을 제공할 수 있다. 안전 제약사항에 대한 통제가 적절한지를 결정한다. 위험 분석의 기초가 되는 기술적 실패 및 잠재적인 설계 오류, 조직 구조 및 인간 행동에 대한 가정을 평가한다. 설계와 조직문화의 바탕을 이루는 운영 및 환경적 가정에서 오류를 탐지한다. 시간이 지남에 따라 사고 위험을 허용할 수 없는 수준으로 증가시킬 수 있는 부적응적인 변화를 식별한다.

STAMP는 위험평가에 대한 매우 다양한 접근 방식을 제시한다. 현재 위험 평가는 고장 사건의 확률적 분석에 확고히 뿌리를 두고 있다. 복잡한 시스템에 대한 위험 평가에서 상당한 진전을 이루려면 완전히 다른 이론적 기반에서 시작하는 혁신적인 접근 방식이 필요하다.

안전관리는 구성요소 오류 예방이라는 측면에서 정의하는 대신, 행동 안전제약을 적용하고 시간이 지남에 따라 변경 및 적응이 발생함에 따라 지속적인 효율성을 보장하는 안전 제어구조를 만드는 것으로 정의된다. 효과적인 안전관리를 위해서는 발생하는 변경 유형을 제한해야 할 수 있지만, 목표는 안전 제한사항을 적용하면서 최대한 많은 유연성과 성능 향상을 허용하는 것이다.

STAMP를 사용하면 위반된 안전제약 사항을 식별하고 통제가 이를 시행하는 데 부적절했던 이유를 파악함으로써 사고를 이해할 수 있다.

9.2 STAMP의 STPA

STAMP에는 사고이론 기반 원인 분석(CAST, Causal Analysis based on Systems Theory), 사고이론 과정 분석(STPA, System-Theoretic Process Analysis), 사고이론 사전분석(STECA, System-Theoretic Early Concept Analysis) 등 여러 기법이 있다.

위험 분석은 사고가 발생하기 전에 조사하는 것이다. STPA(시스템 이론 프로세스 분석)는 CAST와 같은 강력한 인과관계 모델을 기반으로 하는 위험 분석 도구이다. CAST와 달리 사전예방적 분석을 통해 발생한 시나리오뿐만 아니라 손실로 이어질 수 있는 모든 잠재적 시나리오를 식별할 수 있다.

STPA가 생성한 이러한 잠재적 시나리오는 사고가 발생하기 전에 예방하는 데 사용될 수 있다. 이와 대조적으로 CAST는 발생한 특정 시나리오만 식별하는 데 도움을 준다. 목적은 다르지만, 분명히 밀접한 관련이 있다. STPA는 사고의 개념 개발 단계 초기(설계 작성 전)에 사용할 수 있으므로 처음부터 시스템에 안전과 보안을 설계하는 데 사용할 수 있어 안전하고 보안이 유지되는 시스템설계비용을 크게 절감할 수 있다. 설계 및 구현 후반부에 잠재적인 안전 및 보안 결함을 발견하면 개발비용이 많이 증가할 수 있다. 과거 사고에 대한 CAST 분석은 추가 손실을 방지하기 위해 제거하거나 제어해야 하는 그럴듯한 시나리오를 식별함으로써 STPA 프로세스를 지원할 수 있다.

9.3 STAMP의 CAST

CAST (Causal Analysis based on Systems Theory)는 시스템 이론 기반의 원인 분석 방법으로 시스템 관점에서 사고 인과관계를 분석하는 구조화된 기술이다. STAMP는 분석 방법이 아니고 사고가 어떻게 발생하는지에 대한 모델 또는 가정들의 집합이라 할 수 있으며, CAST는 시스템 이론에 기초한 원인 분석 방법으로 STAMP를 사용하고 있다. 사고조사에 특화된 STAMP CAST를 활용하여 여기서는 이를 대표적 STAMP로 부른다.

STAMP 모델의 기본 제어구조는 시스템 개발 및 운영 구조를 포함하고 있으며, 각 제어

구조는 계층으로 구성되어 있다. 상위 계층에서는 안전 정책, 표준, 절차 등을 결정하고, 하위 계층에서는 정책이나 절차를 실제로 수행하는 역할을 한다. 시스템 내에서 실제로 동작하는 제어구조나 운영 절차도 하위 계층에 포함되어 있다. STAMP 모델은 시스템의 구성요소를 계층별로 나타낸 후 상위 레벨의 결정 사항과 하위 레벨의 피드백을 표시하는 방식으로 작성한다. STAMP는 하향식이므로 매우 복잡한 시스템에도 적용할 수 있고, 사고나 손실의 원인이 되는 소프트웨어, 사람, 조직, 안전문화 등을 모두 포함하여 분석할 수 있는 장점이 있다.

STAMP는 시스템 기반으로 상호작용과 인과관계를 분석하는 기법이다. 사고조사 과정에서 사고가 발생한 원인을 포괄적으로 파악하므로 사고 예방대책을 수립하는 데 효과적이다. 안전 통제구조(model safety control structure)의 안전 제약사항(safety constraints)이 미흡할 경우 사고가 발생한다는 논점을 기반으로 하는 모델이다.

STAMP는 손실을 단순 사건이 아닌 복잡하게 연결된 상호작용으로 보고 있다. 따라서 STAMP 분석구조는 복잡하고 다양하다. 구조화 과정은 요인 간의 관리 설정에 따른 질문과 답변을 통해 연결고리를 구체화하는 것이다. 일반적으로 STAMP 분석 단계는 5단계로 실시된다.

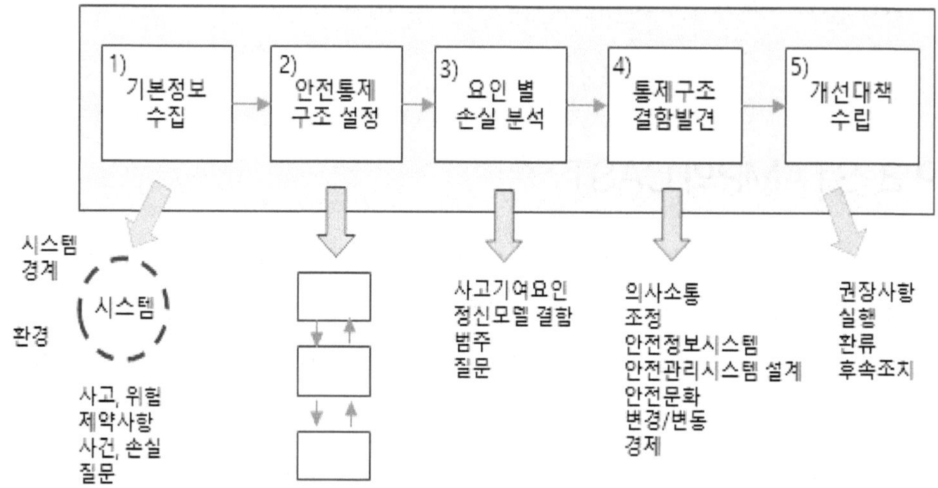

<그림 9.1> STAMP 분석 5단계

STAMP 모델로 화학 공장에서 발생한 사고를 기반으로 분석해 본다. 통제되지 않는 에너지 누출로 인한 화재 및 폭발 위험이 있는 시스템의 제약사항은 화학 물질이 반응 폭주(runaway reaction)하지 않도록 통제하는 것이고, 사람과 환경을 보호하기 위한 경고와 조치를 하는 것이다. 그리고 화재와 폭발에 대비한 비상대응 수단을 마련하는 것이다.

시스템에는 여러 소규모 공정이나 기능이 존재한다. 소규모 공정 및 기능과 관련한 위험을 시스템 위험으로 간주하지 않고 위험요인(a cause of hazard)으로 간주한다. 예를 들면 압력 밸브의 고장, 반응기 과압, 작업자의 불안전한 행동 및 압력 밸브의 부적절한 설계 등은 위험요인이고, 화재나 폭발은 시스템 위험이다.

통제된 공정(controlled process)에서 발생하는 사건의 원인을 파악하기 위해서는 우선 “무엇”이 발생하였는지 확인하는 것이 중요하다. 화학 공장에서 화제나 폭발사고와 관련하여 “무엇”이 발생했는지 파악하기 위해서는 우선 화재나 폭발을 통제하지 못한 안전장치, 압력 밸브 및 감지 센서 등의 물리적인 요인을 확인한다. 그 이유는 부상이나 물리적 손실은 공정 절차로 인해 발생하기 때문이다. 위험 수준을 낮추기 위한 위험 예방과 통제로 구분하여 파악할 수 있다. 물리적 통제 현황을 파악한 이후 실패와 상호작용을 검토하여 무슨 사건이 발생하였는지 확인할 수 있다.

9.4 CAST 분석의 기본 구성요소

① 분석을 수행하기 위한 기본정보를 수집.

- 관련된 시스템과 분석의 경계를 정의.
- 그로 인한 손실과 위험한 상태를 설명.
- 위험으로부터 위험을 예방하는데 필요한 시스템 수준의 안전 제약사항을 식별. (시스템안전 요구사항 및 제약사항)
- 결론이나 비난 없이 무슨 일이 일어났는지 설명. 사건이 발생한 이유를 설명하기 위해 대답.

물리적 장비와 제어 측면에서 물리적 손실을 분석하고, 관련 위험을 방지하기 위한 물리적 설계에 대한 요구사항, 이러한 유형의 사고, 고장 및 안전하지 않은 상호작용을 방지하기 위해 설계에 포함된 물리적 제어(비상 및 안전 장비)를 분석한다.

사고를 예방할 수 있었던 위험, 누락 또는 부적절한 물리적 통제, 그리고 사건에 영향을 미친 상황적 요인 분석. 나머지 분석의 목표는 손실을 허용한 안전 제어구조의 한계를 파악하고 향후 이를 강화할 방법을 찾는 것이다.

② 이러한 유형의 위험에 대한 기존안전 제어구조를 모형화.

③ 제어구조의 구성요소를 조사하여 왜 효과적이지 않았는지 확인.

④ 손실의 원인이 되는 제어구조 전체(일반적인 시스템적 요인) 의결함을 식별.

시스템 요인은 개별 시스템 제어구조 구성요소에 걸쳐있다.

⑤ 향후 유사한 손실을 방지하기 위해 제어 구조변경에 대한 권장 사항을 만들기.

적절한 경우 전체위험관리프로그램의 일부로 이 위험에 대한 지속적인 개선프로그램을 설계함.

손실 방지: 제어구조의 맨 아래부터 시작하여 사고에서 각 구성요소가 수행한 역할과 해당 동작에 대한 설명(해당 작업을 수행한 이유와 그것이 옳다고 생각한 이유)을 보여준다.

CAST의 바탕을 이루는 인과관계 모델은 안전을 실패 문제가 아닌 제어 문제로 취급한다. 그만큼 원인은 항상 위험을 방지하기 위해 구성된 제어구조와 제어장치가 위험을 방지하는 데 효과적이지 않았기 때문이다. 목표는 개선할 수 있는 이유와 방법을 결정하는 것이다. CAST는 제어장치 및 컨트롤러와 사고에서의 역할에 중점을 두기 때문에 분석을 시작하려면 제어구조 모델링이 필요하다. 해당 시스템에 대한 안전 제어구조와 이전 단계에서 식별된 위험이 아직 존재하지 않는다고 가정할 때 이를 달성할 수 있는 단일 또는 최고의 방법은 없다. 하지만 도움이 될 수 있는 몇 가지 힌트나 경험적 방법이 있다. 가장 유용한 두 가지 방법은 ① 매우 높은 수준의 추상적인 제어구조로 시작한 다음 나중에 이를 구체화하고 ② 일반적으로 위험에 대해 존재하는 제어를 식별하는 것부터 시작하는 것이다. 이 두 가지 활동은 별도로 수행될 수도 있고 서로 얽혀 수행될 수도 있다.

사고는 예견하지 못한 화학적 및 물리적 상호작용에 의한 것으로 안전을 통제하지 못한 설계 결함으로 인해 발생하였다고 본다.

① 기본정보 수집(assemble basic information) - ECF 차트, What happened? Why happened?

분석에 필요한 기본정보를 수집하는 단계에는 시스템 경계 정의, 사고나 손실을 일으킨 위험 설명, 사건 예방을 위한 개선대책 수립, 사고에 대한 비난 피하기, 장비와 통제 측면의 설계사항 및 위험을 유발한 상호작용, 안전 통제구조의 한계점 파악 및 개선과 관련한 사항이 있다. 시스템 경계 정의 이후 사고나 손실을 일으킨 위험요인과 안전 제약사항(safety constraints)을 확인한다.

사고 보고서에 언급된 기본정보가 부족하더라도, 사고를 STAMP 분석 기반으로 분석한다. 먼저 물리적 통제와 관련한 실패 사항에 해당 사항을 조사한다. 상호작용과 기여 사항도 조사하여 기록한다.

② 안전 통제 구조 설정 - 정부법규, 규제기관, 조직, 공사

사고에 대한 안전 통제구조를 설정한다.

③ 요인별 손실분석

근로자의 책임은 감독자의 요청을 준수하는 것이고 문서 표준을 따르는 것이다. 정신모델(mental model)의 결함으로 사고가 발생한 것인지를 조사한다. 상황적 요인과 지침, 안전 정보들을 살펴본다.

④ 통제구조 결함 발견 및 개선대책 수립

사고정보를 토대로 아래와 같은 개선대책을 수립한다.

- 작업 위험성 평가하고 감독자의 승인.
- 작업자의 행동을 주기적으로 관찰하고 개선.
- 경영층은 안전문화 수준을 개선.
- 현장의 개선 의견을 청취하고 개선.

- 매우 급한 위험이 존재하는 경우 작업을 중지토록 하고 보고.
- 사고가 날 수 있었던 상황을 자유롭게 보고할 수 있는 분위기를 조성

STAMP(System Theoretic Accident Model and Processes) 모델은 현재까지도 MIT 대학의 Leveson 교수가 학회발표 자료를 온라인으로 공개하고 있으니 이를 참조하면 더 쉬운 이해에 도움이 될 것이다. CAST 분석의 많은 예는 Engineering a Safer World 및 PSAS 웹사이트 (http://psas.scripts.mit.edu)에서 찾을 수 있다.

STAMP 관련 사이트

[1] STAMP Workshop | MIT Partnership for Systems Approaches to Safety and Security (PSASS) http://psas.scripts.mit.edu/home/stamp-workshops/

[2] System Safety Engineering (mit.edu)
http://psas.scripts.mit.edu/home/wp-content/uploads/2020/07/STAMP-Tutorial.pdf

[3] An Introduction to STAMP - FunctionalSafetyEngineer.com

STAMP - Holistic system safety approach or just another risk model? - ScienceDirect

(PDF) A critical review of the STAMP, FRAM and Accimap systemic accident analysis models (researchgate.net)

[4] Systems theoretic accident model and process (STAMP): A literature review - ScienceDirect

What is STAMP/STPA? | What is STAMP? | Reykjavik University (ru.is)

Microsoft Word - leveson.doc (nasa.gov)

[5] What is STAMP? - STAMP Safety and Security Consulting (stamp-consulting.com)

[6] Nancy Leveson's Home Page at MIT

Systems Theoretic Process Analysis (STPA) (mit.edu)

main.pdf (sciencedirectassets.com)

[7] article_1665924970.pdf (clausiuspress.com)

[8] STAMP - Holistic system safety approach or Just another risk model? | Request PDF (researchgate.net)

[9] Applying systems thinking to analyze and learn from events (mit.edu)

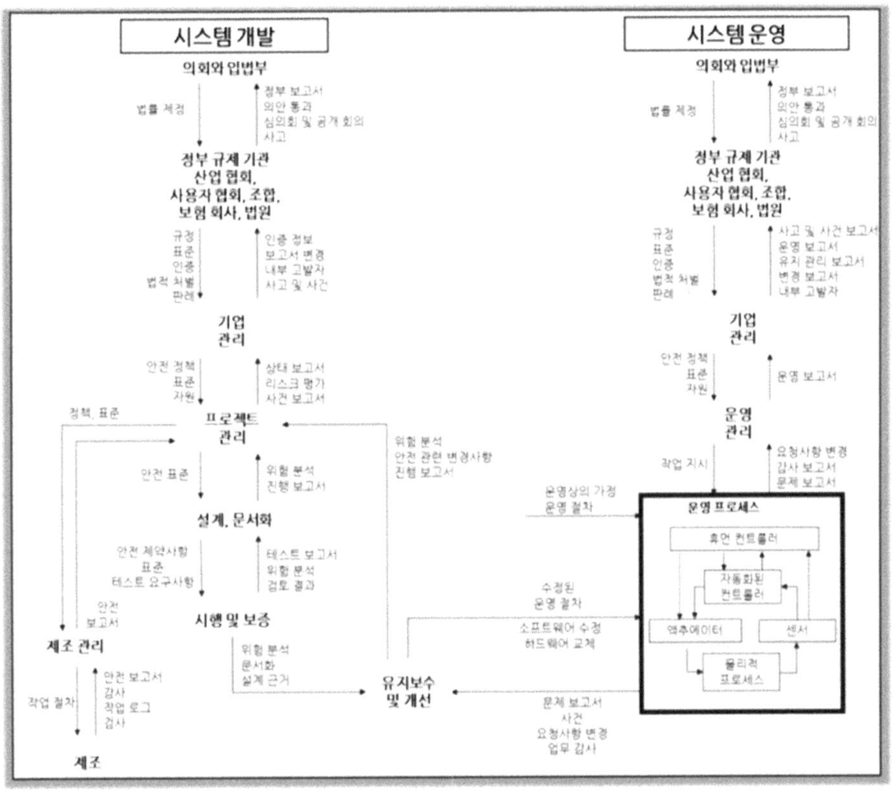

<그림 9.2> STAMP 안전통제 구조

10장
FRAM의 소개

10.1 FRAM

FRAM은 Hallnagel(2012)에 의해 소개되었으며, 사고 발생 과정 중 시스템 기능의 비선형적인 상호작용을 모형화하여, 분석자가 전체 시스템을 기능적으로 이해하기에 도움을 주는 방법으로, 회복성/안전탄력성 공학 (Resilience Engineering, Safety II)의 개념을 바탕으로 하고 있다. 기능 공명형 사고를 분석하기 위해 E. Hollnagel이 제안한 방법이 FRAM(Functional Resonance Analysis Method)이다.

사고 본질을 '기능'의 연쇄라는 관점에서 표현할 수 있다. 극히 평범한 일상의 상태를 그대로 표현하고, 일상에서 생기는 일로, '운이 나쁘게' 겹쳤기 때문에 일어난 기능 공명형 사고라고도 할 수 있다. 사고를 피한다는 점에서 바람직한 '출력'을 얻기 위해서는 '4가지 영향 요소가 어떻게 작용하여야 하는가?' 하는 관점에서 대책을 생각할 수 있다. 또, 바람직하지 않은 출력을 바람직한 출격으로 변환하기 위해서는 '새롭게 어떤 기능을 마련하면 좋을 것인가'하는 관점으로도 검토할 수 있다.

사고와 관련된 기재(Actor)가 연출한 역할을 기능이라 하고, 그 기능의 연쇄로 사로 전체를 표현한다. 기능이란 입력(Input)에 대하여 다음의 4가지 요소의 영향을 받아 변환하여 출력(Output)을 내는 것이라고 정의할 수 있다. 입력과 출력을 제외한 4가지는 아래와 같다.

① T : time(시간) : 기능에 영향을 주는 시각, 시간

② C : control(제어) : 기능의 관찰, 제어되는 조건

③ P : precondition(전제 조건) : 기능이 실행되기 전에 존재하는 조건

④ R : resource(자원) : 기능의 실행에 필요한 자원

FRAM 기본원리는 ① 등가성(equivalence), ② 근사조정(approximate adjustments), ③ 발현(emergence), 그리고 ④ 공명(resonance)이다.

① 등가성이란 실패와 성공은 같은 기원을 갖는다는 의미이다. 사람들은 항상 일이 올바른 방향으로 진행될 것을 의도하고 있고, 잘못되는 상황을 의도하지 않는다. 이런 관점에서 볼 때 성공 결과의 원인/설명과 실패 결과의 원인/설명이 다르지 않다는 것이다.

② 근사조정이란 시스템의 자원, 인력, 정보, 시간 등과 같은 것들은 때로는 불충분하고 한계가 있을 수 있는데, 이러한 환경 속에서 개인과 조직이 임무를 할 때 불가피하게 이 조건에 적합하도록 조정하는 활동을 의미한다.

③ 발현의 의미는 사고의 현상은 결과(resultant)가 아니라 발현(emergent)된 현상이다. 기존의 조사기법으로 설명할 수 없는 과정과 전개의 결과를 설명하는 것이다. 이런 발현 결과는 비선형적이며, 시스템을 부분적으로 다루어서는 대응하기가 어렵기에, 전(total) 시스템 관점에서 고려해야 한다.

④ 공명의 의미는 시스템의 기능 간 결합(coupling)이나 의존성은 어느 특정 상황에서 전개된 것으로서 설명되어야 한다. 작업수행과 주변 상황(환경)의 변동이 불균형적이고 비선형적인 결과를 초래한다는 것이다. 각 기능이 어떻게 서로 연결되어 공명현상을 일으키면서 각각의 기능을 강화하거나 약화하면서 변동성을 초래하는가를 설명하고 있다. 그래서 미리 정해진 인과관계에 의해서가 아닌 각 기능의 밀접한 관련성을 통해 안전사고를 설명한다. FRAM은 인간의 수행이 다수의 내적 외적 요인에 의

해서 항상 변동되고 있기에 수행 변동성(performance variability)을 고려하고 있다.

Woltjer and Hollnagel(2008)에 의하면 FRAM 분석 단계는 다음의 네 단계를 거쳐서 이루어진다. 1단계는 시스템의 필수가능 파악, 2단계는 기능의 잠재적 변동성의 추정, 3단계는 기능 공명 발생 영역 파악, 4단계는 효과적인 대처방안 설정이다.

① 1단계에서는 시스템의 필수적 기능을 파악하고, 이 기능들을 6개의 요인(입력(input), 출력(output), 선행조건(pre-condition), 자원(resource), 조정(control), 시간(time))으로 특성화하여 기술한다.
② 2단계는 각 기능의 잠재적인 변동성을 추정한다. 변동 또는 변동의 결과가 어떻게 시스템 내에서 확산하는지, 다른 기능에 어떻게 영향을 주는지를 파악하는 것이다.
③ 3단계는 기능 공명이 발생할 수 있는 영역을 파악하는 것으로, 변동성의 확장과 증대에 관한 것이다. 즉, 변동성이 전이되는 경로와 변동성 상황 파악이다.
④ 4단계에서는 효과적인 대처방안을 설정한다. 시스템을 안전하고 바람직한 방향으로 유지하기 위해서 변동성을 약화(dampening) 또는 강화(amplifying)하는 것이다.

FRAM 절차를 적용하여 사고사례를 분석한다면, 다층구조를 구조화하여 나타낼 수 있다. 구조화 결과, 변동적 요인으로 나타난 부분들의 요인 간 관계를 확인할 수 있다. FRAM의 경우, 해당 기능의 변동성을 잘 표현할 수 있고, 각 기능 간 비선형적인 상호관계성을 보다 시스템적으로 묘사할 수 있다. 다만, 관련 기법이 전문적이어서 적용하는데 다소 어려운 부분이 있다.

10.2 FRAM 모형 시각화

FRAM 모형 도구는 인터넷 주소 (https://functionalresonance.com)에서 내려받아 설치할 수 있다. 6가지 기능을 FRAM 모형 도구인 FMV(FRAM model visualizer) 프로그램을 활용하여 시각화할 수 있다.

10.3 측면(aspect)의 6가지 기능

기능은 입력(input), 출력(output), 전제 조건(precondition), 자원(resource), 통제(control) 및 시간(time)이라는 6가지 측면을 통해 특성화된다. 기능의 6가지 측면이 모두 도출될 수 있지만, 상황에 따라서 그렇지 않을 수 있다. 따라서 6가지 측면 모두를 항상 도출할 필요는 없다.

① 입력(input): 입력은 데이터 또는 정보의 한 형태이며 시작 신호의 기능이다.

② 출력(output): 출력은 입력처리의 결과이다. 출력을 생성하기 위해 사용된 물질, 에너지 또는 정보가 입력으로 정리, 지시 또는 무언가를 시작하라는 명령일 수 있다.

③) 전제 조건(precondition): 전제 조건은 참(true)이어야 하는 시스템 상태 또는 기능을 수행하기 전에 확인해야 하는 조건이다. 전제 조건은 기능을 시작하는 신호를 구성하지 않는다.

④ 자원(resource): 자원은 물질, 에너지, 정보, 전문성, 도구, 사람 등을 포함한다. 시간은 자원으로 간주할 수도 있지만, 별도의 측면으로 다룬다.

⑤ 통제(control): 통제는 원하는 출력이 나오도록 기능을 감독하거나 조절하는 것이다. 통제는 경영층, 조직 및 동료의 기대와 같이 외부적인 요인이 될 수도 있고, 개인이 작업을 계획하고 그것을 수행할 시기와 방법을 스스로 검토하는 내부적인 요인이 될 수 있다.

⑥ 시간(time): 시간은 하나의 기능이 먼저 행해지고 다른 기능이 나중에 행해지는 선후 관계로 표현될 수 있다. 그리고 다른 기능과 병렬적으로 수행되거나 완료될 수 있다.

10.4 기능 변동성 특성화(characterizing the variability of functions)

FRAM은 업무 활동 방식을 설명하고 표현하는 도구이다. FRAM 모형화를 통해 기능에 미치는 변동성(variability)과 조정(adjustment)을 파악할 수 있다. FMV를 활용하여 초기 기능들을 구분하고 각 기능이 적절하게 구분되었는지 확인한다. 전경 기능의 모든 측면은 다른 기능의 출력으로부터 온다. 그리고 전경 기능의 모든 출력은 다른 기능의 출력을 제외한 비출력 측면(입력, 전제 조건, 자원, 제어 및 시간)에 영향을 준다.

10.4.1 변동성 설명

변동성의 특성화는 기능 간의 연결과 기능으로 인한 예상치 못한 결과를 분석하는 단계이다. 분석은 기능 자체의 변동성보다는 출력의 변동성에 집중한다. 그 이유는 기능의 출력에 변동성이 있다면 그로 인해 기타 기능에 영향을 주기 때문이다. 기능의 출력이 변동성을 갖는 이유는 기능 여러 가지 이유가 있다. 첫 번째는 자체의 변동성에 의한 결과로 기능 고유의 특성 결과이다. 이를 내부 변동성(internal variability)이라고 한다. 두 번째는 기능이 수행되는 조건으로 인한 변동성(작업 환경 변동성)이다. 이를 외부 변동성(external variability)이라고 한다.

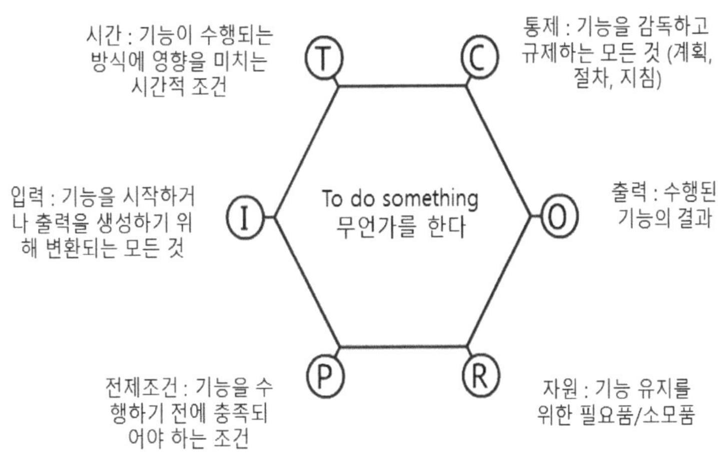

<그림 10.1> FRAM의 6가지 기능 (시간, 통제, 전제 조건, 자원, 입력, 출력)

① 단계 1 : 시스템의 필수 기능의 파악

첫 단계에서는 시스템의 필수적 기능을 파악하고, 이 기능들을 6개의 요인(입력(input), 출력(output), 선행조건(pre-condition), 자원(resource), 조정(control), 시간(time))으로 특성화하여 기술한다.

② 단계 2 : 기능의 잠재적인 변동성의 추정과 특성화

변동 또는 변동의 결과가 어떻게 시스템 내에서 확산하는지, 다른 기능에 어떻게 영향을 주는지를 파악하는 것이다.

③ 단계 3 : 기능적 공명 찾기(looking for functional resonance)

기능 공명이 발생할 수 있는 영역을 파악하는 것으로, 변동성의 확장과 증대에 관한 것이다. 즉, 변동성이 전이되는 경로와 변동성 상황 파악이다.

FRAM은 흐름 모델(flow model)이나 그래프 또는 네트워크 모델이 아니다. FRAM은 기능 간의 관계 또는 결합뿐만 아니라 목표 활동을 수행하는 데 필요하다고 간주하는 기능을 포함한다. FMV에 의해 구체화한 FRAM의 그래픽 렌더링은 기능 간 측면의 연결선을 보여준다. 선은 실제 연결이라기보다는 잠재력으로 볼 수 있다. 입력은 기능을 시작하는 부분이다. 출력은 내부 변동성과 외부 변동성에 따라 달라질 수 있다. 따라서 기능의 입력이 출력을 유발한다고 볼 수 없다.

④ 단계 4 : 변동성 관찰 및 관리 대안

효과적인 대처방안을 설정한다. 시스템을 안전하고 바람직한 방향으로 유지하기 위해서 변동성을 약화(dampening) 또는 강화(amplifying)하는 것이다. FRAM을 통해 변동성을 파악한 이후 적절한 개선이 필요하다. 제거, 방지, 촉진, 보호, 관찰, 완화 등은 변동성 관찰과 관리 대안이다.

- 제거(elimination): 제거는 위험(hazard) 요인을 없애는 것이다.
- 방지(prevention): 방지는 방벽(barrier)과 방어(defence)를 적용하여 위험을 관리하는 방법이다.
- 촉진(facilitation): 예방은 해로움을 대상으로 하지만 촉진은 유용함을 대상으로 한다. 작업 재설계 또는 사람-시스템 인터페이스 개선 등을 통해 사용자가 쉽게 사용하도록 촉진할 수 있다. 촉진은 올바른 일을 할 수 있도록 지원하는 탄력성 공학과도 일치한다.
- 보호(protection): 보호는 사건이 발생한 이후 결과에 중점을 두어 적용한다. 결과의

심각성을 완화하거나 복구하는 것을 포함한다.

- 관찰(monitoring): 사회기술 시스템을 관리하기 위해서는 적절한 목표를 설정하여 주기적으로 관찰하여 진행 현황을 확인해야 한다. 주로 선행 지표(leading indicator)를 설정하여 시스템에서 일어나는 일을 효과적으로 파악한다.
- 완화(dampening): 문제가 될 수 있는 변동성을 파악한 이후 개선을 위한 완화를 목적으로 한다. FRAM 모형화를 위해서는 사고와 관련한 기능식별과 설명, 기능별 변동성 평가, 여러 기능의 가변성을 결합하는 방법 평가 및 대책 수립의 과정을 거친다.

FRAM 관련 사이트

[1] Brief introduction to FRAM (functionalresonance.com)

[2] How to build a FRAM model | Functional Resonance

Functional Resonance

(PDF) The FRAM Model Visualizer -The Pro Version (researchgate.net)

[3] Four questions about using FRAM analysis within Safety-II (patientsafety.com)

[4] A dynamic version of the FRAM for capturing variability in complex operations (sciencedirectassets.com)

[5] Modeling complex socio-technical systems using the FRAM: A literature review - Salehi - 2021 - Human Factors and Ergonomics in Manufacturing & Service Industries - Wiley Online Library

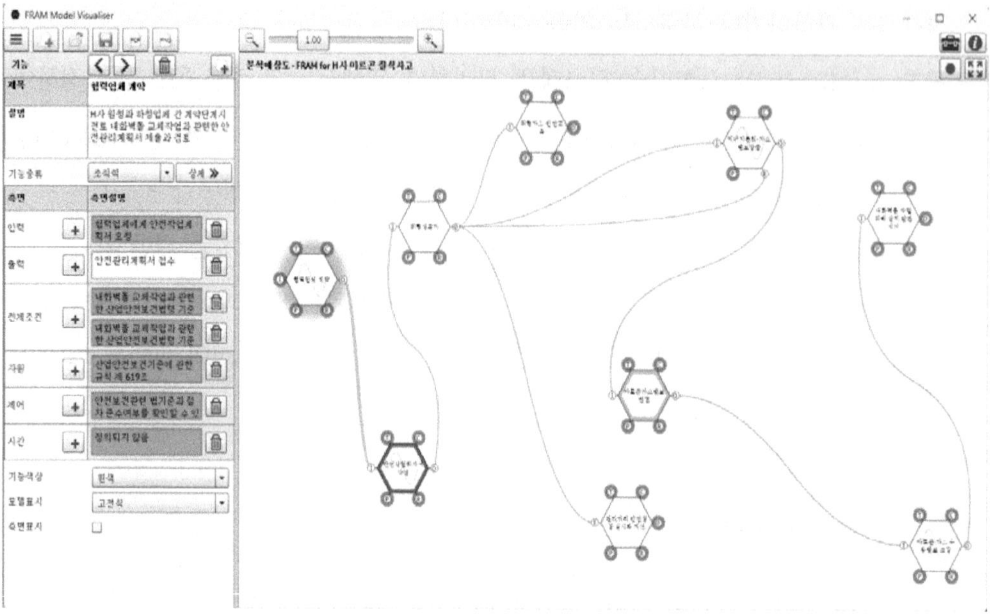

<그림 10.2> H 사의 아르곤 가스 사건의 FRAM 분석 1 - 기능1 (협력업체 계약)

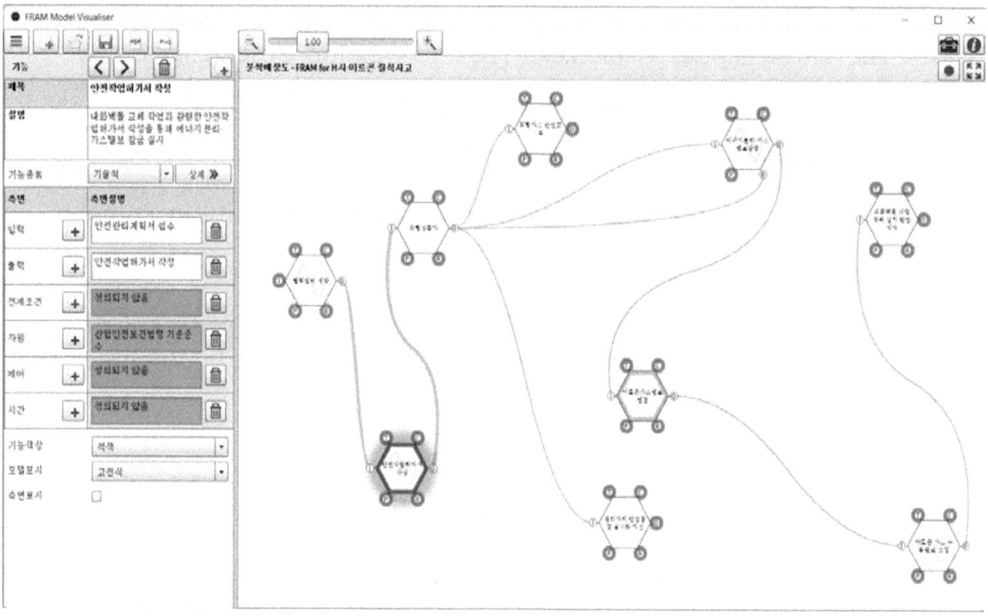

<그림 10.3> H 사의 아르곤 가스 사건의 FRAM 분석 2 - 기능2 (안전작업 계획서 작성)

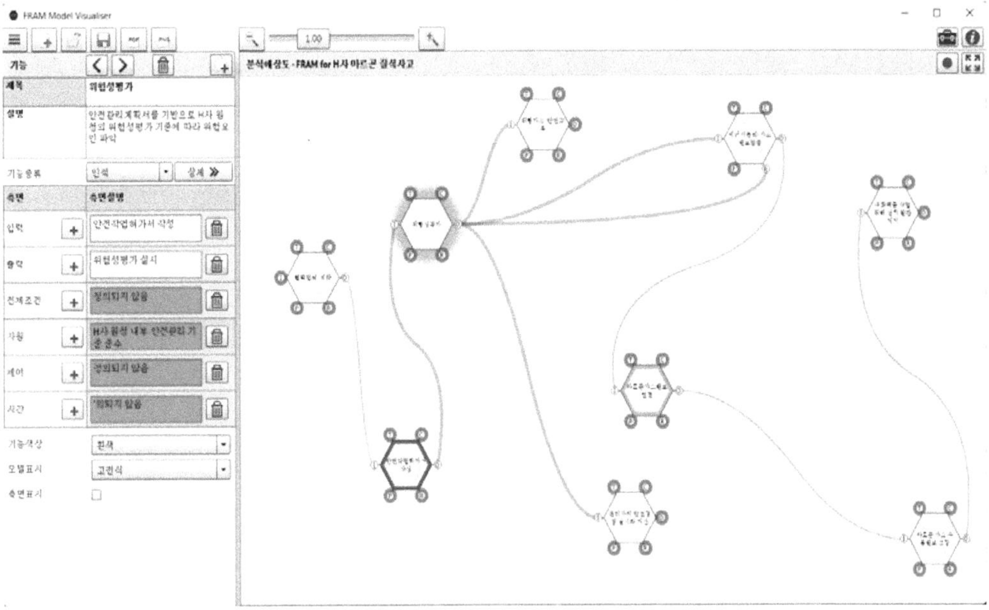

<그림 10.4> H 사의 아르곤 가스 사건의 FRAM 분석 3 - 기능3 (위험성 평가)

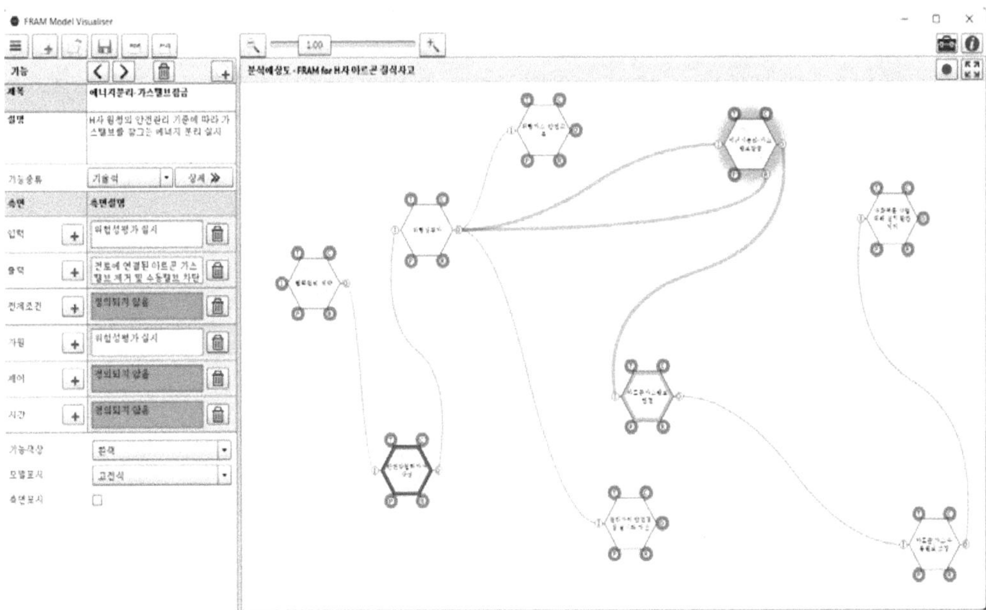

<그림 10.5> H 사의 아르곤 가스 사건의 FRAM 분석 4 - 기능4 (에너지 분리-가스 밸브 잠금)

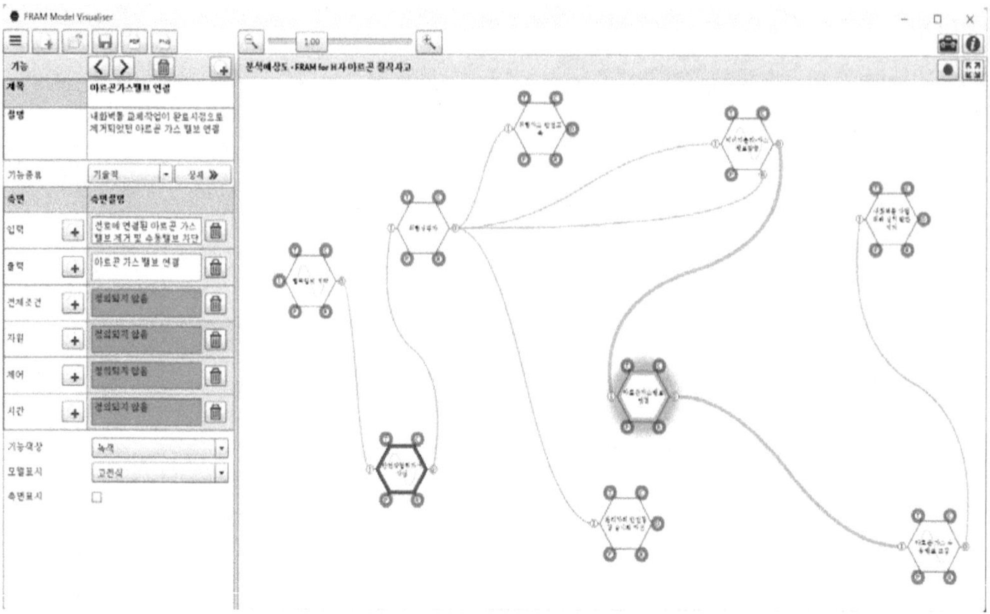

<그림 10.6> H 사의 아르곤 가스 사건의 FRAM 분석 5 – 기능5 (아르곤 가스 밸브 연결)

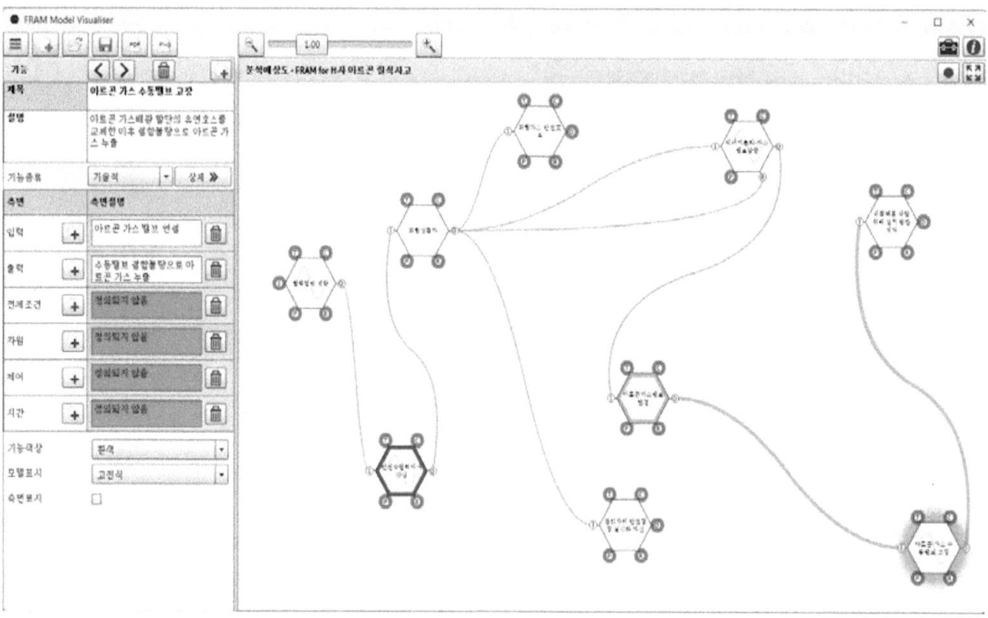

<그림 10.7> H 사의 아르곤 가스 사건의 FRAM 분석 6 – 기능6 (아르곤 가스 수동밸브 고장)

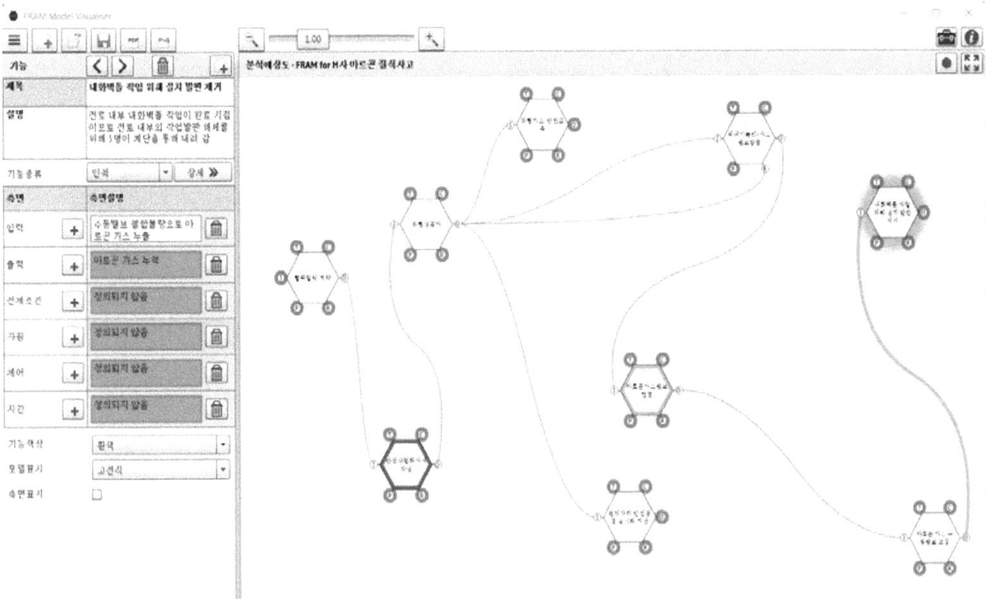

<그림 10.8> H 사의 아르곤 가스 사건의 FRAM 분석 7 – 기능7 (작업을 위해 설치발판 제거)

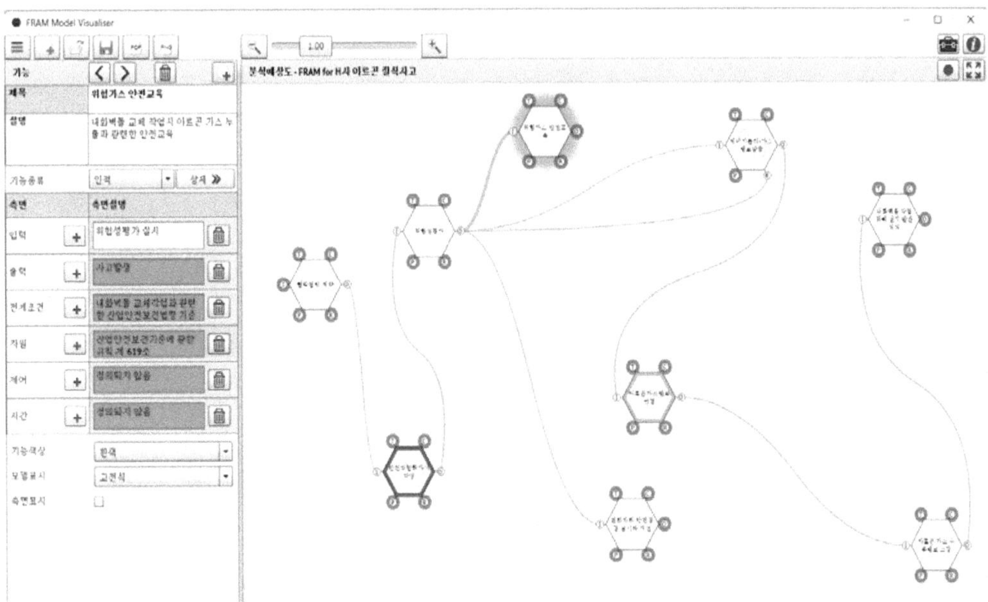

<그림 10.9> H 사의 아르곤 가스 사건의 FRAM 분석 8 – 기능8 (위험 가스 안전 교육)

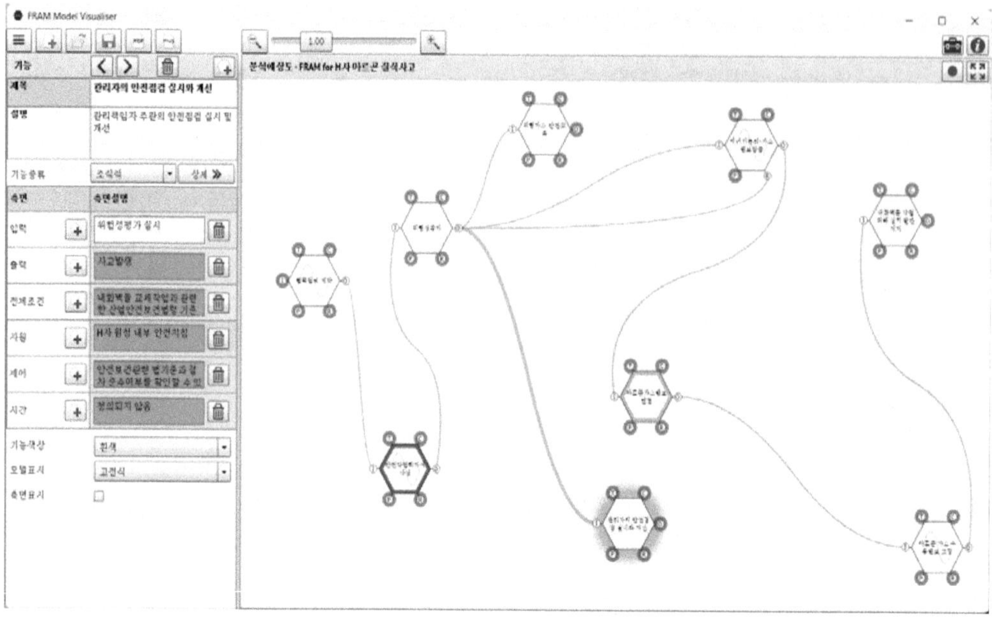

<그림 10.10> H 사의 아르곤 가스 사건의 FRAM 분석 9 - 기능9 (안전점검 시행과 개선)

FRAM for H사 아르곤 질식사고

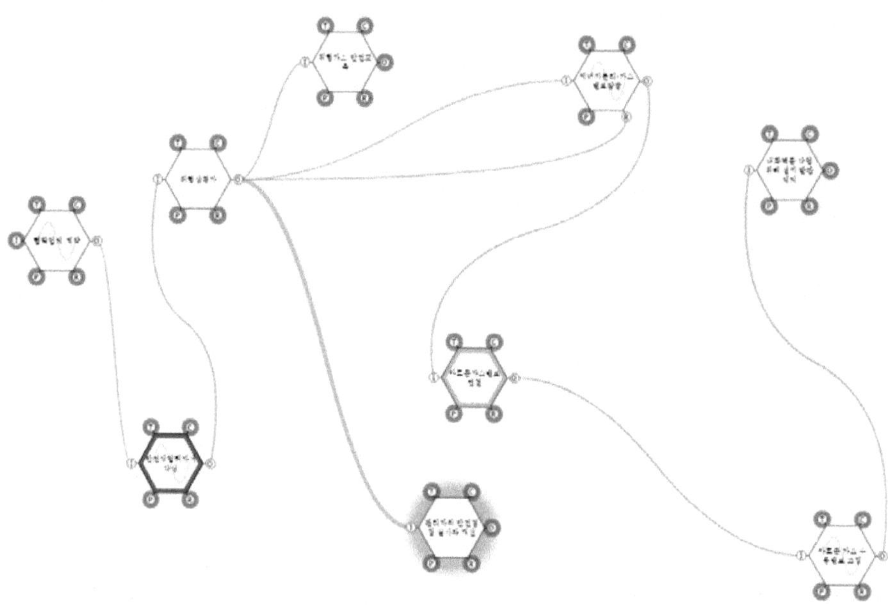

<그림 10.11> H 사의 아르곤 가스 FRAM 전체 흐름도

11장
사건 원인요인(ECF) 차트의 작성

11.1 ECF(사건 원인요인) 차트(Chart)

ECF(Event & Causal Factors) 차트 분석(Chart & Analysis)은 미국 안전관리시스템 센터(SSDC, safety management system center)가 개발하고 사고조사의 핵심적인 도구로 사용되었다. 미국 에너지부는 인간성과개선(HPI, human performance improvement) 요인을 포함하여 더욱 효과적인 사건 원인요인 (ECF) 차트 분석(CA) 도구를 개발하였다. 사건 원인요인 (ECF) 차트는 사건의 순서를 파악하여 작업자의 동기와 의사결정 과정을 확인할 수 있다.

11.2 ECF(사건 원인요인) 차트의 기호

ECF(사건 원인요인) 차트는 그림 11.1과 같은 기호를 사용한다.

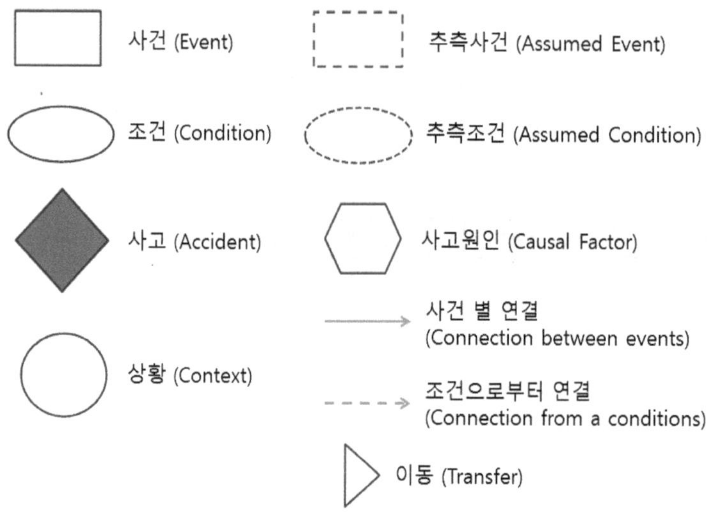

<그림 11.1> ECF 차트의 기호

11.3 ECF(사건 원인요인) 차트의 작성

ECF(사건 원인요인) 차트는 사고의 연대기를 보여주며 사건의 순서를 묘사하는 과정은 사고조사가 수행되면서 보완된다. 사건과 사고는 그림 11.2와 같이 ECF(사건 원인요인) 차트를 표현할 수 있다.

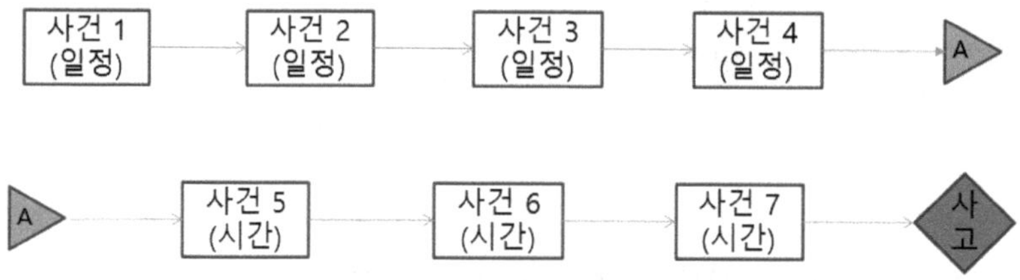

<그림 11.2> ECF 차트의 예시

사고가 발생하면, 먼저 사고의 개요를 먼저 정리한다. 그다음에 회사의 사고조사 위원회를 구성하여 사고와 대책을 수립한다. 그리고 원청과 아래도급 회사는 공사관리의 역할과 책임에 대한 사실(fact)을 정리한다. 그리고 ECF(사건 원인요인) 차트를 연대별(시간 흐름

에 따라) 작성한다. 그런 다음에 HFACS, FRAM, AcciMap이나 STAMP 등으로 분석하여 사고의 흐름과 원인에 대한 대책을 수립한다.

11.4 무슨 일이 있었는가? (what happened)

미국 에너지부의 사고와 운영 안전 분석 핸드북(2012)은 사고와 관련하여 "무슨 일이 일어났는가?"를 확인하는 방식으로 사고와 관련한 사실 결정, 물리적 증거수집 및 분류, 인적증거와 관련한 정보를 수집한다. 사건은 연대기 표와 같은 형태로 구성하는 것이 바람직하하다.

① 사실의 결정(determining facts) - 사실을 결정하기 위해서는 사람의 진술, 물리적 증거 (장비, 부품 등), 문서 관련 증거 (기록, 보고서, 절차 등)을 확보해야 한다.

② 물리적 증거수집과 분류 - 사고와 관련한 분명한 증거로 장비, 도구, 운영 설비, 사고 전후 설비의 위치, 주변의 파편, 사고 삽화, 지도, 사진이나 비디오 등이 있다.

③ 인적증거 수집 - 주요 목격자와 증인을 찾는 과정으로 가능한 빠른 면담이 필요하다. 사고 면담 시 목격자나 증인이 자유롭게 의견을 낼 수 있는 분위기를 조성해야 한다.

11.5 왜 일어났는가? (why it happened)

미국 에너지부의 사고와 운영 안전 분석 핸드북(2012)은 사건 및 원인요인 차트 및 분석(event and causal factors charting and analysis, 이하 ECF 차트 분석), 장벽분석(barrier analysis), 변경분석(change analysis) 및 근본 원인 분석(root cause analysis), 확인 분석(verification analysis) 등의 절차 시행을 추천하고 있다.

사건의 순서를 파악하기 위해 가장 쉽게 접근할 수 있는 것은 미국 에너지부의 사고조사 절차 중 ECF(사건 원인요인) 차트를 먼저 작성하는 것이다.

11.6 FRAM의 적용

ECF 차트 분석으로 왜 일어났는가? (why it happened)하는 분석 결과를 참조하여 FRAM 분석을 시행한다. FRAM 모형화 지침(2015)과 적용사례를 참조하여 기능 그룹, 기능설명 및 6가지 측면 검토 및 FMV(FRAM model visualizer) 작성, 기능 변동성 구분(technology, man, organization), 변동성(variability) 파악, 변동성 관리대책 수립 순으로 FRAM 분석을 시행한다.

11.7 H사 아르곤 가스 사고의 재정리 (신문기사 등과 기타 기록으로 재작성)

11.7.1 아르곤 가스 사고 일지 정리 2013.05.10.

11.7.1.1 충남 당산시 H사 2013.05.10.

- 1:40 am 밤샘 작업(안전수칙 점검 사항)
- 질소중독 → 신경마비(일산화탄소 제거 용도로 아르곤 가스와 질소 사용)
- 가수경보기(무독성이라 경보기 안 울림)
- 밀폐공간 작업 - 산소농도 측정(장치) 의무사용 지적

11.7.1.1 당진 경찰서

- 1차 감식: 사인 - 산소결핍에 따른 질식사(아마도 아르곤 가스-질소보다도)
- 전로에서 내화벽돌 설치공사 마무리 → 임시발판 제거작업 중 산소결핍으로 사고
- 가스관 정비작업 과정에서 8개 밸브 중 1개의 메인 수동밸브만 잠겨있었음,
- 나머지 7개는 미 잠금.
- 안전수칙 미준수(안전관리 실태조사 필요)
- 사고 발생 4시간 뒤 노동부 천안지청에 보고(늑장 대응)

- 하도급(K사) & 원청(H사)
- 관리·감독 부실에 따른 인재(사고 낸 곳 또 사고를 냄)
- 사고 경향성 존재
- 무리한 작업(새벽 작업)
- 안전 장구 미착용(가스 유입 대비용)
- 지름 8m 높이 12m 전로 안에서 내화벽돌 설치공사 마무리
- 설치한 임시발판 제거작업 중 아르곤 가스 누출로 호흡곤란으로 사망
- 오전 2시 30분에 사망
- 10일 오전 1시 45분에 쓰러짐(5명)
- 신고 2시 25분(40분 경과 후 초기수습 시에 시간 허비)
- 산소농도 16%(최소기준 22%)
- 아르곤 가스 유입 경위 조사
- 오후 전로 시험 운전 예정이나 미리 유입됨.
- 전날 오후 2시쯤 아르곤 가스 주입
- 전로 정상작동 여부 확인을 위해 하지만 이 사실을 통보받지 못하고 별다른 조치가 없었음.
- 협력사인 하도급 K사도 산소마스크 준비하지 않았음(9일간 마스크 없이 작업했었음).
- 안전관리비 삭감 지급.
- 위험 물질 안전 교육 불완전 진행.
- 총괄책임자로 제철소장을 미선임.
- 제철소 내 보건관리 단 2명이 전담.
- 인력 부족 이유로 노동부의 산재에 방 황동과 감독 부실.

11.7.2 H사 아르곤 가스 사고의 FRAM 기능별 재정리

H사 아르곤 가스 질식사고 일지	2013년 5월 10일, 5명 사망

No	기능	각 기능의 설명
1	1 협력업체 계약	H사와 협력업체 간 계약 단계 시 내화벽돌 교체작업과 관련한 안전관리 계획서 접수(제출)와 검토
2	2 안전작업 허가서 작성	내화벽돌 교체작업 관련 안전작업 허가서 작성 통해 에너지 분리(isolation) 시행
3	3 위험성 평가	안전관리계획서를 기반으로 현대의 위험성 평가 기준에 따라 위험요인 파악
4	4 에너지 분리 - 가스 밸브 잠금	H사의 안전관리 기준에 따라 에너지 분리(isolation) 시행 가스밸브 잠금
5	5 아르곤 가스 밸브 연결	내화벽돌 교체작업이 완료 시점으로 제거되었던 아르곤 가스 밸브 연결
6	6 아르곤 가스 수동밸브 고장	아르곤 가스 배관 말단의 유연 호스를 교체한 이후 결함 불량으로 아르곤 가스 누출
7	7 내화벽돌 작업용 발판 제거	내화벽돌 작업이 완료 시점이므로 전로 내부 작업 발판 해체를 위해 5명이 계단을 통해 내려감.
8	8 내화벽돌 교체작업 안전 교육	내화벽돌 교체작업 시 아르곤 가스 누출과 관련한 안전 교육
9	9 관리책임자 안전점검 및 개선	관리책임자 주관의 안전점검 시행 및 개선

11.7.3 당진 아르곤 가스 사고의 FRAM 6가지 기능 (입력, 출력, 전제 조건)의 재정리

No	기능	1 입력	2 출력	3 전제 조건
1	1 협력업체 계약	협력업체 안전작업계획서 요청	안전관리계획서 접수	내화벽돌 교체작업 산란법 기준준수
2	2 안전작업 허가서 작성	안전관리계획서 접수	안전작업허가서 작성	정의되지 않음
3	3 위험성 평가	안전작업허가서 작성	위험성 평가 시행	정의되지 않음
4	4 에너지 분리-가스 밸브 잠금	위험성 평가 시행	아르곤 가스 밸브 제거 및 수동밸브 차단	정의되지 않음
5	5 아르곤 가스 밸브 연결	아르곤 가스 밸브 제거 및 수동밸브 차단	아르곤 가스 밸브 연결	정의되지 않음
6	6 아르곤 가스 수동밸브 고장	아르곤 가스 밸브 연결	수동밸브 결함 불량으로 아르곤 가스 누출	정의되지 않음
7	7 내화벽돌 작업용 발판 제거	수동밸브 결함 불량으로 아르곤 가스 누출	아르곤 가스 누적	정의되지 않음
8	8 내화벽돌 교체작업 안전 교육	위험성 평가 시행	사고 발생	정의되지 않음
9	9 관리책임자 안전점검 및 개선	위험성 평가 시행	사고 발생	내화벽돌 교체작업 산란법 기준준수

4 자원	5 제어	6 시간	No
산안 보건 기준 규칙 619조	안전보건법 기준 절차준수 확인부서	정의되지 않음	1
산업 안전보건 법령 기준준수	정의되지 않음	정의되지 않음	2
정의되지 않음	H사 내부 안전관리 기준 접수	정의되지 않음	3
위험성 평가 시행	정의되지 않음	정의되지 않음	4
정의되지 않음	정의되지 않음	정의되지 않음	5
정의되지 않음	정의되지 않음	정의되지 않음	6
정의되지 않음	정의되지 않음	정의되지 않음	7
산안 보건 기준 규칙 619조	정의되지 않음	정의되지 않음	8
H사 내부 안전 지침	안전보건법 기준 절차준수 확인부서	정의되지 않음	9

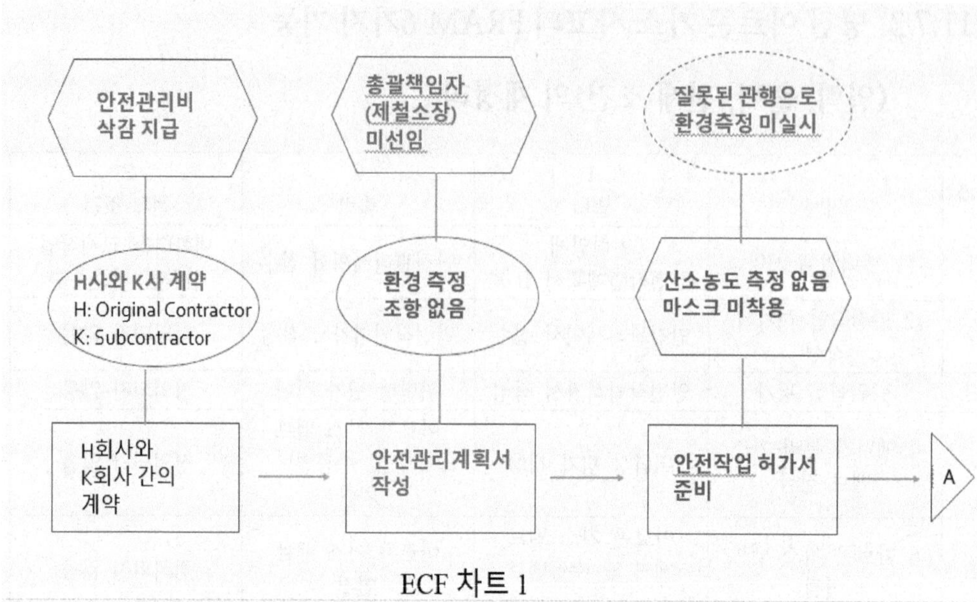

<그림 11.3> 당진 아르곤 가스 사고의 ECF(사건 원인요인) 차트 1 작성

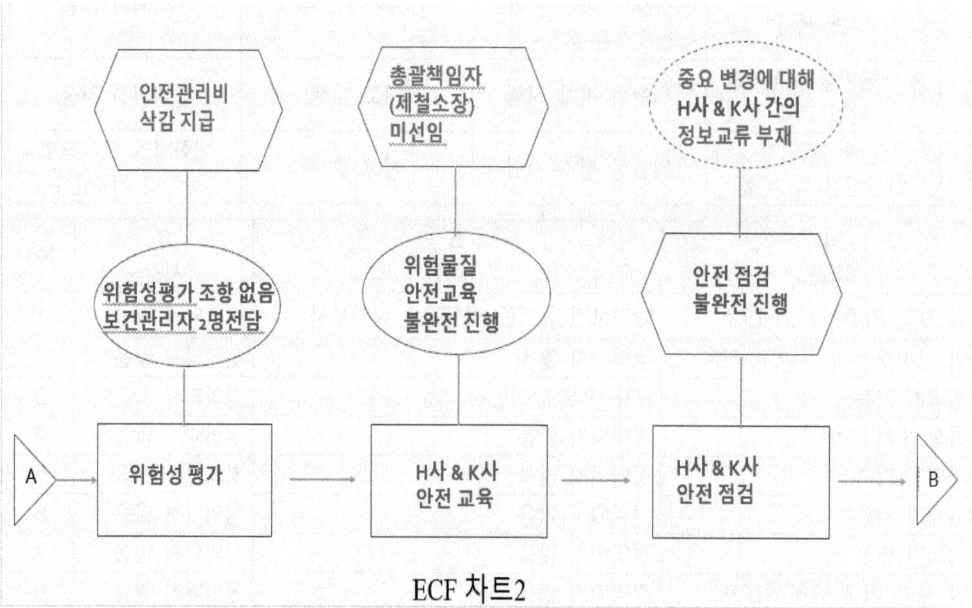

<그림 11.4> 당진 아르곤 가스 사고의 ECF(사건 원인요인) 차트 2 작성

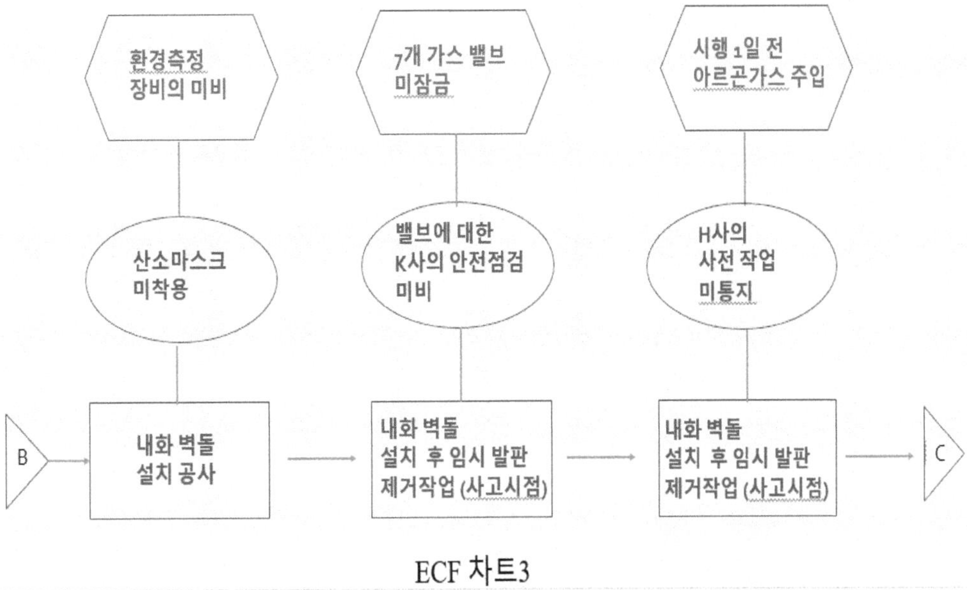

<그림 11.5> 당진 아르곤 가스 사고의 ECF(사건 원인요인) 차트 3 작성

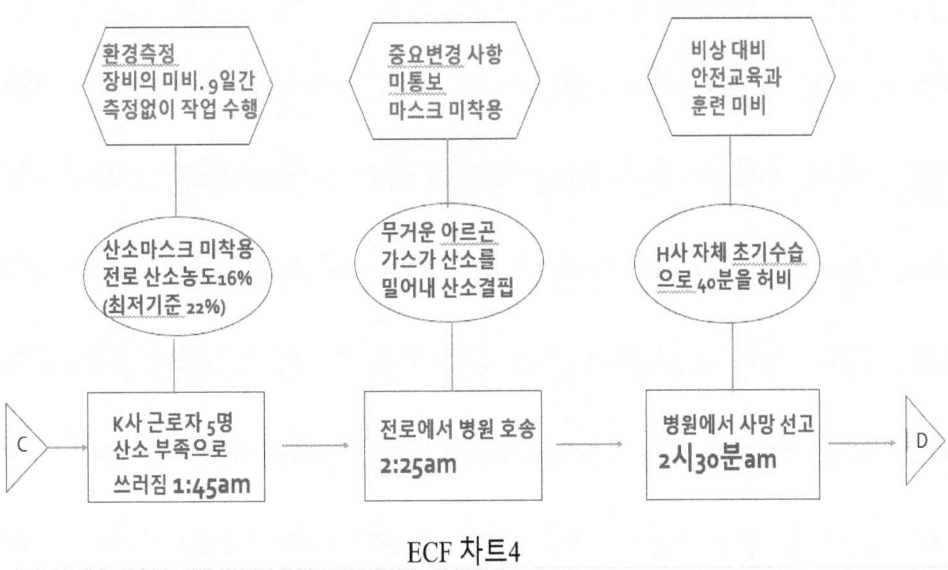

<그림 11.6> 당진 아르곤 가스 사고의 ECF(사건 원인요인) 차트 4 작성

12장
안전탄력성(Resilience) 공학과 안전 2(Safety II)의 소개

안전 1(Safety I)의 시대에서 안전 2(Safety II)의 시대로 변화하고 있다. 이는 홀라겐 교수가 여러 저서에서 안전 2와 안전탄력성 공학의 개념을 설명하면서 시작되었다.

안전탄력성 공학에서는 다양한 조건 아래에서의 성공 가능성으로 안전을 정의한다. 안전성은 다양한 조건으로 성공하는 능력이다. 올바르게 진행되는 것들을 연구하는 것이 잘못된 것들만큼 중요하다는 것이다.

안전탄력성 시스템(Resilient System)의 핵심 능력 4가지는 ① 상황에 대응하는 능(Responding / Actual), ② 진전되어 가는 상황을 감시하는 능력 (Monitoring / Critical), ③ 미래의 위협과 기회를 예상하는 능력 (Anticipation / Potential), ④ 과거의 실패와 성공으로 학습하는 능력 (Learning / Factual)이다.

안전탄력성(resilience)은 시스템이 그 기능을 조절하는 능력이라고 정의한다. 안전탄력성의 4가지 기본 요소는 ① 대응(responding) - 일반적이지 않은 중단이나 방해에 대한 대응, ② 감시(monitoring) - 잠재적 위협을 관찰, ③ 예상(anticipating) - 미래의 변화나 위협을 예측, ④ 학습(learning) - 과거의 성공과 실패 모두에서 올바른 교훈을 얻기 등이다.

안전탄력성을 실제로 어떻게 실현할 것인지는 각 능력을 더욱 실천적인 관점에서 고려한다. 전통적 안전 접근방법과의 차이점은 전통적 접근방법은 잘못된 것에 집중하지만, 안전탄력성 방법은 성공적인 것에도 집중하고, 잘못된 것을 줄여나가려 한다는 것이다. 안전탄력성은 잘못된 것을 줄이는 것이 아니라 올바른 것을 증가시키는 데 중점을 둔다.

안전탄력성 분석 격자 (RAG: Resilience Analysis Grid)는 먼저, 시스템이 지금 어떤 상태인지 정확히 알아야 한다. 그리고 어디로 나아갈지와 어떤 목표를 향해 진행할지를 정해야 하며, 시스템 변화의 방향과 속도를 결정하고 이를 제어해야 한다.

안전탄력성의 측정 지표 7가지는 아래와 같다.

① 대응 시간 (Response Time) - 문제나 중단 발생 후 조직이 대응하는 데 걸리는 시간

② 복구 시간 (Recovery Time) - 중단 후 시스템이 정상 상태로 복귀하는 데 필요한 시간

③ 예측 능력 (Predictive Capacity) - 미래의 위험 요소나 문제를 예측하는 능력을 측정하는 지표

④ 학습 능력 (Learning Capacity) - 과거 사건에서 학습하고 개선하는 능력을 평가하는 지표

⑤ 관찰 능력 (Monitoring Capacity) - 시스템 상태와 환경 변화를 지속적으로 관찰하는 능력을 평가하는 지표

⑥ 자원 가용성 (Resource Availability) - 문제에 대응하기 위해 사용할 수 있는 자원의 양과 품질

⑦ 대응 전략 (Response Strategies) - 발생하는 문제나 중단에 대응하는 전략의 효과성과 적절성 등이다.

안전탄력성의 4대 개념인 대응, 관찰, 학습, 예측을 토대로 안전탄력성 분석 격자 (RAG: Resilience Analysis Grid)를 활용하여 안전문화와 조직문화의 역량을 강화하는

목적으로 많이 사용되고 있다. 아래에서는 최근 군대의 안전문화와 안전탄력성의 4대 역량과의 관계(김무천, 2003)를 파악하기 위해 홀라겐 교수의 4대 역량을 활용한 석사 논문을 위한 설문지도 뒤에 첨부하였으니 참고해서 검증과 유사 연구가 많이 이루어지기를 바란다.

12.1 예상작업과 실제작업 (WAI & WAD)

Work As Imagined/Planned (WAI/WAP: 예상작업/계획작업)'과 Work As Done (WAD: 실제 작업/완료작업)은 근로자들의 작업 시 계획된 작업과 실제로 수행된 작업 간의 차이를 보기 위한 개념이다. 이 개념은 계획된 작업절차가 실제로 어떻게 실행되는지를 분석하는 데 도움을 준다. 예상작업(WAI)은 작업 프로세스의 계획된 것을 의미한다. 즉, 어떤 일을 어떻게 해야 하는지, 어떤 절차와 규칙을 따라야 하는지에 대한 것이다. 이는 정해진 프로세스, 규정, 지침으로 표현된다.

실제작업(WAD)은 실제 작업자들이 어떻게 작업을 수행하는지를 나타낸다. 이는 실제 작업 환경에서 발생하는 변동성, 예외 상황, 자원 제약을 고려하며, 작업이 진행되는 실제 경험을 반영한다. 때로는 예상작업(WAI)과 다르게 작업자들이 더 효과적인 방법을 찾게 되면, 그 결과로 실제작업(WAD)은 예상작업(WAI)과 차이가 발생할 수 있다. 작업 환경이 복잡하거나 예측 불가능한 요소가 많은 경우, 예상작업(WAI)과 실제작업(WAD)의 차이가 더 벌어질 수 있다. 이러한 차이가 발생하는 이유 중 하나는 작업 환경이 항상 변화하며 작업자들이 융통성 있게 상황에 맞추어 작업을 수행하기 때문이다. 또한, 작업자들은 실제 상황에 따라 지침을 조정(Performance Adjustment)할 수가 있다. 실제로 많은 작업이 지침이나 규칙을 따르지 않더라도 성공적으로 마무리되는 경우가 많지만 동시에 안 좋은 일이 발생하거나 나쁜 일을 일으킬 때가 있다.

12.2 ETTO(효율성-철저성 절충) 원칙

ETTO 원칙은 "Efficiency-Thoroughness Trade-Off(효율성-철저성 절충)"의 약어이다. 효율성을 극대화하면 철저함을 일부 희생해야 하며, 철저함을 극대화하려면 효율성을 일부 희생해야 한다는 것을 의미한다. 모든 분야에서 작업할 때에는 사용하는 자원과 준비하는 자원 사이에서 효율성과 철저함 사이에서 선택해야 한다. 이는 보통 철저함과 효율성을 비교하면서 이루어진다. 효율성은 목표를 달성하기 위해 사용되는 자원을 최소한으로 유지하는 것을 말한다. 철저함은 목표를 달성하면서 원치 않는 부작용이나 문제가 발생하지 않도록 철저하게 계획된 활동을 수행하는 것을 의미한다. ETTO(효율성-철저성 절충) 오류는 올바른 상황에서 효율성을 중요시하는 나쁜 결정 또는 반대의 경우도 있다. 즉, 효율성을 우선시해야 할 때 철저함을 무시하는 오류나, 반대로 철저함을 우선시해야 할 때 효율성을 희생하는 오류를 말한다….

12.3 안전탄력성 공학 (Resilience Engineering)

안전탄력성/회복성(Resilience)은 변화의 전·중·후에 기능을 조정하여 예상 조건과 비예상 조건 모두에서 필요한 작동을 유지할 수 있는 시스템의 본질적인 능력으로 정의된다. 안전탄력성(Resilience)은 시스템이 하는 프로세스를 의미하기 때문에 사건의 결과를 세어 측정할 수는 없다. 안전탄력성(Resilience)을 구성하는 네 가지 역량은 대응역량, 관찰역량, 예측역량, 학습역량이다. 네 가지 역량은 다양한 질문을 통해 평가할 수 있다. 안전탄력성(Resilience) 역량을 평가함으로써 현재 상태를 알 수 있을 것이다.

12.4 4가지 역량

안전탄력성(Resilience) 역량은 4가지 역량으로 구성되며, 다음 그림 12.1과 같다.

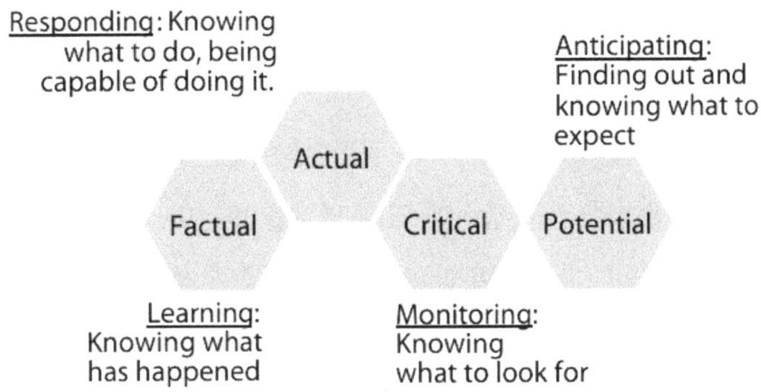

<그림 12.1> 안전탄력성(Resilience) 시스템의 4가지 역량 (대응, 예측, 학습, 관찰)

12.4.1 대응역량(Respond)

대응역량은 무엇을 해야 할지 알고, 일이 수행되는 방식을 조정하거나 미리 만들어진 대응을 활성화하여 규칙적이고 불규칙한 변동성, 장애 및 기회에 대응할 수 있는 능력이며, 이것이 바로 현실을 해결하는 능력이다.

어떤 사건 또는 사고가 발생했을 때, 빠르게 감지하고, 무엇인지를 정확하게 인식해야 한다. 그리고 그 사건에 대한 대응이 필요한지 아닌지를 결정하고, 필요한 경우 어떻게 대응해야 하는지를 계획해야 한다. 대응 계획과 필요한 자원을 사전에 준비해 두는 것이 중요하다. 그리고 대응 작업을 시작하고 종료 시점을 명확히 정해야 한다. 이렇게 시기적절하고 효과적으로 대응함으로써 조직이 생존할 수 있다. 이러한 접근 방식을 통해 사건에 대응하는 시스템은 안전하게 살아남을 수 있다.

12.4.2 관찰역량(Monitor)

안전탄력성(Resilience)은 시스템은 내부에서 발생하는 성과와 외부에서 발생하는 환경적인 변화를 동시에 유연하게 관찰하는 데 중요한 역할을 한다. 이러한 관찰은 가까운 미래에 예상되는 사건에 대응하는 능력을 증진한다. 관찰의 유연성을 유지하기 위해서는 관찰의 기준을 주기적으로 수정해야 한다. 관찰 프로세스는 일반적으로 지표에 의존한다.

12.4.3 학습역량(Learn)

학습역량은 무슨 일이 일어났는지 아는 것, 또는 경험으로부터 배울 수 있는 것, 특히 올바른 경험으로부터 올바른 교훈을 배우는 것이며, 이것은 사실을 다루는 능력이다.

학습의 효과는 학습 방법과 접근 방식에 크게 영향을 받는다. 다시 말해, 어떤 사건이나 경험을 단순히 경험하고 넘어가는 것뿐만 아니라 그것을 분석하고 이해하는 능력이 중요하다. 경험을 통한 학습에서 중요한 점은 배우기 쉬운 것과 의미 있는 것을 구별하는 것이다. 안전관리에서 학습은 주로 사건과 사고에 초점을 맞추고 있지만, 성공 사례와 실패 사례를 모두 고려해야 한다. 왜냐하면, 제대로 이루어지는 일의 사례는 잘못 이루어지는 사례보다 훨씬 많기 때문이다. 따라서 안전을 개선하기 위해서는 대표적인 빈도가 많은 사건에서 배우려고 노력해야 한다.

12.4.4 예측역량(Anticipate)

예측역량은 예측되는 내용을 파악하거나 잠재적인 중단이나 운영 조건 변화 등 미래의 개발, 위협 및 기회를 예측할 수 있는 잠재력을 해결하는 능력이다. 관찰은 주로 현재 상황에 대한 정보를 제공하며, 즉각적인 의미와 가치가 있다. 그러나 관찰만으로는 미래에 대한 예측이나 전망을 제공하기 어려울 수 있다. 이때, 시스템의 잠재적 위험과 기회를 파악하고 이를 예상하는 것이 중요하다. 이러한 목적을 위해 위험성 평가가 사용된다.

위험성 평가는 주로 미래의 위협에 초점을 맞춘다. 이 방법은 작동 원리가 알려져 있고, 상대적으로 빠르게 수행될 수 있다. 전통적인 위험 평가 방법은 완벽하게 적합하지 않을 수 있다.

13장
FARM 방법에 대한 쉬운 작성법의 소개

홀라겐 교수가 제안한 Safety II의 방법론인 FRAM 분석 방법을 쉽게 적용하는 방법을 홀라겐 교수의 저서에 나오는 여러 예제와 실제 사고 분석 사례를 통하여 제시해 보고자 하였다.

1차로 엑셀로 사고 사례나 성공 사례를 6개에서 20개 사이의 기능으로 분류하고, 이 기능에 대한 설명을 제공한다.

2차로 제시된 기능별로 6개의 측면 조건을 규정한다. 여기서 가장 중요한 것은 입력과 출력의 2가지 측면 조건을 먼저 맞추는 것이다. 그런 다음에 전제 조건, 자원, 제어와 시간의 4가지 측면 조건을 정의하고 간략히 서술한다. 이때 사용된 용어의 글자가 한라도 틀리면 서로 매칭이 되지 않으므로 주의하도록 한다.

사고 사례나 성공 사례에 대한 엑셀 시트 작성이 끝나면, FRAM 소프트웨어를 실행하여 이것을 도식화하는 작업을 한다. FRAM Model Visualizer (FMV) 프로그램은 아래의 https://functionalresonance.com/the%20fram%20model%20visualiser/ 사이트에서 무료로 다운로드를 할 수가 있다. (아래의 그림 참고)

3차로 다운로드를 한 후에 이를 실행하여 FRAM 차트를 직접 작성한다. 우선, 기능을 먼저 입력한다. 각 기능은 왼쪽 메뉴의 '+'단추를 눌러서 추가하면 된다. 만일 기능이 6개라면 이 6개를 먼저 작성하고, 설명을 입력한다. 그다음에 6가지 측면 특성을 입력하되 각 측면 특성의 설명 단어가 일치하도록(하나라도 틀리면 연결이 안됨) 서로 매칭을 한다. 특히 입력과 출력 단어의 매칭이 가장 중요하다. 기능의 종류에는 기술적, 인적, 조직적 기능 중 적합한 것을 선택한다. 기능 색상에 흰색, 청색, 녹색, 회색, 적색, 황색, 자색, 기타색 중에서 하나를 골라서 기능을 강조할 수가 있다.

모델표시 형태는 고전식, 현대식, 떠있는 형태 중의 하나를 고르면 된다. 상위 메뉴에서 PDF를 골라서 보기 쉬운 pdf 형태로 출력도 가능하고, PNG를 선택해서 이미지로 저장할 수도 있다. 그리고 중간 메뉴에서 그림을 1배에서 2배나 3배로 확대를 할 수가 있다. 오른쪽 끝 메뉴에서 빨간 키를 눌러서 실행도 가능하다. 오른쪽 맨 끝의 4개 화살표를 클릭하면 전체화면으로 전환 가능하며, 빨간 키는 파란색 화살표로 변경된다.

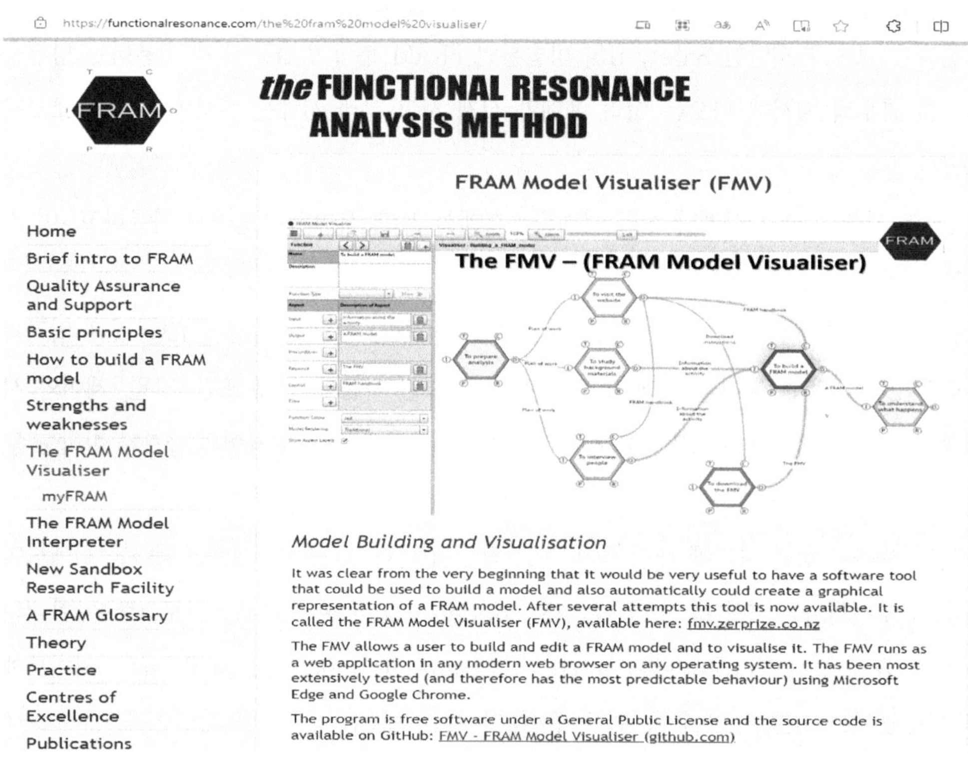

<그림 13.1> FRAM Model Visualizer (FMV) 프로그램 구하는 사이트

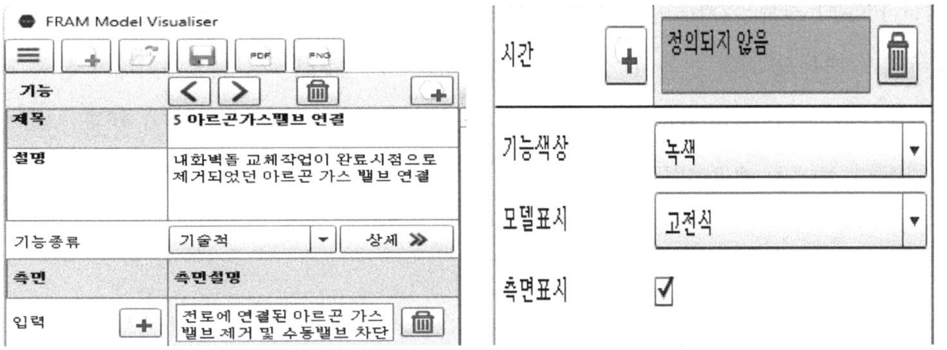

<그림 13.2> FRAM Model Visualizer 프로그램 메뉴 그림 1

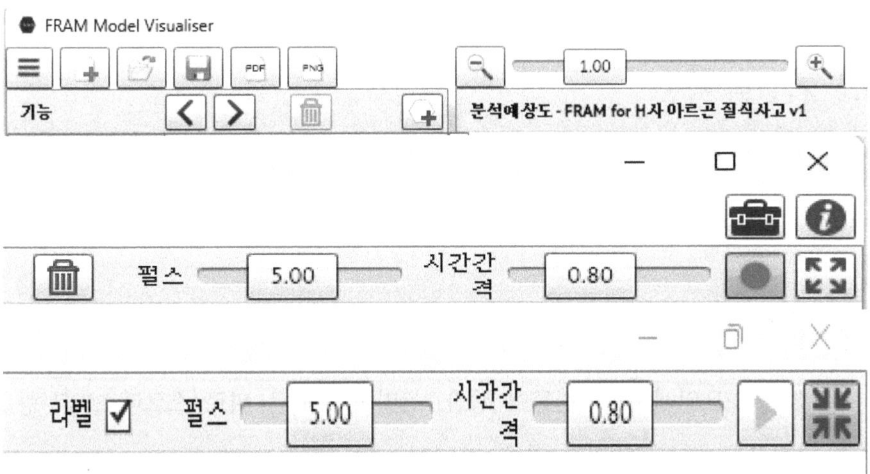

<그림 13.3> FRAM Model Visualizer 프로그램 메뉴 그림 2

4차로 FRAM 차트를 완성한 다음에는 변동성에 대해 간략한 보고서를 작성한다. 변동성에는 내적 변동과 외적 변동이 있다. 보고서 끝에 여기에 대한 설명을 제시해야 상황 전개와 변동에 대한 이해가 쉽다. 아래에 홀라겐 교수의 저서 내용에서 2가지 변동 사항에 관한 간략한 설명을 제공하였다.

13.1 내적 변동

기술적 기능, 인적 기능, 조직적 기능의 3가지 각 변동에 대한 가능성을 확인한다.

13.1.1 기술적 기능

- 기술적 기능의 변동성은 마모나 손상임.
- 기술적 기능에 대한 내적 변동의 주된 요인은 없으며 외적 변동의 요인이 많음.

13.1.2 인적 기능

- 생리적/심리적 요인에 따라 변동이 생김. 생리적 요인은 피로/스트레스(업무량).
- 그 외 생체리듬, 행복, 생리적 욕구, 경험적 질병, 인식 방법 등.
- 사회적 요인은 변동의 외적 요인에 해당.

13.1.3 조직적 기능

- 권위적 상하 관계, 신뢰, 조직상의 기억, 조직문화(유연/비-유연) 등에 의해 변동.
- 안전문화/기업문화/권력 문화 등 포함된다.

13.2 외적 변동

기술적 기능상 부적절한 유지보수로 인해 변동할 수 있다는 상정을 하면 기계의 내적인 마모나 손상 때문에 유지보수의 필요성이 생겨난다고 주장하지만, 기본적으로는 외적 요인으로 취해진다. 즉 주위에 작동하는 조건, 설계 사양 초과 등이다.

① 인적 기능 - 주요 외적 기술 및 조직에 의한 것임.

② 사회적 요인- 집단의 압력이나 규범 등 포함. 대부분 조직문화와 겹침. 조직 자체의 기대/규범/요구/압력/방침 등. Herald 선박사고는 배의 출항 준비를 공표하는 것 같은 시간 엄수의 강조가 중요했다는 예임.

③ 조직적 기능- 물리적/법률적 작업 환경과 상업적 환경이 주된 영향. 고객의 요구나 기대, 자원이나 부품의 유용성, 규제환경, 상거래의 압력, 규제 감시 등이다.

	내적 변동	외적 변동
기술적 기능	-기계적 시스템, 소프트웨어 시스템으로 이루어짐 -마모나 손상을 제외하면 - 내적변동 요인은 적음	주위의 조건- 설계/사양초과/온도 등
인적 기능	생리적/심리적 요인-생체리듬, 욕구, 질병 등	조직에 의한 것
조직적 기능	권위적 상하관계, 신뢰, 조직상의 유연/비유연- 안전문화/기업문화 등	물리적/법률적 환경, 고객의 요구조건, 자원의 유용성, 규제 감시 등

13.3 FRAM 모델 용어의 간략한 소개

13.3.1 커플링(Couplings)

커플링은 기능이 어떻게 연결되거나 서로 의존하는지를 설명한다. 공식적으로 한 기능의 출력이 다른 기능의 입력, 전제 조건, 자원, 제어 또는 시간에 해당하면 두 기능이 결합하였다고 한다. FRAM 모델에 의해 설명되는 결합, 즉 공통 측면으로 인한 종속성은 FRAM 모델이 특정 상황을 참조하지 않고 기능 간의 가능한 관계 또는 종속성을 설명하기 때문에 잠재적 결합(potential couplings)이라고 한다.

FRAM 모델의 인스턴스화는 주어진 조건이나 주어진 시간 프레임 내에서 기능의 하위 집합이 실제로 어떻게 결합할 수 있는지를 나타낸다. 하위 집합은 특정 상황이나 특정 시나리오에서 발생했거나 발생할 것으로 예상하는 실제 결합 또는 종속성을 나타낸다. 특정 인스턴스화에 대해 설명된 결합은 변경되지 않지만, 가정된 조건에 대해 '고정' 또는 '동결'된다. 이벤트 분석의 경우 인스턴스화는 일반적으로 이벤트의 전체 기간과 당시 존재했던 결합을 포괄한다.

13.3.2 전방(Foreground) 및 후방(Background) 기능

FRAM의 기능은 전방 기능 또는 후방 기능으로 설명될 수 있다. 이 용어는 관련된 기능의 유형과는 아무런 관련이 없으며, 시스템에서 해당 기능의 역할과 관련이 있다.

특정 모델은 물론 모델의 인스턴스화에도 사용된다. 기능이 연구 초점의 일부일 때 전방 기능으로 간주한다. 이는 실제로 기능의 가변성이 조사 중인 활동의 결과에 영향을 미칠 수 있는 제 여부를 의미한다. 후방 기능은 전방 기능에 의해 사용되지만 고려 중인 상황에서 안정적이라고 가정되는 것을 설명하는 데 사용된다. 예를 들어 자원 (resource, 적절한 수준의 직원 배치 또는 직원의 역량) 또는 지침(통제)이 될 수 있다. 지시가 안정적이라고 가정되어야 하는 것처럼 개인의 역량은 일반적으로 작업을 실행하는 동안 안정적(변동하지 않음)이라고 가정되어야 한다.

이는 역량이 충분하다거나 지시가 정확하다는 것을 의미하는 것이 아니라, 작업을 수행하는 데 걸리는 시간 동안 안정적이라고 간주하여야 한다는 의미일 뿐이다. 따라서 전방 및 후방 기능은 모델 내 기능의 상대적 중요성을 의미하는 것이지 기능 자체를 의미하는 것은 아니다. 연구 초점이 변경되면 기능이 전방 기능에서 후방 기능으로 변경될 수 있으며 그 반대의 경우도 마찬가지이다.

전방(foreground) 기능에 대해서는 최소한 입력(Input)과 출력(Output)에 관한 기술이 필요하다. 무언가의 소스를 나타내는 후방 기능의 경우 출력을 설명하는 데 충분할 수 있다. 마찬가지로, 분석에 포함되지 않은 다운스트림 기능(예: 배수)에 대한 자리 표시자 역할을 하는 후방 기능의 경우 입력을 설명하는 것으로 충분할 수 있다.

이는 후방(background) 기능에 도달할 때마다 FRAM 모델의 확장이 중지됨을 의미한다. (예로 9개의 후방 기능이 포함되지만, 전방 기능은 2개만 포함됨)

13.3.3 업스트림(Upstream) 및 다운스트림(Downstream) 기능

전방 및 후방이라는 용어는 모델에서 기능의 역할을 나타내지만, 업스트림 및 다운스트림이라는 용어는 초점이 맞춰진 기능과 다른 기능 간의 시간적 관계를 설명하는 데 사용된다. FRAM 모델의 분석은 기능 간의 잠재적 결합을 단계별로 따라 진행된다. 이는 항상 하나 이상의 기능에 초점이 맞춰져 있으며, 즉 가변성이 고려되고 있음을 의미한다. 이전에 중점을 두었던 기능, 즉 이미 수행된 기능을 업스트림 기능이라고 한다.

마찬가지로 초점이 맞춰진 기능을 따르는 기능을 다운스트림 기능이라고 한다. 분석을 구현하는 동안 모든 기능은 상태를 다운스트림에서 초점을 맞추고 업스트림 기능으로 변경할 수 있다.

FRAM 모델은 특정 상황이 아닌 일반적인 상황에 대한 기능과 잠재적인 결합을 설명한다. 그러므로 한 기능이 항상 다른 기능 이전에 수행될 것인지, 아니면 이후에 수행될 것인지 확실하게 말할 수는 없다. 이는 모델이 인스턴스화될 때만 결정될 수 있다. 대조적으로, 레이블 전방 기능과 후방 기능은 다음과 같이 FRAM 모델에 모두 유효하다.

인스턴스화 - 모델의 인스턴스화는 특정 상황이나 시나리오에 대한 자세한 정보를 사용하여 모델의 인스턴스나 특정 예를 생성한다. 이는 각 기능, 운영 환경 및 업스트림-다운스트림 결합에 얼마나 많은 가변성이 있는지에 따라 시나리오에서 발생하는 순서를 반영하는 기능의 시간적 구성에 해당한다.

13.3.4 FRAM 모델의 그래픽 표현

FRAM 모델은 시스템의 기능(전방 기능과 후방 기능의 결합)을 나타낸다. 이 모델은 또한 함수의 측면에서 파생될 수 있는 함수 간의 잠재적 결합을 설명한다. FRAM 모델의 그래픽 표현은 육각형을 사용하여 기능을 나타내고 기능 간의 잠재적인 연결을 보여준다. FRAM Model Visualizer 또는 FMV는 FRAM 모델에 사용되었다. FMV는

www.functionresonance.com에서 찾을 수 있으며 현재 버전과 간단한 지침 세트가 있다. 무료로 다운로드가 가능하다. 그래픽 표현은 육각형의 기본 방향이나 순서(예: 왼쪽에서 오른쪽으로 또는 위에서 아래로)를 정의하지 않는다.

13.3.5 FRAM 모델의 6가지 측면 특성

FRAM에서 기능은 6가지 측면의 특성으로 특징지어질 수 있다.

- 입력(I): 함수가 처리하거나 변환하는 것 또는 기능을 시작하는 것이다.
- 출력(O): 함수의 결과인 것, 엔터티 또는 상태 변경.
- 전제 조건(P): 함수 이전에 반드시 존재해야 하는 조건 수행될 수 있다.
- 자원(R): 기능이 수행될 때 필요한 것.
- 시간(T): 기능에 영향을 미치는 시간적 제약(시작 시각, 종료 시각 또는 기간과 관련).
- 제어(C): 기능을 감시하거나 제어하는 방법이다.

13.4 FRAM 모델을 실제 사고 사례에 적용한 예

13.4.1 Free Enterprise호의 자동차 페리선 재난 사건

이 사례는 1987년 3월 6일 벨기에 Zeebrugge 항구 외곽에서 롤온 롤오프(ro-ro) 여객과 자동차 페리인 Herald of Free Enterprise 호가 전복된 사건이다. 이 선박은 영국의 도버(Dover)로 향하는 항로였지만 곧 전복되었다. 항구를 떠난 후 배의 옆구리가 얕은 물에 반쯤 잠겨 193명의 승객과 승무원이 사망했다.

발생 당시의 사건 The Herald of Free Enterprise 호는 대량의 도버-칼레 페리 항로에서 사용하도록 설계되었으며, 최대 1,400명을 수용할 수 있는 인증을 받은 현대식 로로(roro) 여객선과 차량 페리 선박이었다. 도버-칼레 항로는 약 22해리로 매우 짧으며, 통과 시간은 약 90분이다. Zeebrugge와 Dover 사이의 경로는 약 72해리로 더 길고 일반적으로 하루에 한 번만 출발한다.

Herald에는 두 개의 주요 차량 데크가 있다. 주 차량 갑판으로의 적재는 선수와 선미의 방수 문을 통해 이루어졌다. 문은 수평으로 열리고 닫히는 대합조개 모양으로 디자인되었다. 이 설계로 인해 선박의 선장은 문이 열렸는지 닫혔는지 다리에서 볼 수 없었다. 상부 차량 갑판으로의 적재는 선수의 비바람에 견디는 문과 선미의 개방형 포털을 통해 이루어졌다. Dover 지역과 Calais 지역에서는 더블 갑판 경사로를 사용하여 차량을 상부 갑판과 메인 갑판에 동시에 싣고 내릴 수 있었다. Zeebrugge에는 단일 레벨 접근 램프만 있었기 때문에 동시 갑판 적재가 불가능했다.

단일 경사로가 차량 상부 갑판에 완전히 도달할 수 없었기 때문에 적재를 쉽게 하려고 물 밸러스트를 Herald 선수의 탱크로 펌프질했다. 따라서 이 항구에서는 페리의 소요 시간이 더 길어졌다.

헤럴드가 Zeebrugge를 떠났을 때 선수 밸러스트 탱크에서 모든 물을 펌프질하지 않았기 때문에 배는 선수에서 약 3피트 아래로 내려갔다. 보조 갑판장은 선수부(bow) 문을 닫는 일을 담당했다. 그는 Zeebrugge에 도착하자마자 선수부(bow) 문을 열었고, 일부 유지 관리 및 청소 활동을 감독했다. 그 후 그는 이 일이 끝난 후 그의 침대칸(cabin)으로 갔다. 그는 잠이 들었고 선원들에게 부두에서 출발하기 위해 지정된 위치를 차지하도록 경고하는 '항구 지역(harbor station)'의 방송에도 깨어나지 않았다.

갑판장(Bosun)은 자신에게 할당된 지역으로 가기 위해 '항구 지역(harbor station)' 호출에 따라 차량 갑판을 떠났다. 그는 나중에 뱃머리 문을 닫거나 이를 수행할 사람이 있는지 확인하는 것이 자신의 임무 중 하나였던 적이 없다고 말했다. 최고 책임자는 차량 적재를 담당했다. 그는 보조 갑판장(Bosun)이 주차된 차량을 헤치고 도어 제어판을 향해 달려오는 것을 볼 때까지 차량 갑판에 남아있었다고 말했다. 그런 다음 최고 항해사는 부두에서 출발하기 위해 지정된 위치인 선교로 갔다. 헤럴드 호는 먼저 선미를 떠났고 그다음 내항을 떠나기 전에 우현으로 180도 회전했다. 배는 외부 항구를 통과하여 22노트의 서비스 속도를 향해 빠르게 가속했다. 배가 속도를 높이자 뱃머리 아래에 뱃머리 파도가 쌓이기 시작했다.

15노트의 속도로 뱃머리가 평소보다 3피트 낮아진 상태에서 물은 분당 200톤의 속도로 열린 문을 통해 차량 주 갑판 위로 부서지기 시작했다. 이러한 유형의 선박에는 분할 격벽이 없으므로 물이 끝에서 끝까지, 좌우로 쉽게 흐를 수 있다. 선수 문을 통한 물의 범람으로 인해 선박이 빠르게 불안정해졌다.

헤럴드 호는 거의 즉각적으로 30도 기울기(porting)를 기록했다. 계속해서 대량의 물이 쏟아져 차량 데크의 좌현 날개를 채우고 40초 후 현지 시각 19시 5분에 좌현으로 전복되었다. 헤럴드 호는 선체의 우현 절반이 물 위에 있는 상태로 90도가 약간 넘는 각도로 해저 모래턱에 자리를 잡았다. 선박의 구명정 중 하나를 내릴 기회이다.

13.4.2 FRAM 모델과 기능

이 이벤트는 Zeebrugge에서 출발하는 동안 선박에 필요한 일련의 활동을 나타내는 세 가지 고급 기능으로 설명할 수 있다.

- 적재 완료(전체 로딩)
- 사전 항해 작업(선수 포트 폐쇄, 밸러스트 제거 또는 복원)
- 기동 - 항해(항행 준비, 인력 호출, 출항 전 정위치로)

견인 줄을 풀고 항구를 떠나 서비스 속도로 올린다.

13.4.3 FRAM 모델: 기능 공명 분석 방법

일반적이고 기술적이지 않은 설명조차도 명확하게 식별할 수 있는 여러 기능을 가리킨다. 순서대로 〈적재 완료〉, 〈선수 문 닫기〉, 〈배의 균형 trim 복원〉, 〈출항 정 위치 선내방송〉이다.

그리고 〈회사 규정 제정 SSO〉, 〈항행 준비 Man-Harbor Station〉, 〈견인줄 품〉, 〈출항 Leave Harbor〉, 〈항해 시작 - 서비스 속도까지 가속〉 기능도 항해를 시작할 때까지 필요하다.

FRAM 분석은 이러한 기능을 특성화하고 상호 의존하는 방식으로 시작된다.

이는 전복부터 시작하여 필요충분 원인이 발견될 때까지 단계적으로 조사하는 기존 사고조사와는 큰 대조를 이룬다.

이러한 차이점을 설명하기 위해 FRAM 분석은 〈출항 Leave Harbor〉 기능을 살펴보는 것으로 시작할 수 있다. 돌이켜보면 전제 조건이 충족되지 않았음에도 불구하고 이 기능이 수행되었다.

13.4.4 출항(Leave Harbor)의 FRAM 표현

〈출항 Leave Harbor〉 기능에 대한 설명은 7개의 다른 기능(입력용 1개, 출력용 1개, 전제 조건 3개, 자원 1개, 시간 1개)을 가리킨다. 비록 FRAM에서는 이러한 모든 기능을 설명해야 하며, 이 예에서는 그중 몇 가지에 중점을 둘 것이다.

Output [Vessel has left Harbor]은 〈항해 시작 Commence voyage〉라고 부를 수 있는 기능의 입력이다. 시간 입력 [항해 일정]은 〈겨울 일정 제작〉이라는 배경 기능의 출력으로 볼 수 있다. 그러나 세 가지 전제 조건에 대해서는 자세히 설명할 필요가 있다.

13.4.5 선수부 문 닫기(Bow Door)의 FRAM 표현

〈선수부 문 Bow Door 닫기〉 기능은 6가지 다른 기능을 가리킨다. 이들 중 세 가지만 언급한다. 그러나 FRAM 모델을 구성하는 첫 번째 반복에는 포함되어야 한다. 전제 조건[Chain in place]은 〈적재 완료 Finish loading〉'이라고 부를 수 있는 기능의 출력이다. (체인은 차량이 차량 갑판 위로 주행하는 것을 방지하는 물리적 체인) 적재 직원(Loading Officer)의 승무원 감독을 의미하는 자원(Resource) [Loading Officer]는 〈승무원 감독〉이라 할 수 있는 기능의 Output이다.

13.4.6 배의 균형 잡기(Trim Vessel)의 FRAM 표현

이는 주로 밸브 정렬과 펌프 시동을 포함하므로 상대적으로 간단한 기능이다. 그런 일이 발생하면 승무원은 펌프질이 완료될 때까지 기다려야 한다. 여기에 표시된 설명에서 제어는 이미 설명한 [선박의 상시 명령]을 참조한다.

13.4.7 견인줄 풀기(Drop Moorings)의 FRAM 표현

〈견인줄 품/계류부 풀기 Drop moorings〉 기능도 간단하게 표현되어 있다. 이로써 〈출항〉의 3가지 전제 조건이 완성된다.

13.4.8 적재 완료(Finish Loading)의 FRAM 표현

이 기능은 두 가지 다른 출력하는 것으로 설명된다. 하나는 [적재가 완료되었다]라는 신호이다. 다른 하나는 선박이 항구 기지에 대한 호출 준비가 되어있다는 것이다.

13.4.9 항행 준비(Man Harbor Station)의 FRAM 표현

이 기능은 바다로 가기 위한 준비에서 중요한 단계를 나타낸다. 이 기능(function)에는 두 가지 다른 출력이 있다. 하나는 일반적으로 항구 역에 유인이 있다는 것이다. 다른 하나는 보조 갑판장(Bosun)이 뱃머리 문에 있는 위치에 있다는 것이다.

13.4.10 변동성의 원인

변동성의 주요 원인은 선박이 Calais 지역에서 일반적인 경로가 아닌 Zeebrugge 지역에서 Dover 지역으로 항해했다는 것이다. Zeebrugge 지역에서는 더블 갑판 경사로가 없으므로 차량을 하역하고 적재하는 데 더 오랜 시간이 걸렸다. 회사에서는 이를 전혀 고려하지 않았기 때문에 항해 일정을 유지하려면 절차가 복잡해 시간 압박이 가중되었다.

1) 내부 변동성

주요 기술적 기능을 고려하면 선수 문이 열려 있었지만, 오작동으로 인한 것이 아니다. 승무원이 닫으려고 시도했다면 메커니즘이 (아마도) 작동했을 것이다. 밸러스트 탱크를 비우는 데 사용된 펌프도 작동했지만 자연스러운 트림이 다시 설정될 수 있도록 탱크를 비우는 데 시간이 충분하지 않았다. 전반적으로 사고 보고서에는 기술적 오작동을 암시하는 내용이 없다. 인간의 기능 측면에서는 분명히 약간의 가변성이 있었다.

사고가 늦은 오후나 초저녁에 발생했음에도 보조 갑판장은 선실에서 곤히 자고 있었다. 전날의 음주로…. 이전 근무 이후 얼마나 오랫동안 쉬었는지 등과 관련된 다른 주요 역할자(갑판장, 최고 항해사, 선장)의 경우 위에 설명된 시간 압박으로 인해 성과의 변동성이 증가했을 수 있다.

조직 기능의 경우 행사 기간 동안 변동이 없었다고 가정할 수 있다. 실제로 전체 진행은 약 1시간 정도 소요되었으며 실제 항해 시간은 약 20분 정도였다. 조직 기능의 가변성 빈도는 일반적으로 그보다 훨씬 낮다.

2) 외부 변동성

기술적 기능의 경우, 요구된 대로 수행되지 않았다는 징후가 없다. (이번 사건에서는 선수 문의 상태 표시와 같은 하나 이상의 기술적 기능이 빠짐)

Herald 호의 경우, 인간과 조직의 기능에 대한 가변성의 여러 외부 원인이 있었다. 인간의 기능에서는 일정을 지켜야 한다는, 즉 정시에 도착하고 떠나야 한다는 압박감이 있었다.

너무 일찍 시작하거나 일을 당연하게 여기면서 시간을 끌 수 있다. 이는 선박이 항구를 떠날 때 완료되지 않은 선박의 밸러스트 제거와 사람들의 행동 모두에 영향을 미쳤다. 몇몇 경우에 사람들은 무언가를 확인하는 것을 소홀히 했는데, 아마도 그럴 필요가 없다고 믿었기 때문일 것이다. 일등항해사는 보조선이 선수 문을 향해 움직이는 것을 봤다고 생각했기 때문에 주갑판을 떠나 다리에 있는 항구 역으로 갔다. 선장은 선수부 문이 닫혔다고 가정하고 작업했다. 시간적 압박은 또한 자연적인 균형(trim)이 다시 이루어지기 전에 항해하기로 한 결정에 영향을 미쳤다. 충분히 안전하다는 가정에 따라 출항하였다. 또 다른 영향은 선박 내부와 운영 회사 모두에서 조직의 문화였다. 이것은 뱃머리 문을 닫는 것이 그의 의무가 아니라는 선박 사람들의 진술에서 설명된다. 이는 주변에서 일어나는 일에 신경 쓰지 않고 자신의 업무를 효율적으로 수행하는 것을 강조하는 것으로 볼 수 있다.

13.4.11 업스트림-다운스트림의 결합

명목상의 관점에서 볼 때, 이 사건의 변동성은 일반 입력과 특정 입력 간의 결합으로 인한 것이 거의 없다. 선박이 항해를 시작하기 전에 평형수를 빼내지 못한 이유는 평형수 빼는 데 평소보다 시간이 오래 걸려서가 아니라, 항해를 완료하는 데 시간이 충분하지 않았기 때문이다. 인간 기능의 내부 변동성은 일반적으로 시간 압박으로 인해 발생했으며, 이로 인해 작업 단계를 제 시간에 완료하여 지름길을 택하는 것이 중요했다.

13.4.12 사고 사례에 대한 출력의 가변성

헤럴드(Herald) 호가 항해를 시작할 당시에는 자연적인 균형(trim)이 확립되지 않았다. 그러나 출력이 지연되는 등 〈배의 균형 잡기〉 기능이 다양했기 때문은 아니다. 밸러스트 탱크를 비우는 것은 시간이 걸리는 과정이었다. 헤럴드 호가 정박지를 떠났을 때 그것이 완료되지는 않았지만, 그것은 〈선박 손질〉이 너무 늦게 끝났기보다는 〈출항-항구 떠나기〉가 너무 일찍 시작되었기 때문이다. 모델의 첫 번째에 포함된 다른 두 가지 기능의 경우 〈적재 완료 Finish loading〉이나 〈견인줄 품 Drop moorings〉 기능 모두 큰 변동성을 보이지 않는 것으로 가정된다.

13.4.13 모델의 인스턴스화

FRAM 모델의 인스턴스화는 가변성을 사용하여 사고가 어떻게 발생했는지 이해하는 방법을 보여준다. 이 경우 주요 변동성은 항해를 시작해야 한다는 강력한 인식이었는데, 이는 일부 전제 조건이 검증되어야 했지만 검증되지 않았음을 의미한다. 선장은 습관적으로 부정적인 보고에 의존했는데, 이는 선수 문이 열려 있다는 명시적인 지시를 받지 않는 한 선수 문이 닫혀 있다고 가정했다는 것을 의미한다. 선교에 있는 직원(officer)들은 선박 균형이 잡히지 않았더라도 정박지를 떠나는 것이 안전하다고 가정했을 수도 있다. 결국 선수부(bow) 문은 닫힌 것으로 가정되었다. 마지막으로, 〈항행 준비 Man-Harbor Station〉 기능 역시 출력이 부정확하고 심지어 시기상조라는 점에서 다양했다.

헤럴드(Herald) 호 사례의 FRAM 모델을 구축하는 첫 시도는 다소 거칠고 불완전하다. 그러나 이는 모델이 어떻게 구성될 수 있는지, 그리고 모델이 어떻게 정교화될 수 있는지를 보여준다. 각각의 기능을 더 자세히 설명할 수도 있고, 나중에는 그래야 한다. 그러면 어떤 일이 발생했는지를 더 정확하게 설명하는 모델이 만들어진다. 이러한 추가적인 정보는 무슨 일이 일어났는지 더 잘 이해하기 위한 기초로 사용될 수 있다.

13.4.13 사고 사례의 9개의 기능과 6개 측면 조건

① Finish Loading 적재 완료

② Trim Vessel 선박 균형 잡음

③ Supervising Crew 출항 정 위치 잡기와 선내방송

④ Close Bow Door 선수부 문을 닫음

⑤ Man-Habor Station 항행 준비

⑥ SSO 회사 규정 제정

⑦ Drop Moorings 견인줄 품

⑧ Leave harbor 출항

⑨ Commence Voyage 항해 시작

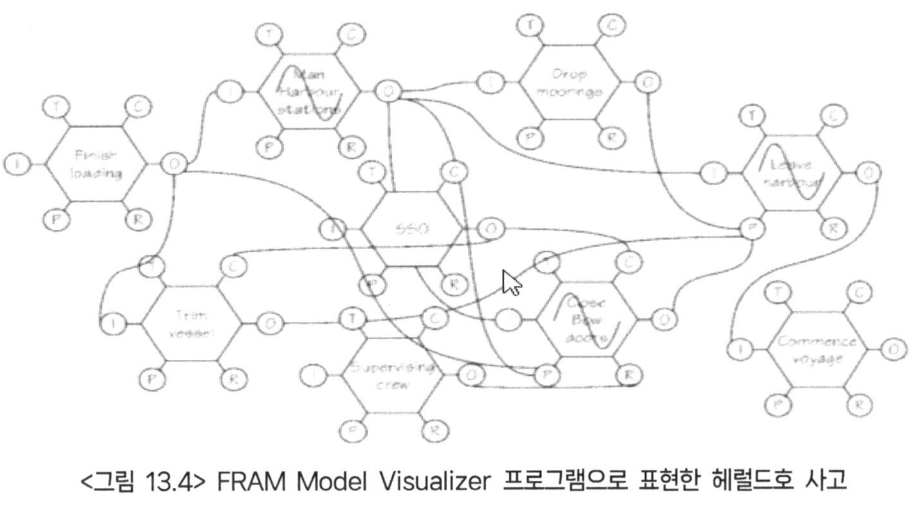

<그림 13.4> FRAM Model Visualizer 프로그램으로 표현한 헤럴드호 사고

13.5 Herald of free Enterprise 침몰사고의 FRAM 기능별 재정리

Herald of free Enterprise 침몰사고 일지	1987년 3월6일, 193명 사망 (예제 2)

No	기능	각 기능(function)의 설명
1	1 적재 완료/선적 끝내기	사슬을 제 위에 놓고, 적재 완료 활동 / Finish loading
2	2 배의 균형을 잡음/선박 평형	선박 평형 맞추기. 배의 수평 자세를 회복. 상당한 시간이 소요 가능 / Trim vessel
3	3 출항 정 위치 선내 방송	출항 전 정 위치를 위한 선내 방송 / Supervising crew
4	4 선수부 문 닫기	배가 항구를 나서기 전 선수부 문 닫음. 부 갑판장의 임무임. 체인 고박(사슬 제 위치) / Close bow doors
5	5 항행 준비	바다 나가기 전 준비. 항구 역 유인. 보조 갑판장(Bosun) 뱃머리 문에 있는 위치 / Man-Harbor Station
6	6 회사 규정 제정	출항을 위해 선박 복무 규정 준수와 출항 전에 선박 복무 지시 / Ship System Order: SSO
7	7 계류구를 품/견인줄 풀기	계류구를 푸는 것은 출항 절차의 일부 / Drop moorings
8	8 출항	배가 정박지를 떠나 항해를 위해 내항을 통과 / Leave harbor
9	9 항해 시작	승선을 완료하고 항해 속력까지 가속 / Commence voyage

13.6 Herald of free Enterprise 침몰사고 FRAM 6가지 기능의 재정리 (1입력, 2출력, 3전제조건 / 4자원, 5제어, 6시간)

No	기능	1 입력	2 출력	3 전제 조건
1	1 적재 완료/선적 끝내기 FL	정의되지 않음	적재 완료, 출항 정 위치 선내 방송, 체인 고박, 적재 담당자	정의되지 않음
2	2 배의 균형을 잡음/선박 평형 TV	적재완료	배의 균형 잡음, 균형에 상당 시간 소요	정의되지 않음
3	3 출항 정 위치 선내 방송 SC	정의되지 않음	출항 정 위치 선내방송	정의되지 않음
4	4 선수부 문 닫기 CBD	부 갑판장 선수부 문에 위치, 출항 정 위치함	선수부 문 닫음	사슬의 제 위치(체인 고박). 승무원 정 위치함
5	5 항행 준비 MHS	출항 정 위치 선내방송	배의 균형 잡음, 균형에 상당 시간 소요	정의되지 않음
6	6 회사 규정 제정 SSO	정의되지 않음	선박 복무 규정, 선박 복무 지시	정의되지 않음
7	7 계류구를 품/견인줄 풀기 DM	출항 정 위치함	계류구 품	정의되지 않음
8	8 출항 LH	승무원 정 위치함, 항구 역 유인	배가 항구 떠남	배의 균형 잡음. 선수부 문 닫음. 견인줄(계류구) 품
9	9 항해 시작 CV	배가 항구 떠남, 항해 속력까지 가속	정의되지 않음	정의되지 않음

4 자원	5 제어	6 시간	No
정의되지 않음	정의되지 않음	정의되지 않음	1
정의되지 않음	정의되지 않음	정의되지 않음	2
정의되지 않음	정의되지 않음	정의되지 않음	3
정의되지 않음	선박 복무 규정, 부 갑판장 선수부 문에	정의되지 않음	4
정의되지 않음	정의되지 않음	정의되지 않음	5
정의되지 않음	정의되지 않음	정의되지 않음	6
정의되지 않음	정의되지 않음	정의되지 않음	7
보조 갑판장 뱃머리에	선박 복무 지시	균형에 상당 시간 소요	8
정의되지 않음	정의되지 않음	정의되지 않음	9

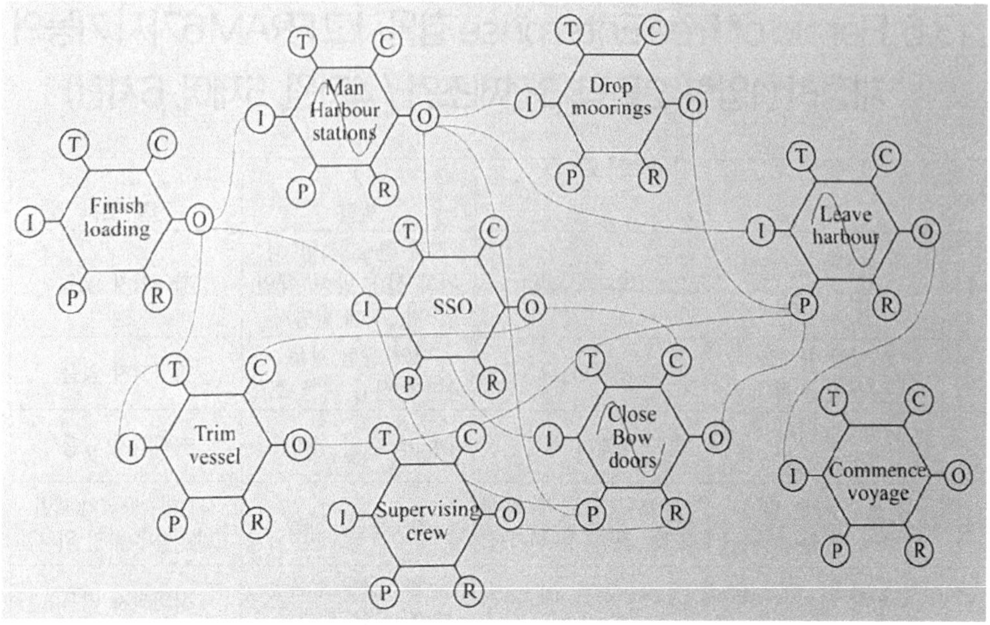

<그림 13.5> Herald of free Enterprise 침몰사고의 FRAM 교재 도식화

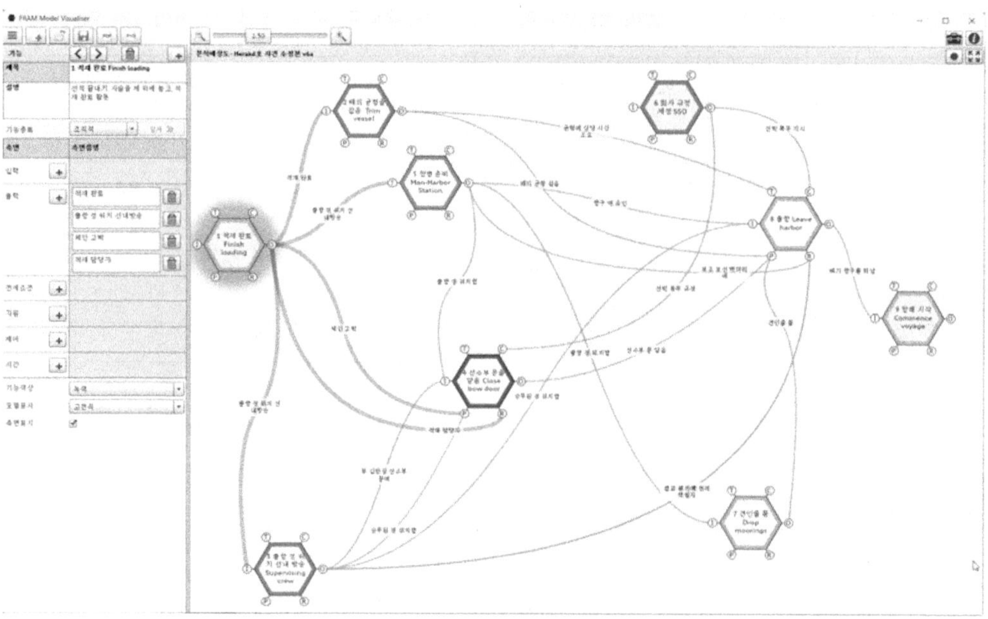

<그림 13.6> Herald of free Enterprise 침몰사고의 FRAM 실제 도식화

13.7 복부의 스펀지 방치 사고사례의 FRAM 기능별 재정리

복부의 스펀지 방치 사고사례	스펀지 방치 사고 예제 1

No	기능	각 기능(function)의 설명
1	1 상처 봉합	외과수술 진행의 완결 부분, 집도의가 진행
2	2 기구와 재료 / (봉합 후) 수량 확인	봉합 후 수술실 간호사에 의해 진행
3	3 환자 각성	마취간호사가 실시
4	4 기구와 재료 / (봉합 전) 수량 확인	봉합 개시 전 수술실 간호사에 의해 진행
5	5 특수진통제 투여	수술실 간호사에 의해 실행, 수술 중 부가업무
6	6 특수진통제 준비	수술실 간호사에 의해 실행
7	7 조직 샘플 추출	집도의에 의해 시행
8	8 복부 수술의 개시	집도의에 의해 시행
9	9 지혈	출혈을 멈추는 데 필요한 단계 시행
10	10 출혈	외과수술 중 일어날 수 있는 상황
11	11 외과수술 완료	집도의와 보조의에 의해 실시

13.8 복부의 스펀지 방치 사고사례 FRAM 6가지 기능의 재정리

No	기능	1 입력	2 출력	3 전제 조건
1	1 상처 봉합	외과수술 완료, 지혈 완료	상처 봉합	모든 기구와 재료 파악, 특수진통제 투여
2	2 기구와 재료 / (봉합 후) 수량 확인	상처 봉합	환자 각성 단계	정의되지 않음
3	3 환자 각성	환자 각성 단계	수술준비 완료	정의되지 않음
4	4 기구와 재료 / (봉합 전) 수량 확인	수술준비 완료	모든 기구와 재료 파악	특수진통제 투여
5	5 특수진통제 투여	조직 샘플 추출, 특수진통제 넣은 주사기	특수진통제 투여	지혈 완료
6	6 특수진통제 준비	복부수술 개시	특수진통제 넣은 주사기	정의되지 않음
7	7 조직 샘플 추출	복부수술 개시	조직 샘플 추출	정의되지 않음
8	8 복부수술의 개시	수술준비 완료	지혈 완료	정의되지 않음
9	9 지혈	제어할 수 없는 출혈	지혈 완료	정의되지 않음
10	10 출혈	출혈 시작	제어할 수 없는 출혈	정의되지 않음
11	11 외과수술 완료	조직 샘플 추출	외과수술 진행 완료	지혈 완료

4 자원	5 제어	6 시간	No
정의되지 않음	정의되지 않음	정의되지 않음	1
정의되지 않음	정의되지 않음	정의되지 않음	2
정의되지 않음	정의되지 않음	정의되지 않음	3
정의되지 않음	정의되지 않음	정의되지 않음	4
정의되지 않음	정의되지 않음	정의되지 않음	5
정의되지 않음	정의되지 않음	정의되지 않음	6
정의되지 않음	정의되지 않음	정의되지 않음	7
정의되지 않음	정의되지 않음	정의되지 않음	8
정의되지 않음	정의되지 않음	정의되지 않음	9
정의되지 않음	정의되지 않음	정의되지 않음	10
정의되지 않음	정의되지 않음	정의되지 않음	11

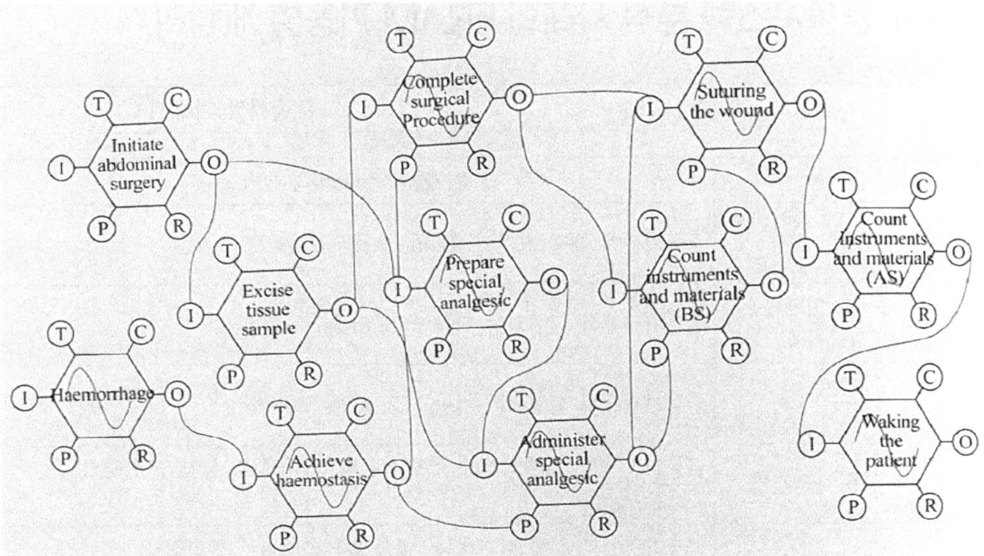

<그림 13.7> 복부의 스펀지 방치 사고사례의 FRAM 교재 도식화

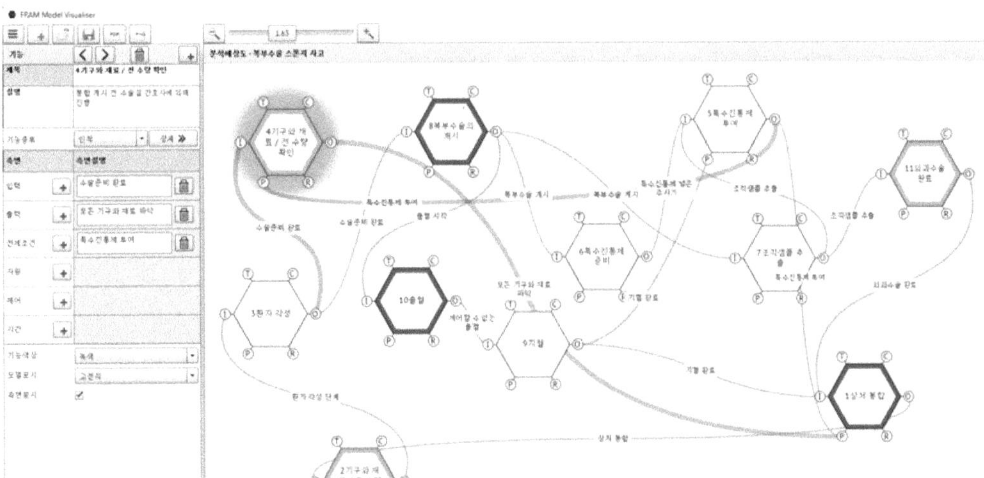

<그림 13.8> 복부의 스펀지 방치 사고사례의 FRAM 실제 도식화

13.9 금융시스템 분석 사례의 FRAM 기능별 재정리

금융시스템 분석 사례	대출신청 예제 3

No	기능	각 기능(function)의 설명
1	1 대출 요청	금융기관에 대출 요청 / Request for Loan
2	2 신청인에게 자금이체	금융기관에서 실행되는 기능 / Transfer Funding
3	3 자금 제공	금융기관에서 실행되는 기능 / Provide Funding
4	4 신용 위험평가	금융기관에서 실행되거나 특별서비스 기관에서 실행 / Credit Risk Assessment
5	5 프로세스 신청	금융기관에서 실행되는 기능. 대출절차 응대실시 행정절차 / Process Request
6	6 위험 관리	금융시장의 공적 기관에서 사용되는 기능 / Risk Management
7	7 금융제공 출처	금융 제공 출처=은행, 보험회사 / Economic Resource
8	8 최종 자금 입금	최종 자금 입금 / Purchase

13.10 금융시스템 분석 사례 FRAM 6가지 기능의 재정리

No	기능	1 입력	2 출력	3 전제 조건
1	1 대출 요청	정의되지 않음	대출신청 요청	정의되지 않음
2	2 신청인에게 자금이체	승인된 금액	대출신청	신청인의 승인
3	3 자금 제공	대출신청 승인	승인된 금액	정의되지 않음
4	4 신용 위험평가	대출신청 승인	신청인의 승인	정의되지 않음
5	5 프로세스 신청	대출신청	대출신청 승인	정의되지 않음
6	6 위험 관리	신청인의 승인	위험 관리 지침	정의되지 않음
7	7 금융제공 출처	정의되지 않음	경제적 자원	정의되지 않음
8	8 자금 임금	대출신청	정의되지 않음	정의되지 않음

4 자원	5 제어	6 시간	No
정의되지 않음	정의되지 않음	정의되지 않음	1
정의되지 않음	정의되지 않음	정의되지 않음	2
경제적 자원	위험 관리 지침	정의되지 않음	3
정의되지 않음	위험 관리 지침	정의되지 않음	4
정의되지 않음	정의되지 않음	정의되지 않음	5
정의되지 않음	정의되지 않음	정의되지 않음	6
정의되지 않음	정의되지 않음	정의되지 않음	7
정의되지 않음	정의되지 않음	정의되지 않음	8

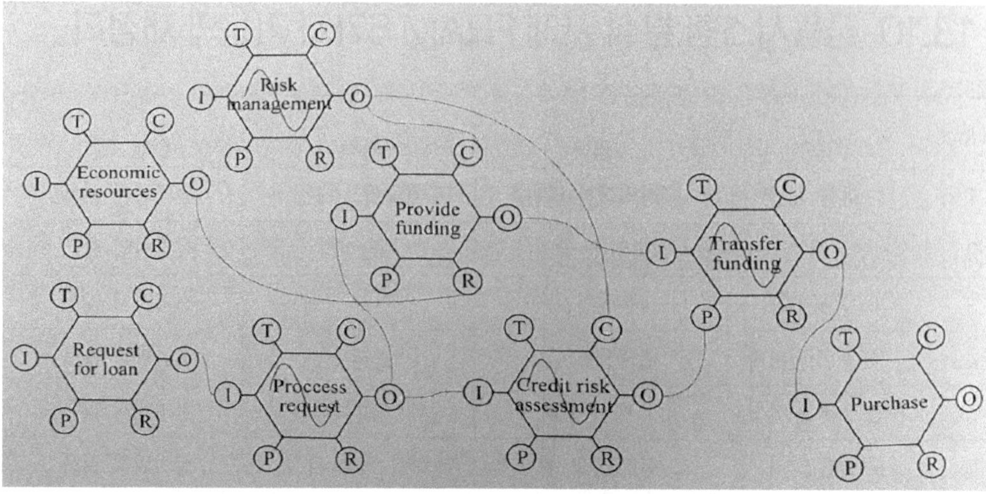

<그림 13.9> 금융시스템 분석 사례의 FRAM 교재 도식화

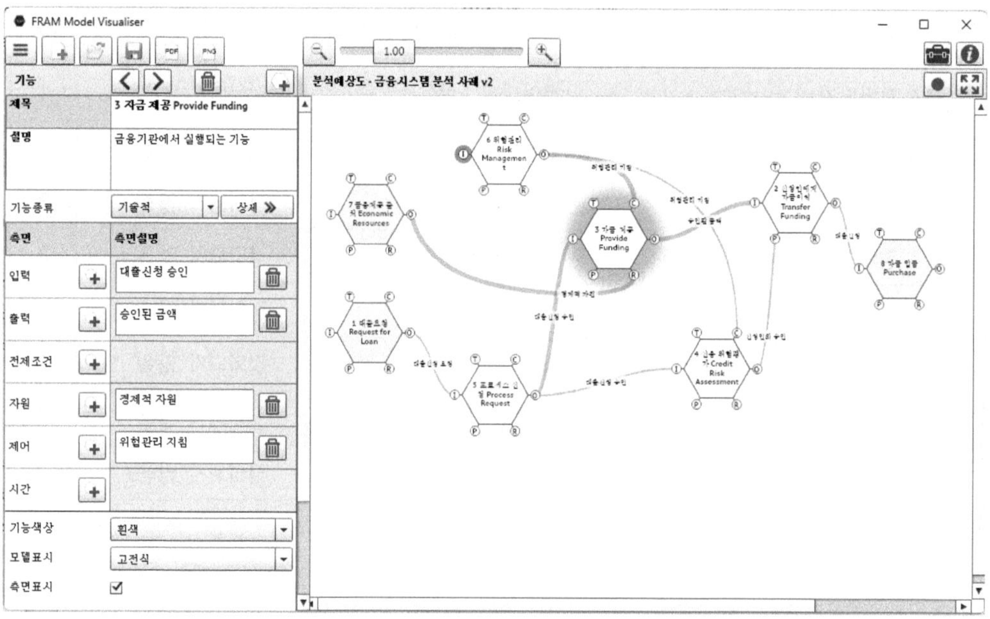

<그림 13.10> 금융시스템 분석 사례의 FRAM 실제 도식화

13.11 FRAM을 FRAM한 사례의 FRAM 기능별 재정리

FRAM을 FRAM한 사례	FRAM한 예제 4

No	기능	각 기능(function)의 설명
1	1 FRAM 설명 0	초기단계에서 분석장면 설정. 다음 단계는 필요성과 자원
2	2 FRAM 설명 1	조사단계 상황의 일상의 일에 요구되는 기능 확인
3	3 FRAM 설명 2	FRAM 모델과 구체화화(군)에서 각 기능의 잠재적 실질적인 변동을 평가.
4	4 FRAM 설명 3	변동이 어떻게 증폭(공명) 또는 감소(감폭)되는 가를 이해를 위한 기초. 상류와 하류 기능 결합의 변동 서술
5	5 FRAM 설명 4	모니터링(KPI) 장애물, 조력자를 포함한 시정조치 사항 개발.

13.12 FRAM을 FRAM한 사례의 FRAM 6가지 기능의 재정리

No	기능	1 입력	2 출력	3 전제 조건
1	1 FRAM 설명 0	작업지시, 사고/사건 조사 요청, 위험평가/위험 분석 요청, 변화의 가능한 효과 평가	잠정 조사/분석 일정, 필요자원의 추정	이해관계자 지시
2	2 FRAM 설명 1	작업지시, 대상 활동에 대한 세부자료	대상 활동의 FRAM모델, 단계2의 필요자원 추정, 대상 활동의 FRAM모델	자료 소스 관련 현장 인원 접근
3	3 FRAM 설명 2	대상 활동의 FRAM모델	대상 활동의 FRAM모델, FRAM모델의 구체화(군)	정의되지 않음
4	4 FRAM 설명 3	FRAM모델의 구체화(군)	구체화에 일어날 수 있는 결과의 평가	정의되지 않음
5	5 FRAM 설명 4	구체화에 일어날 수 있는 결과의 평가	시정조치 제안, 수행지표(KPI)의 사양	정의되지 않음

4 자원	5 제어	6 시간	No
정의되지 않음	정의되지 않음	정의되지 않음	1
FRAM의 전문지식, 주제 전문지식인	FRAM 기법 자체, 모델의 일관성 확인	잠정 조사/분석 일정	2
FRAM의 전문지식, 주제의 전문지식, 특정 자료 DB	FRAM 기법 자체, 조사 일정 최신정보	정의되지 않음	3
FRAM의 전문지식, 주제의 전문지식, FRAM의 전문지식	FRAM 기법 자체	조사 일정 최신정보	4
주제대상의 전문지식, 일반적 인적 안전경험	주제대상의 전문지식	이해관계자가 정한 기한	5

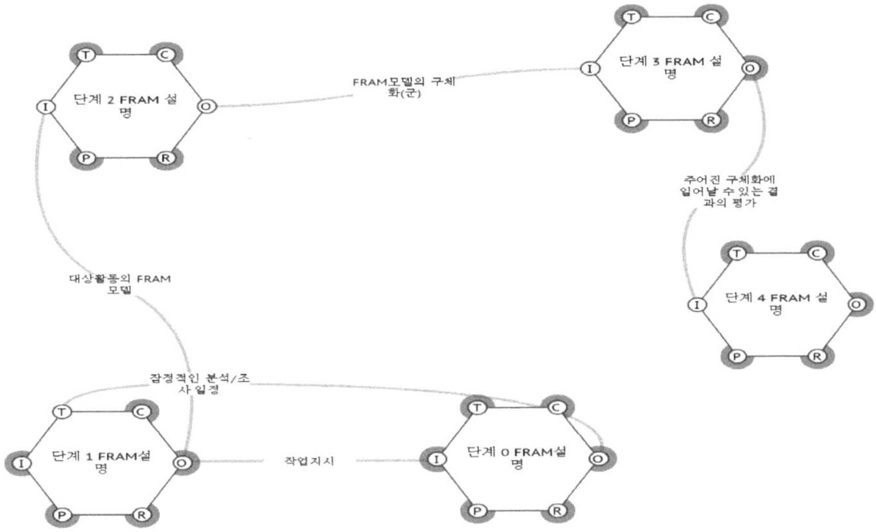

<그림 13.11> FRAM을 FRAM한 사례의 FRAM 교재 도식화

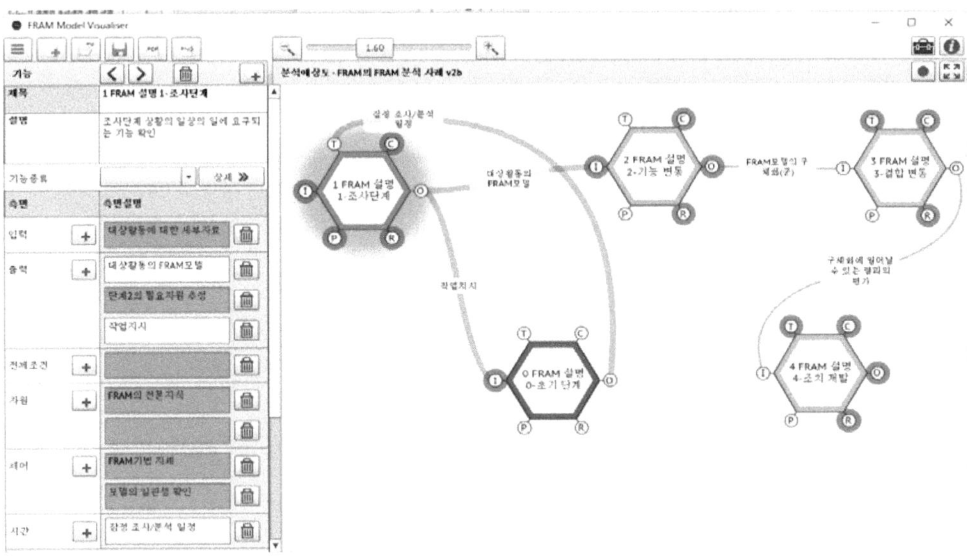

<그림 13.12> FRAM을 FRAM한 사례의 FRAM 실제 도식화

13.13 사발면 조리 절차의 FRAM 기능별 재정리

사발면 조리 절차의 FRAM 사례	사발면 조리 절차 예제 5

No	기능	각 기능(function)의 설명
1	1 물 끓이기	To boil water
2	2 표시 선까지 뜨거운 물 붓기	To pour boiling
3	3 면을 저어주기	To stir noodles well
4	4 뚜껑 다시 닫기	To close lid again
5	5 뚜껑 반쯤 열기	To open half of cup lid
6	6 지시사항 읽기	To read instructions
7	7 준비하기	To make preparations
8	8 사발면 즐기기	To enjoy cup noodle
9	9 면이 익을 때까지 기다림	To wait until tender

13.14 사발면 조리 절차의 FRAM 6가지 기능의 재정리

No	기능	1 입력	2 출력	3 전제 조건
1	1 물 끓이기	정의되지 않음	물 가열	정의되지 않음
2	2 표시 선까지 뜨거운 물 붓기	물 가열	끓는 물에 덮인 면	정의되지 않음
3	3 면을 저어주기	부드러운 면	사발면 준비	정의되지 않음
4	4 뚜껑 다시 닫기	끓는 물에 덮인 면	뚜껑 닫힘	정의되지 않음
5	5 뚜껑 반쯤 열기	정의되지 않음	뚜껑 열기	정의되지 않음
6	6 지시사항 읽기	정의되지 않음	지시사항 정리, 2-3분	정의되지 않음
7	7 준비하기	사발면 구매	사발면 준비	정의되지 않음
8	8 사발면 즐기기	사발면 준비	정의되지 않음	정의되지 않음
9	9 면이 익을 때까지 기다림	뚜껑 닫힘	부드러운 면	정의되지 않음

4 자원	5 제어	6 시간	No
정의되지 않음	정의되지 않음	정의되지 않음	1
정의되지 않음	지시사항 정리	정의되지 않음	2
정의되지 않음	정의되지 않음	2-3분	3
젓가락	지시사항 정리	2-3분	4
정의되지 않음	정의되지 않음	정의되지 않음	5
정의되지 않음	정의되지 않음	2-3분	6
젓가락	정의되지 않음	2-3분	7
정의되지 않음	정의되지 않음	정의되지 않음	8
정의되지 않음	정의되지 않음	2-3분	9

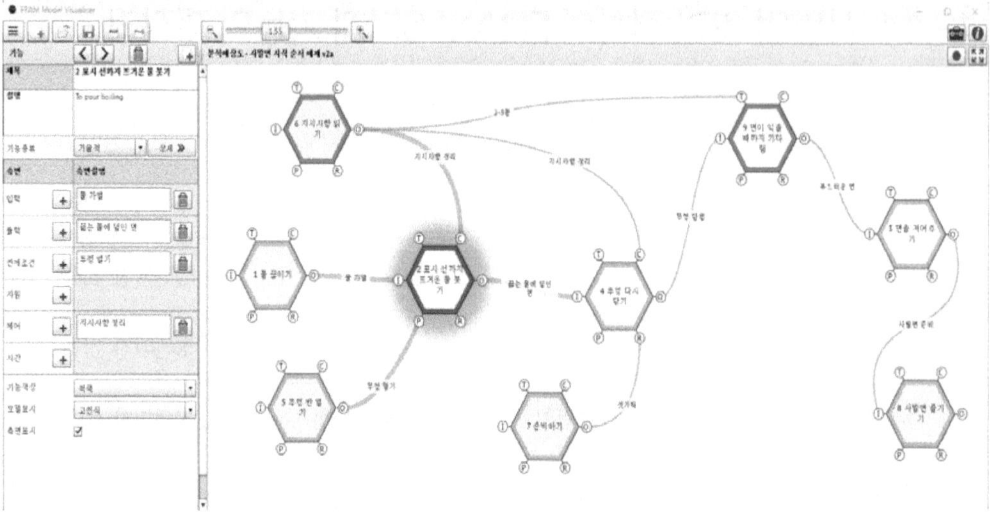

<그림 13.13> 사발면 조리 절차의 2단계 FRAM 도식화

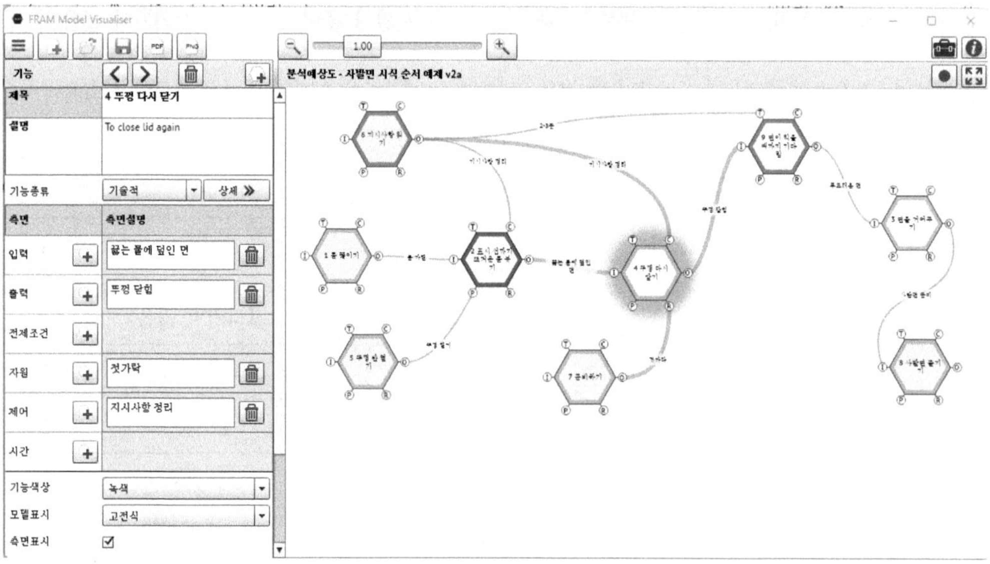

<그림 13.14> 사발면 조리 절차의 4단계 FRAM 도식화

13.15 H사 아르곤 가스 질식 사고의 FRAM 기능별 재정리

H사 아르곤 가스 질식 사고 사례	사고사례 예제 6

No	기능	각 기능(function)의 설명
1	1 협력업체 계약	H사와 협력업체 K사간 계약 단계 시 내화벽돌 교체작업과 관련한 안전관리계획서 접수(제출)와 검토
2	2 안전작업 허가서 작성	내화벽돌 교체작업 관련 안전작업허가서 작성 통해 에너지 분리(가스 잠금) 시행
3	3 위험성 평가	안전관리계획서를 기반으로 H사의 위험성 평가 기준에 따라 위험요인 파악
4	4 에너지 분리-가스밸브 잠금	H사와의 안전관리 기준에 따라 에너지 분리(isolation) 시행
5	5 아르곤 가스 밸브 연결	내화벽돌 교체작업이 완료 시점으로 제거되었던 아르곤 가스 밸브 연결
6	6 아르곤 가스 수동밸브 고장	아르곤 가스 배관 말단의 유연 호스를 교체한 이후 결함 불량으로 아르곤 가스 누출
7	7 내화벽돌 작업용 발판 제거	내화벽돌 작업이 완료 시점이므로 전로 내부 작업 발판 해체를 위해 5명이 계단을 통해 내려감.
8	8 위험 가스 안전 교육	내화벽돌 교체작업 시 아르곤 가스 누출과 관련한 안전 교육
9	9 관리책임자 안전점검 및 개선	관리책임자 주관의 안전점검 시행 및 개선

13.16 H사 아르곤 가스 질식 사고의 FRAM 6가지 기능의 재정리

No	기능	1 입력	2 출력	3 전제 조건
1	1 협력업체 계약	협력업체 안전작업계획서 요청	안전관리계획서 접수	내화벽돌 교체작업 산안법 기준준수
2	2 안전작업 허가서 작성	안전관리계획서 접수	안전작업허가서 작성	정의되지 않음
3	3 위험성 평가	안전작업허가서 작성	위험성 평가 실시	정의되지 않음
4	4 에너지 분리-가스밸브 잠금	위험성 평가 실시	아르곤 가스 밸브 제거 및 수동밸브 차단	정의되지 않음
5	5 아르곤 가스 밸브 연결	아르곤 가스 밸브 제거 및 수동밸브 차단	아르곤 가스 밸브 연결	정의되지 않음
6	6 아르곤 가스 수동밸브 고장	아르곤 가스 밸브 연결	수동밸브 결함 불량으로 아르곤 가스 누출	정의되지 않음
7	7 내화벽돌 작업용 발판 제거	수동밸브 결함 불량으로 아르곤 가스 누출	아르곤 가스 누적	정의되지 않음
8	8 위험 가스 안전 교육	위험성 평가 실시	사고 발생	정의되지 않음
9	9 관리책임자 안전점검 및 개선	위험성 평가 실시	사고 발생	내화벽돌 교체작업 산안법 기준준수

4 자원	5 제어	6 시간	No
산안보건기준 규칙 619조	안전보건 법기준 절차준수 확인부서	정의되지 않음	1
산업 안전보건 법령 기준 준수	정의되지 않음	정의되지 않음	2
정의되지 않음	H사 내부 안전관리 기준 접수	정의되지 않음	3
정의되지 않음	정의되지 않음	정의되지 않음	4
정의되지 않음	정의되지 않음	정의되지 않음	5
정의되지 않음	정의되지 않음	정의되지 않음	6
정의되지 않음	정의되지 않음	정의되지 않음	7
산안보건기준 규칙 619조	정의되지 않음	정의되지 않음	8
H사 내부 안전 지침	안전보건 법기준 절차준수 확인부서	정의되지 않음	9

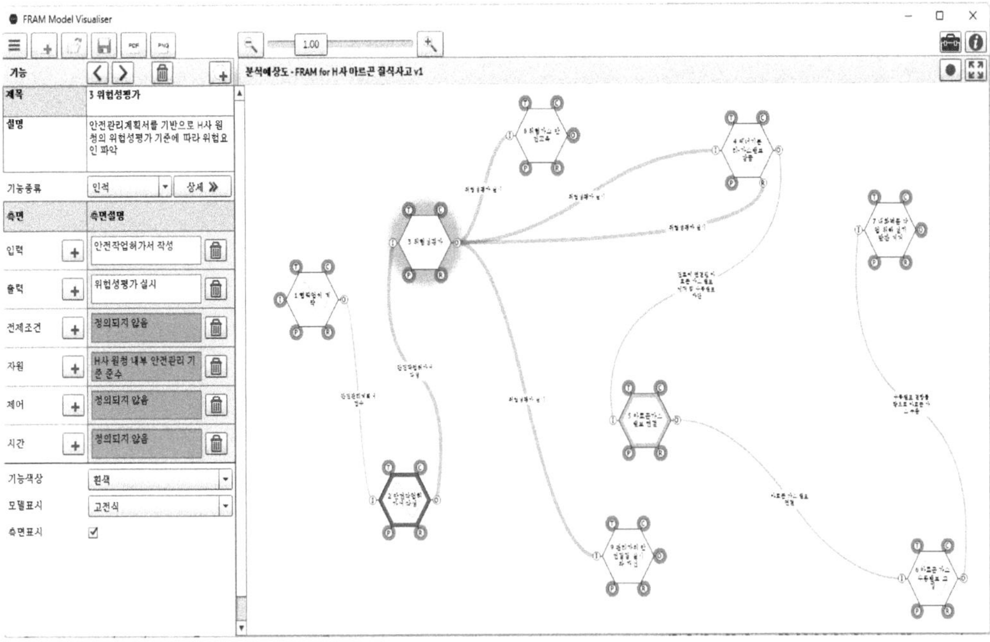

<그림 13.15> H사 아르곤 가스 질식 사고 사례의 FRAM 도식화 1

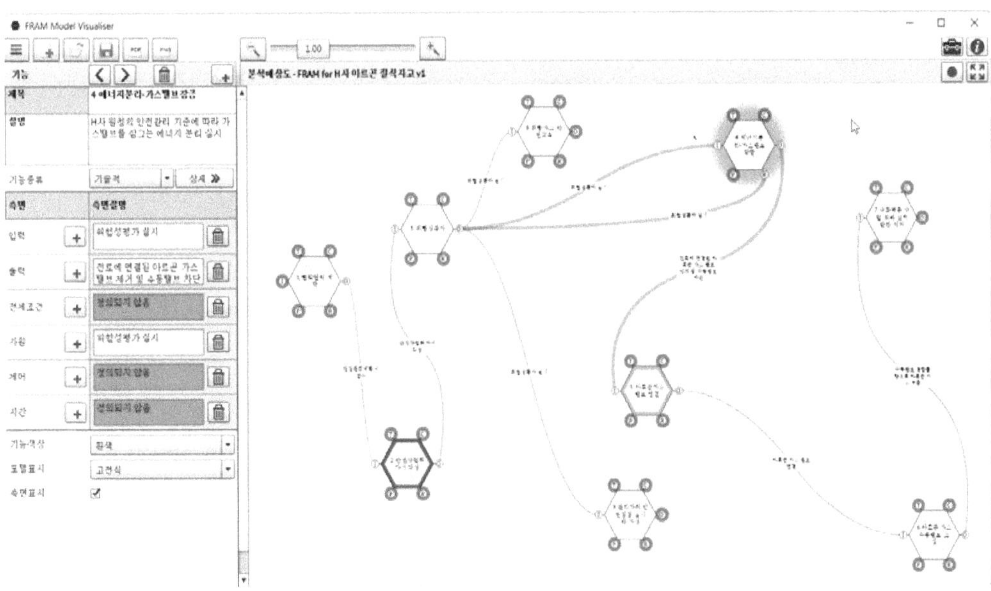

<그림 13.16> H사 아르곤 가스 질식 사고 사례의 FRAM 도식화 2

14장
근본원인분석(RCA) 방법의 소개

14.1 근본원인분석 (Root Cause Analysis: RCA)

근본원인분석(RCA)은 안전, 보건, 환경 및 품질 등의 측면에서 발생한 사건·사고 또는 잠재적 문제점의 근본원인을 조사하고 분류하며 통계적인 방법을 적용하여 시스템적 해결 방안을 제시하는 관리적인 도구이다.

근본원인분석 Map을 이용하여 사고의 원인을 추적하는 방법은 1991년 미국의 Westinghouse Savannah River Corporation에 의해 개발되었다. 조사원은 특정 기간 무엇이 발생했는지 기술하고, 그 사건이 어떻게 발생했는지 결정하며, 그 사건이 왜 발생한 지를 체계적으로 분석해야 한다. 효과적인 근본원인분석을 위해서는 몇 가지 확실한 문제 해결 방법론과 전술(즉, 사건이 무엇이고 왜 일어나는가를 밝히기 위해 만들어진, 잘 정의된 구조적 접근방법)의 정확한 적용이 필요하다. 근본원인분석(RCA)은 순서에 맞게 정확하게 사용하면 복잡한 사건일지라도 그 주요 원인을 쉽게 찾을 수 있다. 사건·사고 또는 잠재적 문제점에 대한 근본원인분석 절차는 그림 14.1과 같은 프로세스로 이루어진다(엄석화, 2010).

Root Cause Analysis(근본 원인 분석)는 결함 또는 문제의 근본 원인을 확인하는 문제 해결의 방법이다. 조사원이 특정 기간 무엇이 발생했는지 기술하고, 그 사건이 어떻게 발생했는지 결정하며, 그 사건이 왜 발생하였는지를 체계적으로 분석하도록 고안된 단순한 도구이다.

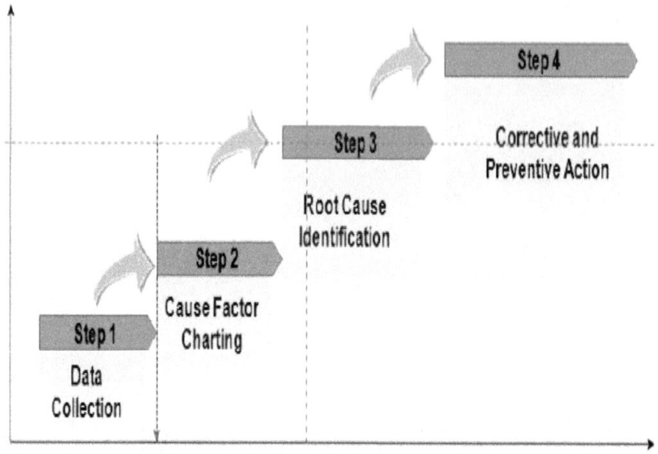

<그림 14.1> 근본원인분석(RCA)의 절차

근본원인분석(RCA)의 첫 번째 단계는 자료를 모으는 것이다. 완전한 정보 및 사건의 이해 없이는 사건과 관련된 원인 인자와 근본원인을 확인할 수 없다. 자료수집 활동으로 얻은 사실적 증거는 모든 결론 및 근본원인 분석 때문에 생성된 대책 수립에 영향을 미친다. 자료 수집은 분석하는 동안 계속되는 작업이다. 자료(data)의 유형은 사람, 물질, 위치, 문헌 등 4가지이며, 이 중 가장 변형되기 쉬운 것은 사람에 대한 자료이다. 자료는 자연적 손상 방지를 위해 이른 시일 내에 수집되어야 한다. 자료수집은 1단계에서만 이루지는 것이 아니라 분석과정 전체에 걸쳐서 이루어져야 한다.

14.1.2 2단계 – 원인 인자 도표화(사고 분석)

자료 분석은 조사원 또는 조사팀이 수집한 정보를 분석하고 조직하는 방법이다. 원인 인자 도표화(cause factor charting) 방식은 그림 14-2와 같이 조사원이 처음부터 마지막까지 사건/사고를 그래픽으로 묘사하는 연속 다이어그램(sequence diagram)이다.

원인 요소 도표화(cause factor charting) 기법은 사건/사고 또는 잠재적 문제점에 대한 조사 분석 도구의 활용을 위해 미국 National Transportation Safety Board 소속 Ludwig Benner와 그의 동료들이 처음 개발하여 사용했다. 이 기법은 사건 주변의 조건(condition)과 원하지 않은 사건/사고 또는 잠재적 문제점까지 발생 순서별로 기술할 뿐만 아니라, 사건·사고 또는 잠재적 문제점 발생을 처음부터 끝까지 나타내는 연속 다이어그램(sequence diagram)으로 표현한다. 따라서 자료를 분석할 수 있을 뿐만 아니라 사건·사고 또는 잠재적 문제점 발생의 주요 원인 인자(cause factor)를 찾을 수 있다.

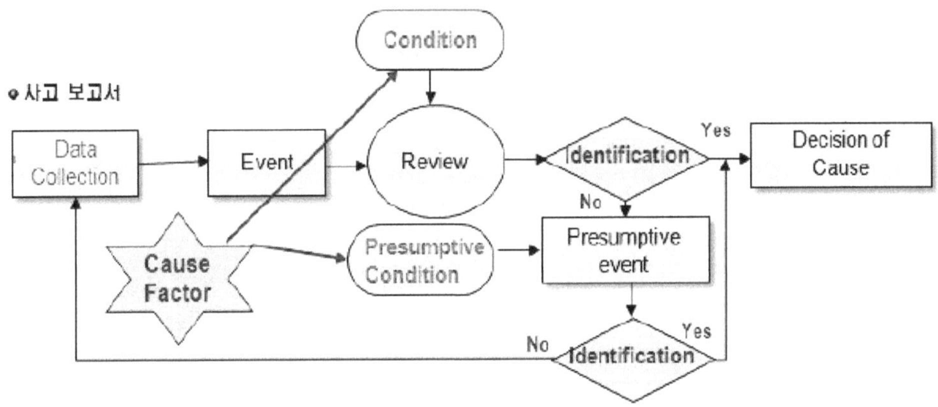

<그림 14.2> 원인 인자의 발견(finding accuse factors) 절차

14.1.3 3단계 - 근본원인의 확인

근본원인분석 Map으로 불리는 결정 다이어그램(decision diagram)을 이용한다. 각각의 원인 인자를 하나씩 근본원인분석 Map을 활용하여 분석한다. 근본원인분석 Map은 조사원이 원인 인자가 존재하거나 발생하는 이유에 대한 질문에 답할 수 있도록 합리적인 프로세스로 구성된다. 근본원인분석 Map의 트리(tree)는 다음 그림 14-3과 같이 1단계부터 5단계(level)로 분류한다.

조사원은 근본원인분석 Map을 이용할 때 주어진 주요 원인 인자 Map 상단(top) 단계에서 시작하여 Map의 경로에 따라 가능한 한 최하위의 단계로 진행한다. 만약 Map의 최하위 경로로 진행할 수 없는 정보라면 조사원은 현재의 단계까지만 확인한다. 만약 한 개의 원인 인자에 대해 한 개 또는 둘 이상의 근본원인이 존재할 수 있으므로 각각의 원인 인자를 하나씩 근본원인분석 Map을 활용하여 분석하고 사건에 대한 근본원인을 추적한다.

Root Cause Map을 이용하여 각각의 Causal Factor를 한 번에 하나씩 분석한다. Map은 조사원이 Cause Factor가 존재하거나 발생하는 이유에 대한 질문에 답할 수 있도록 하는 Reasoning Process로 구성된다. Root Cause Map은 5단계(LEVEL)로 분류한다.

Level(수준)	Description(서술)	Problem Factors (문제 요인의 발견)
I	Primary Source (기본적인 원인)	•Personnel Error (PE: 직원 실수) •Equipment Error (EE: 장비 오류) •Others Error (OE: 기타 오류)
II	Problem Category (문제 카테고리)	•Equip. Design (ED: 장비 설계 문제) •Facility (F: 시설 문제) •Natural Phenomena (NP: 자연적인 현상 문제)
III	Root Cause Category (근본원인 카테고리)	•Design Input (DI: 설계 입력 문제) •Human Factors Eng. (HF: 인간공학 문제)
IV	Near Root Cause (가까운 근본원인)	•No training (NT: 훈련이 안된 문제) •Procedure Confusing (절차 혼란 문제)
V	Root Cause (근본 원인)	•Improper Actions (IA: 부적절한 행동 문제) •Improper Maintenance (IM: 부적절한 관리 문제) •Improper Training (IT: 부적절한 훈련 문제)

<그림 14.3> 근본원인분석 지도 구성을 위한 5단계 수준의 문제요인 탐색

14.1.4 4단계 – 대책 수립(권고사항 제시)

근본원인분석(RCA)에서 가장 중요한 단계는 마지막 단계인 대책 수립 단계이다. 근본원인을 확인한 후, 사건이 재발하는 것을 막기 위한 시정 조치방법에 대하여 대책 사항을 제시한다.

근본원인분석에서 가장 중요한 단계인 권고사항이다. Root Cause를 확인한 후, 사건 재발 방지를 위한 시정 조치방법에 대한 권고사항을 제시한다.

시정조치는 발생한 사건, 사고 또는 잠재적 문제점의 구체적인 환경뿐만 아니라 근본원인에 해당하는 시스템 개선이 다루어져야 한다. 시정조치 제시는 다음의 사항을 고려하여야 한다.

① 사고의 재발을 방지할 수 있는 조치
② 조직 내에서 실행할 수 있는 조치
③ 근본원인에 직접 관련 있는 조치
④ 시정조치는 수용할 수 없는 위험성 배제

대책 수립은 각각의 근본원인에 대해 3가지 유형이 제시될 수 있다.
① 구체적인 문제점의 시정
② 유사한 기존의 문제점의 시정
③ 문제를 일으킨 시스템의 시정

14.1.5 근본원인분석 도표의 구성

근본원인분석 MAP을 개발하기 위한 첫 번째 단계로서 근본원인분석 MAP의 원인 인자 트리는 아래 그림과 같이 1단계부터 5단계로 분류하고, 원인 인자 카테고리는 근본 원인 분석 MAP을 참고하여 특성에 맞게 분류한다.

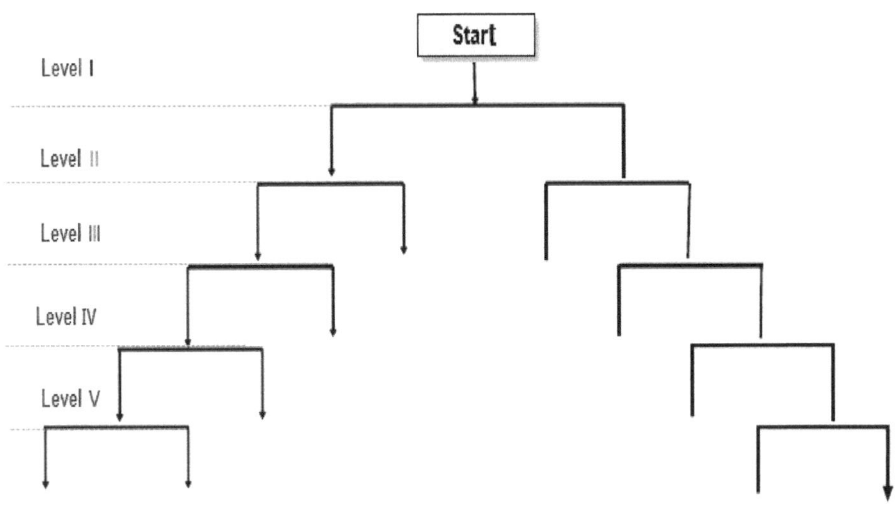

<그림 14.4> 근본원인분석 차트의 수준

14.1.6 근본원인분석 지도의 작성

1단계는 인적오류, 장비 오류 기타 오류로 분류하고, 2단계는 장비 오류와 연계하여 장비 설계, 시설문제, 장비 오사용 등으로 분류하고, 인적오류와 연계하여 정규 및 비정규 인원으로 분류할 수 있다. 기타오류로 자연재해 등으로 분류한다. 3단계는 설계 및 사양 관리, 관리시스템 절차, 교육, 인간공학, 모니터링, 의사소통, 개인특성 등으로 분류할 수 있다.

14.1.7 근본원인분석의 사용 분야

근본원인분석은 굉장히 광범위하게 사용되는 위험식별 도구이다. 그 중에서도 가장 많이 사용되는 분야들을 살펴보면 산업안전, 보건, 환경 및 품질관리, 생산영향 등의 사건 이렇게 네 가지 정도로 분류해볼 수 있는데 산업안전에서는 주로 작업장에서의 근로자들의 상해나, 기계결함이 발생했을 때 근본원인분석을 통하여 분석하는 경우가 많고 보건에서는 사실상 가장 많이 사용된다고 해도 과언이 아닐 만큼 널리 사용되는데 약품의 부작용에 따르는 원인을 분석하거나, 병동에서 환자 관리와 그에 따르는 결과들을 분석하거나 하는 것으로 사용된다. 환경 및 품질관리에서는 제품을 생산했을 때 불량률 등을 분석하거나, 생산시스템에 문제가 발생했을 때 그 원인을 분석하는 방법으로 사용된다.

14.1.8 5-Why 근본원인분석

근본원인분석은 어떤 조직이 해결해야 할 문제에 부딪혔을 때 눈에 보이는 현상만을 문제점으로 인식, 피상적인 대책을 수립 및 시행하면 당장은 해결된 것처럼 보이지만 재발 우려가 크다. 겉으로 드러나지 않은 근본적인 원인을 밝혀 문제점을 해결하여 재발을 방지하기 위해 사용하는 문제 해결 방법론이 근본원인분석 (Root Cause Analysis, RCA)이다.

근본원인분석(RCA)은 'Why'를 찾는 효율적인 기법이다. '왜'라는 근본적인 해답을 찾는 유용한 기술 RCA를 통해 우리는 무엇이 발생했는지 확인하고, 왜 그것이 일어났는지 원인을 결정하며, 그 일이 재발할 우려를 줄이는 방법을 찾을 수 있다. 근본원인분석(RCA)은 구조와 문제가 서로 연결되어 있다는 가정에서 출발한다. 발생한 행동들을 역순으로 추적하다 보면 그 문제의 출발점을 찾을 수 있고, 그 문제가 지금의 현상으로 어떻게 나타났는지 알 수 있다.

어떤 문제점에 대한 의미 있는 결론이 나올 때까지 계속 반복해서 '왜'인지를 물어보는 RCA 기법으로 RCA 중 가장 간단한 방법이지만 원인 추적에 효과적이다. 각 단계를 거칠 때마다 정보와 증거가 발생하기 때문에 단지 '왜?' 하고 묻는 게 아니라 그 정보들을 질문에 포함하는 것도 좋다.

근본원인은 ① 겉으로 보이는 사고의 결과가 아니라 내부에 잠재된 요인 (Not Superficial But Latent)이다. ② 합리적인 방법으로 원인을 확인할 수 있는 요인 (Practical & Feasible)이다. ③ 관리적인 활동을 통해 개선할 수 있는 요인(Achievable)이다. ④ 재발 방지대책 수립 및 실행을 할 수 있는 요인(Assigned)이다.

14.1.9 5-Why 근본원인분석 적용 방법

팀원들이 같은 문제에 집중할 수 있도록 합의된 문제점을 도출한다. 브레인스토밍을 통해 문제가 왜 발생했는지 의견을 모으고 그에 대한 해결책을 작성한다. 문제의 근본원인을 발견할 때까지 계속 '왜'를 묻고 단계별로 해결책을 토의한다. 문제의 근본적인 원인이라고 팀이 합의할 때까지 계속 반복 (가능하면 5회 이상)한다.

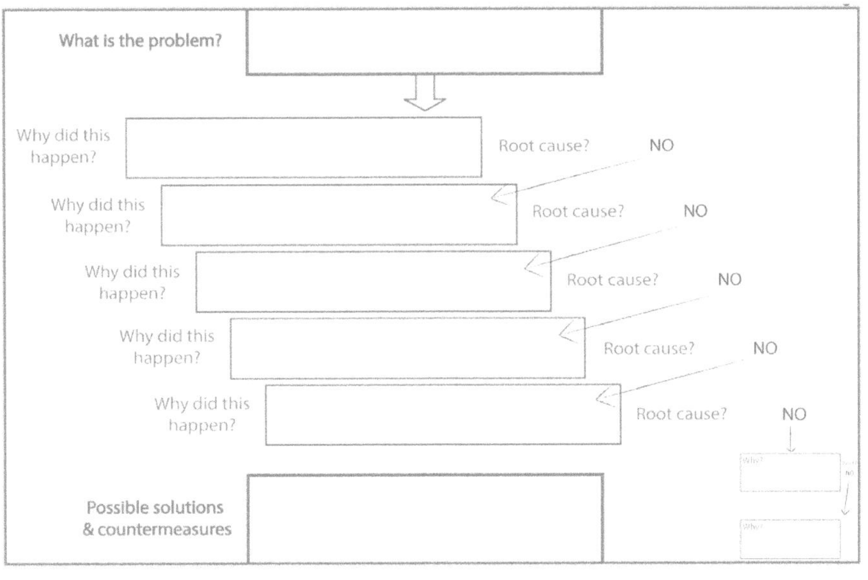

<그림 14.5> 5단계 Why를 묻는 근본원인분석 차트

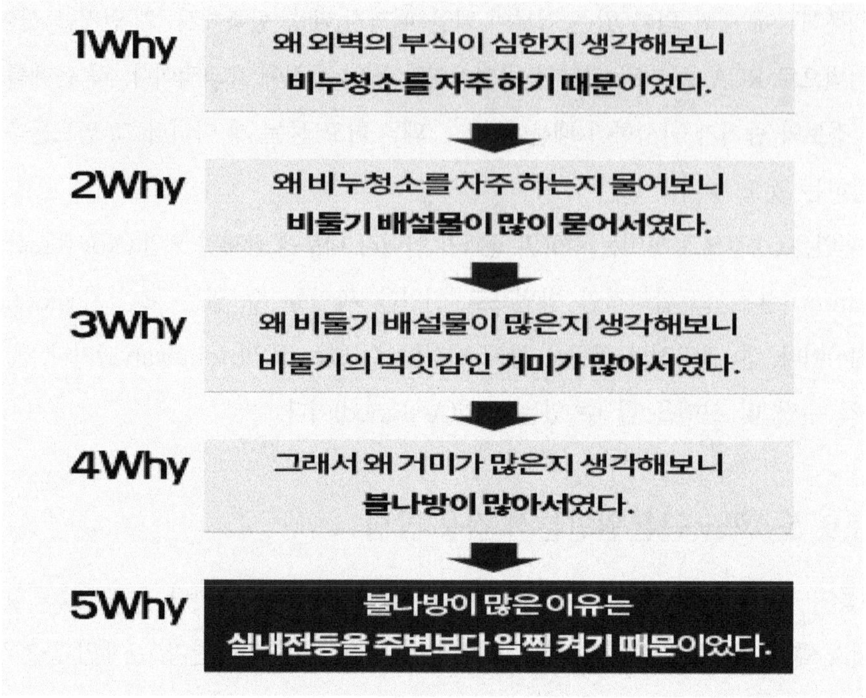

<그림 14.6> 5단계 Why를 묻는 근본원인분석 차트의 예

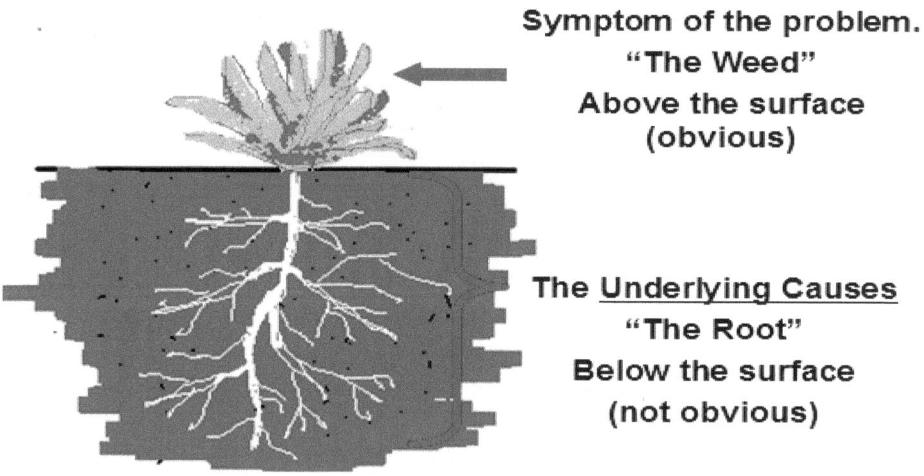

<그림 14.7> 밑바탕의 원인이 근본원인

14.1.10 5단계 Why를 묻는 근본원인분석 방법

① 1단계는 천장에 설치된 가설작업대가 작업장 바닥으로 떨어진 사고의 예처럼 문제점을 정의한다.

② 2단계는 데이터의 수집이다. 도입단계 시설의 도면, 기술 인증서, 시공 실적, 안정성 검토 등의 자료를 수집한다. 시공계획시 시공계획서, 단위작업별 위험성 평가, 고위험작업 승인절차서, 현장점검결과 등 시공관련 서류 등이다. 공법운영 시 시공방법, 인력 운용, 자재 수급 등 변경 사항 검증 및 관리절차, 신공법에 대한 교육 관련 서류와 현장 책임자, 작업자 등 사고 관련 관계자 인터뷰 등이다.

③ 3단계는 원인 요소 확인이다. 도입 - 가설 작업대 설치 공법 도입 전안 전 위험 검토, 관련 공법 기술이전 협약 및 계약 체결 시 검토 등이다. 계획 - 시공계획수립 및 시공 기준 검토, 작업단위별 위험성 평가 시행 등이다. 관련 공법 적용 현장에 대한 기술 지원 및 점검, 협력사 교육, 안전작업 감시, 위험작업허가 등 현장 기술 지원 등이다. 운영 - 공사방법, 시공기준 등 변경점관리, 현장의 설치 인력 등 인력관리, 현장 안전관리 운영실태 확인 점검 등이다.

④ 4단계는 근본원인 결정 (5Whys)이다. 도입시 가설 작업대 설치, 공법 도입 전 안전 위험 검토를 누락 했음 등이다.

- Why 1:신공법이 아닌 일반 가설 작업대 공법으로 판단해서 검토 누락
- Why 2: 타 현장에는 기적용된 공법이어서 신공법으로 보지 않음
- Why 3: 신공법 및 특수공법에 대한 개념 정의 및 기준이 없음
- Why 4: 신공법 및 특수공법의 분류를 알지 못했고 필요성도 몰랐음

* 계획 시 작업단위별 위험성 평가하지 않았다.

- Why 1: 시공 전 최초 위험성 평가 시신공법 전체 공정을 대상으로 하지 않음
- Why 2: 해외전문가와 설치 협력업체 관계자 참여 없이 현장 기술팀 단독으로 위험성 평가하여 주요 공정을 빠뜨림
- Why 3: 해외전문가와 협력업체는 신공법의 위험성 평가 시행 내용을 전달받지 못함

- Why 4: 최초 위험성 평가 시 참석대상, 평가범위 등에 대한 세부 기준이 없음

근본원인의 결정(5 Whys)에는 운영시공사 방법, 작업절차 등 변경점 관리가 부실했을 수가 있다.

- Why 1: 현장에 변경점이 많다는 이유로 관리를 제대로 하지 않음
- Why 2: 현장의 시공감리, 기술인력이 부족하여 관리할 수 없었음
- Why 3: 시공 계획상에 운영 시 설치, 감리, 안전 등 적정인력이 반영되지 않았음
- Why 4: 시공계획대로 현장에서 진행되지 않는다는 이유로 계획서상에 반영하지 않음
- Why 5: 건설현장 변경점 관리에 대한 기준 및 표준작업절차가 없음

⑤ 5단계는 대책 수립 및 실행이다. 재발 방지를 위해 인력, 투자, 개선 책임자 등을 포함한 시스템적 접근이 필요하다. 직접 및 기여 원인을 언급하고, 근본원인 개선을 목표로 시스템 개선에 중점을 둔다. 단기(즉시 개선), 중기(잠정적 조치, 격차를 채우는 조치), 장기적 관점에서 개선대책을 마련한다. 제거, 시스템 개선, 예방, 감지 및 완화조치 등 다양한 개선의 형태가 필요하다.

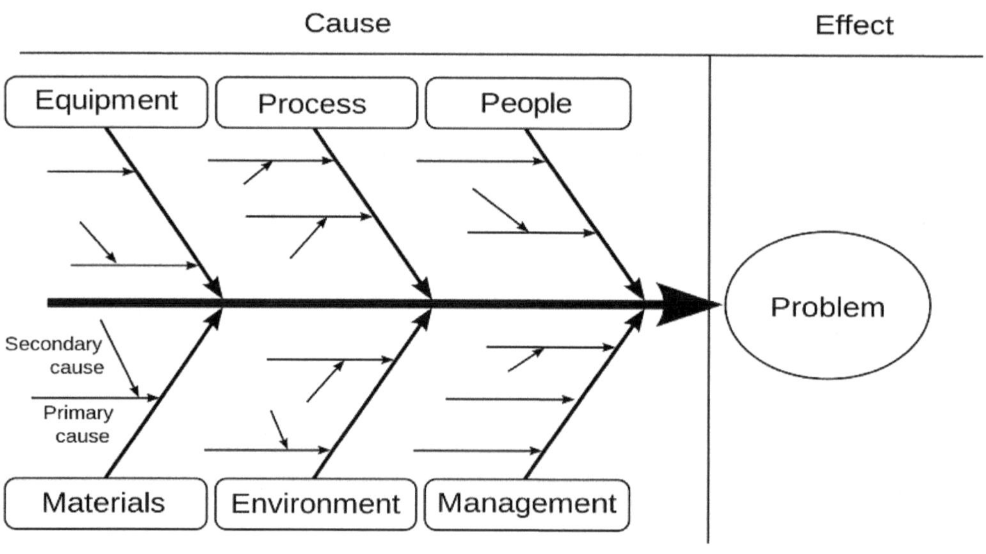

<그림 14.8> 물고기 뼈(Fishbone) 다이어그램으로 원인 찾기 (6가지 조건)

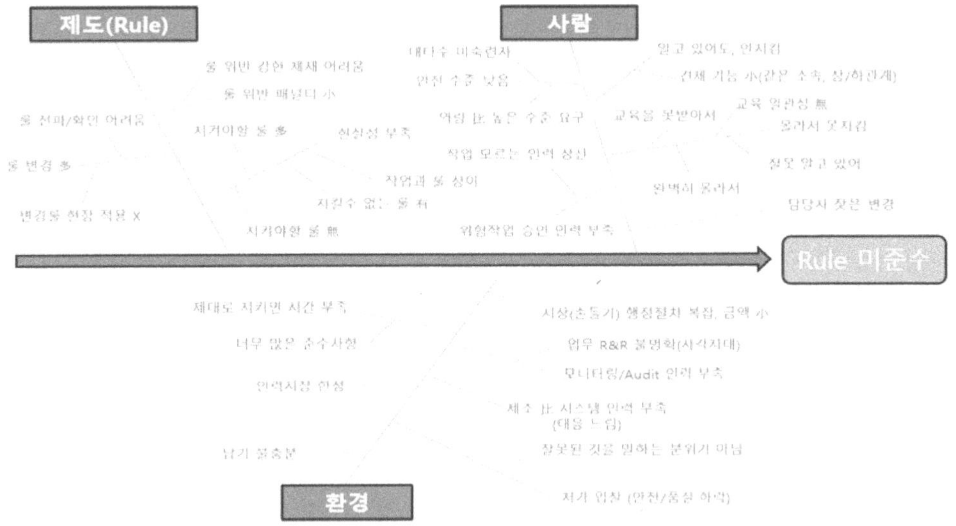

<그림 14.9> 물고기 뼈(Fishbone) 다이어그램으로 원인 찾기 (3가지 조건)

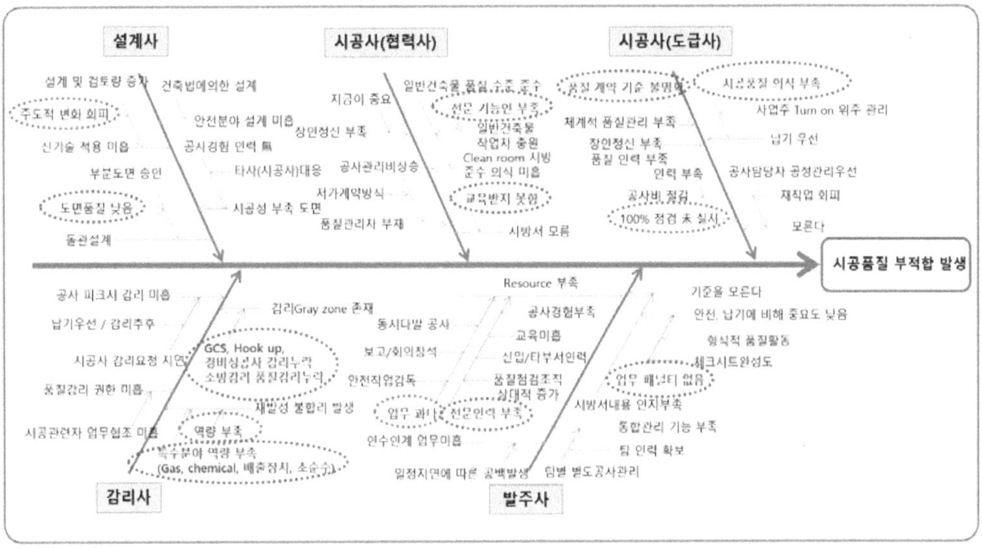

<그림 14.10> 물고기 뼈(Fishbone) 다이어그램으로 원인 찾기 (5가지 조건)

15장

보우타이 분석 방법의 소개

15.1 보우타이 분석 방법 (BowTie Method)

보우타이 (BowTie) 위험성평가 기법은 위험도가 높은 사고 시나리오에서 인과 관계를 분석하고 입증하는 데 사용할 수 있는 위험도 평가 방법이다. 이 방법은 특정 위험요인으로 인해 발생할 수 있는 사고 시나리오를 도식화하여 한 눈에 위험요소를 파악하고 해당 위험요인으로 인한 대책을 파악할 수 있다. 방지 대책이 실패하였을 때의 통제 대책 또는 통제 대책을 책임지는 관련 부서 등을 나타낼 수도 있다.

보우타이 분석 방법은 안전과 관련된 거의 모든 분야에 이용 가능하다. 항공, 비즈니스 및 정보기술, 화학, 에너지, 식품, 의료, 해양, 광산, 정유 및 가스, 개인 안전, 철도, 도로 교통, 저장 탱크, 작업 환경, 보안 등이 해당된다. 이 방법을 통해 일련의 사상이나 사고 시나리오를 분석하는 데 사용할 수 있을 뿐만 아니라 조직이 보유하고 있는 통제 조치를 확인하고 관리하는 데에도 활용된다.

보우타이 다이어그램을 이용한 위험도 분석은 여러 작업자가 정점 사상을 기준으로 원인과 결과 그리고 대책 등을 직관적으로 한눈에 식별 가능하므로 안전관리 활동에 좋은 대안이 될 것으로 예상한다.

사고결과가 심각한 중대사고에 대해서는, 안전장치들을 재검토하고 그들의 효과를 재평가하기 위한 장벽기반 위험평가(Barrier-based risk assessment) 기법이 사용되고 있는데, 이 기법으로서 보우타이 기법이 활용됐다 (CAPS and IE, 2018). 이 기법은 해지드(hazid)를 수행하여 잠재적인 중대사고를 파악한 후, 해지드(Hasid) 결과를 참고하되 이 위험 요소를 제어할 수 있는 안전장치에 집중하는 분석이라 할 수 있다. 그림으로 표현된 사고와 안전장치의 관계는, 위험 요소의 특징과 관련된 정보를 여러 관계자에게 효율적으로 전달해주는 장점이 있다.

보우타이 도는 직관적으로 이해될 수 있는 간단한 형태를 가지고 있어, 쉽고 오류가 없는 형태로 그릴 수 있다고 생각될 수도 있지만, 표현하고자 하는 사건들의 동적인 관계를 맺고 있거나 안전장치들의 기능과 역할이 정확히 이해되지 않아 잘못 구성되는 경우도 많다. 대표적인 오류는 직접 원인/결과와 간접 원인/결과를 구분하여 표현할 방법이 없어 인과관계가 순환구조를 갖는다거나 같은 안전장치가 여러 곳에 중복되어 나타나, 안전장치의 기능이 오해되고 실제보다 많은 안전장치가 사용되고 있다고 착각하게 되는 것이다.

보우타이 방법은 다루고 있는 위험을 단 하나로 시각화한 다이어그램이다. 다이어그램은 보우타이 모양으로 되어있어 명확한 차별화가 가능하다. 사전예방적 위험 관리와 사후대응적 위험 관리를 제시한다. BowTie 다이어그램의 장점은 다음과 같다. 하나의 그림으로 여러 가지 그럴듯한 시나리오에 대한 개요를 제공할 수 있다. 그것은 다른 방법으로는 설명하기 훨씬 어려운 위험에 대해 간단하고 시각적인 설명을 제공할 수 있다.

15.1.1 보우타이의 역사

보우타이 다이어그램에 대한 최초의 공개 언급이 Imperial Chemical Industries에 등장했다는 것이 문헌에 나와 있다. 그러나 Viner(1979)는 호주의 당시 Ballarat College of Advanced Education(현 Federation University)에서 피해 과정 모델링에 대한 강의에서 다이어그램이 원래 어떻게 발생했는지를 설명하였다. ICI 학생들이 참석한 강의였다. 손상 과정에 대한 이러한 도식적 표현은 손상 과정의 일반화된 시간 순서 모델(GTSM)에 대한 강의 중에 손상 과정 모델에 대한 학생의 이해를 단순하게 촉진하기 위해

자발적으로 개발되었다고 한다.

로얄 더치 쉘 회사는 적어도 1990년대 초반 이후로 보우타이 다이어그램을 비즈니스 관행에 성공적으로 통합한 최초의 주요 회사로 간주한다.

15.1.2 보우타이 위험성 평가

1970년대 후반에 ICI의 데이비드 길이 원인결과도 (Cause Consequence Diagram)를 발전시켜 그가 처음으로 이것을 BowTie로 불렀다고 알려졌다. 문헌상으로 호주 퀸즈랜드의 ICI Hazan Course Notes에서 처음 사용되었다.

국내의 다른 연구에서는 비상대응을 수립하는 데 BowTie를 이용하였으나, 이 연구에서는 BowTie 선도(BowTie Diagram)를 이용하여 위험요인(Haʊzard)으로부터 결과까지 위험 경로를 따라 예방대책 및 감소대책을 분석·설명하기 위해 BowTie 선도를 사용하면서 대책의 효과성을 평가하는 방법이다.

Bow-Ttie 위험성 평가는 위험요인을 선정하고 그 위험요인이 발현되었을 때의 정상 사상(Top Event)에 대해서 원인과 결과를 분석하는 기법이다. 정상사상을 찾고, 정상사상이 가능하게 하는 원인과 정상사상으로 인한 사고결과를 작성하고, 원인과 결과의 예방대책 또는 감소대책(Barrier)을 찾고, 악화요소(Escalation Factor)를 도식화하면 나비넥타이와 같이 BowTie 형태로 표현된다.

15.1.2 보우타이 다이어그램

BowTie 다이어그램은 잠재 요인에서 잠재적 피해까지의 진행 과정을 보통 5단계로 표시한다. BowTie 다이어그램은 결함 트리와 이벤트 트리의 기능을 두 섹션을 분리하는 상위 이벤트로 알려진 이상 이벤트와 결합한다. 결함 트리는 스위스 치즈 다이어그램과 개념이 유사하고, 이벤트 트리는 비상 관리 알고리즘과 개념이 유사하다. 예방적 장벽과 확대 조치는 비정상적인 상태를 감지하고 포착하는 데 사용된다. 이것이 실패할 경우 이벤트는 위기로 진행되며, 결정의 시간인 정상(top) 이벤트로 이어진다. 회복 상태는 위기에서 회복하기 위해 즉각적인 생명 또는 사지 절약 관리를 요구하는 비상 상태를 묘사한다.

보우타이(나비넥타이) 다이어그램은 그래픽 도구이다. 손상이나 손실로 이어지는 프로세스에 보우타이 기법에 대한 많은 지침서와 소프트웨어(CGE-Bow Tie XP, Bow Tie PRO, DNV-Synergi, ABS-BowTie Master)가 있지만, 모두 3단계 표현법을 사용하고 있어, 원인들 사이의 관계와 결과들 사이의 관계를 표현할 수가 없다. 개별 보우타이를 연결(cascading)하여 연쇄과정을 표현하는 방법이 사용되기도 하지만, 각 보우타이마다 대표되는 결과를 파악하고 위험도를 평가해야 하므로, 전체 연쇄과정의 위험도가 얼마가 되는 지를 평가하기에는 부적합하다.

보우타이 다이어그램은 사건 전체에 대한 이해를 단순화하는 데 사용된다. 다이어그램은 정의된 이벤트를 기반으로 분석 결과를 기록하고 이벤트 왼쪽에는 물리적으로 가능한 모든 메커니즘을 표시하고, 오른쪽에는 이벤트의 무리리적으로 가능한 결과를 표시한다. 다이어글의 모양은 나비 넥타이 모양과 유사하여, 그 이름을 따서 명명되었다.

보우타이 다이어그램은 특정 상황에서 발생할 수 있는 모든 손상 과정을 식별하고 분석하는 데 적극적으로 사용될 수 있으며, 그러한 과정의 위험을 통제하는 설계 및 관리 시스템의 다양한 기능에 대한 지표 역할을 할 수 있다. 또한 발생한 사건 분석('사고' 분석) 구조에 기여하는 데 사용될 수도 있다. 이러한 방식으로 보우타이 다이어그램은 모든 위험 소스에 대한 구조화된 전체 보기에 유용하다.

다이어그램은 오류 트리 분석 및 이벤트 트리 분석의 기반이 되는 것과 동일한 기본 원칙을 따르지만, 이보다 훨씬 덜 복잡하므로 위험 우려의 전체 범위를 신속하게 설정하는 수단으로 유용하다. 보우타이 다이어그램은 석유 및 가스 생산, 공정 산업, 산업 등 여러 산업의 위험을 분석하고 관리하는 데 사용된다.

15.1.3 보우타이 위험성 평가 방법

BowTie 위험성평가 방법은 위험요인을 찾고 현재의 대책, 추가할 대책, 위험도 산정 등 다른 위험성평가 방법과 논리적으로는 유사하나, BowTie 선도를 사용함으로써 위험성평가 결과를 쉽게 확인할 수 있다.

BowTie에서 사용되는 기호는 표 15.1에 나타내었으며, BowTie 위험성평가 방법은 다음과 같다.

<표 15.1> 상징 부호의 표현 (The explanation of symbols)

Symbol	Term	Meaning
	Hazard	The Hazardous element(materials or environmental)
	Top Event	The Top Event is that the hazard is expressed.
	Cause	The Cause means a cause that have been made to the top event hazard.
	Consequence	The Consequence for the damage when the top event has been progress in an accident
	Preventive / Mitigation Control	The Preventive/Mitigation Control is measures to reduce or prevent accidents.
	Escalation Factor	The Escalation Factor which means that the Preventive / Mitigation Control fails.
	Risk Ranking	The Risk Ranking of Human, enviroment and equipment

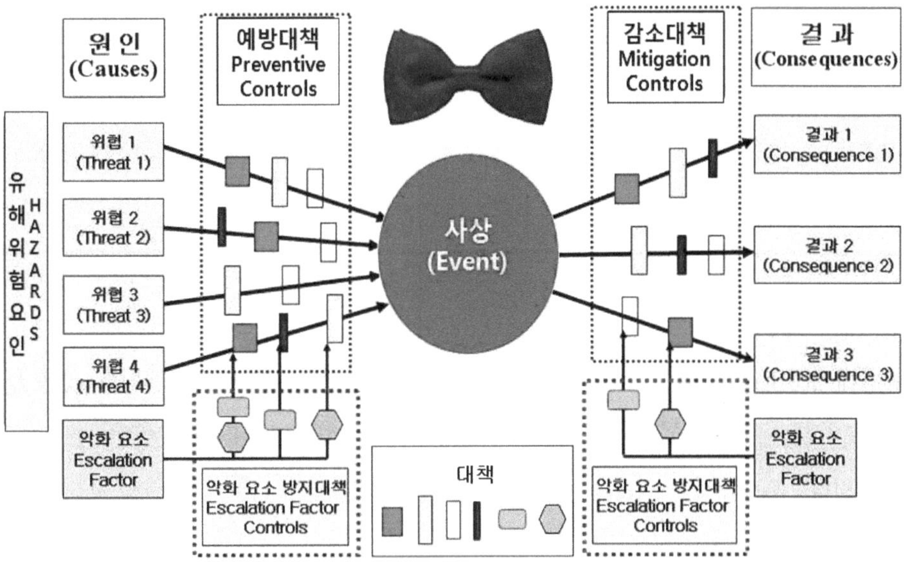

<그림 15.1> BowTie 위험성 평가의 도식화

① "보우타이 선도 (BowTie diagram, BTD)"란 사상(Event)을 중심으로 왼쪽에는 사상의 원인과 관련된 사고 시나리오를, 오른쪽에는 사상의 결과와 관련된 사고 시나리오를 표시하고, 예방대책은 원인과 사상 사이, 감소대책은 사상과 결과 사이에 각각 표시한 그림을 말한다.

보우타이 선도에는 유해위험요인, 사상의 원인, 사상의 결과, 사상의 발생을 예방하기 위한 대책, 사상의 결과를 감소시키기 위한 대책, 예방대책 및 감소대책의 역할과 기능을 약화 또는 무효화시키는 악화요소와 이것을 방지하는 악화요소 방지대책이 표시된다. 보우타이 선도는 사상의 원인과 결과를 하나의 그림으로 보여주기 때문에 이해관계자에게 설명할 때 유용하게 사용할 수 있다.

② "사고 시나리오(Scenario)"란 원하지 않는 결과를 가져오는 사건이나 사건의 연속을 말한다.

③ 위험요인 파악 - 공정 내에서 손실이나 상해와 같은 사고를 야기할 수 있는 잠재적인 원인을 파악한다.

④ 정상사상 파악 - 위험요인이 발현되는 사건으로 화재, 폭발 등 중대사고로 이어지기 직전의 사건을 의미한다.

⑤ 원인 파악 - 정상 사상이 발현하게 하는 원인을 찾는 단계로, 위험요인이 통제되지 않도록 하는 원인들을 파악하는 단계이다.

⑥ 결과 파악 - 정상 사상으로 인하여 최종적으로 나타나는 결과로 화재, 폭발과 같은 중대사고 뿐만 아니라 유무형의 손실도 파악한다.

⑦ "위협(Threat)"이라 함은 사상의 원인(Cause)을 말하며, 이 지침에서는 원인과 동일한 개념으로 사용한다.

⑧ 예방대책(Preventive control) 파악 - 파악된 원인이 사상으로 진행되는 것을 방지하기 위한 예방대책으로 위험요인 제거, 기술적인 대책, 관리적인 방안, 교육 등이 포함된다. 유해위험요인(Hazard)이 사상으로 전개되는 것을 방지하는 모든 대책을 말한다.

⑨ 감소대책(Mitigation control) 파악 - 정상사상이 결과로 진행되는 것을 막기 위한 감소대책을 각각의 결과에 대해서 파악하는 단계이다. 사상이 사고의 결과로 이어지는 것을 방지하는 모든 대책을 말한다.

⑩ 악화요소(Escalation factor) 파악 - 예방대책, 감소대책의 역할이나 기능을 약화시키거나 무효화시키는 요소를 파악한다.

⑪ 악화요소 방지대책(Escalation factor control) 파악 - 파악된 악화요소가 발현되지 않도록 방지대책을 수립한다. 악화요소를 관리하여 예방대책 및 감소대책이 정상적인 역할 및 기능을 유지하도록 하는 대책을 말한다.

⑫ 위험도 산정 - 도출된 결과에 대해서 사고의 빈도와 강도를 위험등급표를 이용하여 위험도를 산정한다.

⑬ Follow Up - 작성된 예방대책, 감소대책, 악화요소 방지대책에 수행할 부서를 작성한다. 부서별로 추가적인 대책을 수행하여 정상사상의 발현과 사고로의 진행을 막는다.

15.1.4 보우타이의 평가 시기

일반적으로 보우타이 위험 평가는 다음과 같은 시기에 실시한다.

① 다른 정성적 위험 평가 결과 중 심각도가 높은 경우

② 새로운 공정이나 설비를 도입하는 경우

③ 공정 또는 작업방법을 변경할 경우

④ 새로운 물질을 사용할 경우

⑤ 사고 발생 시 원인을 파악하고 대책의 적절성을 평가할 경우

⑥ 이해당사자에게 사용하는 설비의 안전성을 쉽게 설명하고자 할 경우

위험 평가 우선순위는 KOSHA Guide P-8-2009(위험성 평가 실시를 위한 우선순위 결정가이드)를 참조하여 결정할 수 있다.

15.1.5 보우타이 위험 평가 추진 절차

① 위험 평가 대상공정(또는 작업) 선정

② 공정(또는 작업) 설명

③ 대상공정(또는 작업)에 대한 서류검토 및 현장 확인

④ 보우타이 위험 평가 실시

보우타이 위험 평가는 그림에 표시된 순서에 따라 수행한다. 위험 평가 시에는 단계별 질문(표 15.2)을 사용할 수도 있다.

<표 15.2> 보우타이 위험 평가 기법 진행 시 11단계별 질문

① 유해위험요인 파악 - 어떤 유해위험요인이 있는가?
② 사상 파악 - 유해위험요인이 통제되지 않을 때 무엇이 일어나는가?
③ 위협(원인) 파악 - 유해위험요인이 통제되지 않도록 하는 원인은 무엇인가?
④ 결과 파악 - 사상의 잠재적인 결과는 무엇인가?
⑤ 예방대책 파악 - 어떻게 위협(원인)을 통제할 수 있는가?
⑥ 감소대책 파악 - 어떻게 결과의 크기를 제한하거나 감소시킬 수 있는가?
⑦ 악화요소 파악 - 어떻게 해서 예방(감소)대책이 실패하거나 효과가 저하될 수 있는가? 예방(감소)대책의 기능을 약화 또는 무효화시키는 요인은 무엇인가?
⑧ 악화요소 방지대책 - 파악 어떻게 예방(감소)대책이 실패되지 않음을 보증하는가?
⑨ 수행업무(Task) 파악 - 예방대책(감소대책)이 계속 유효함을 보증하기 위한 수행 업무는 무엇인가? (설계분야, 정비/검사분야, 운전분야, 관리분야)
⑩ 위험 평가 - 대책이 적절한가? (허용수준을 만족하는가?) 만약 허용 수준을 만족하지 못하면 대책을 추가하여 5~10단계를 반복한다.
⑪ 수행업무 추적관리 - 누가 언제 어떻게 이 업무를 수행하는가? 절차서, 체크리스트, 작업지시서 등이 있는가? 완료 여부를 어떻게 확인하는가?

단계별 추진사항과 구체적인 추진을 위해 단계별 필요한 질문의 예시가 아래에 제시되어 있다. 그림 15.2처럼 11단계별로 도식화할 수가 있다.

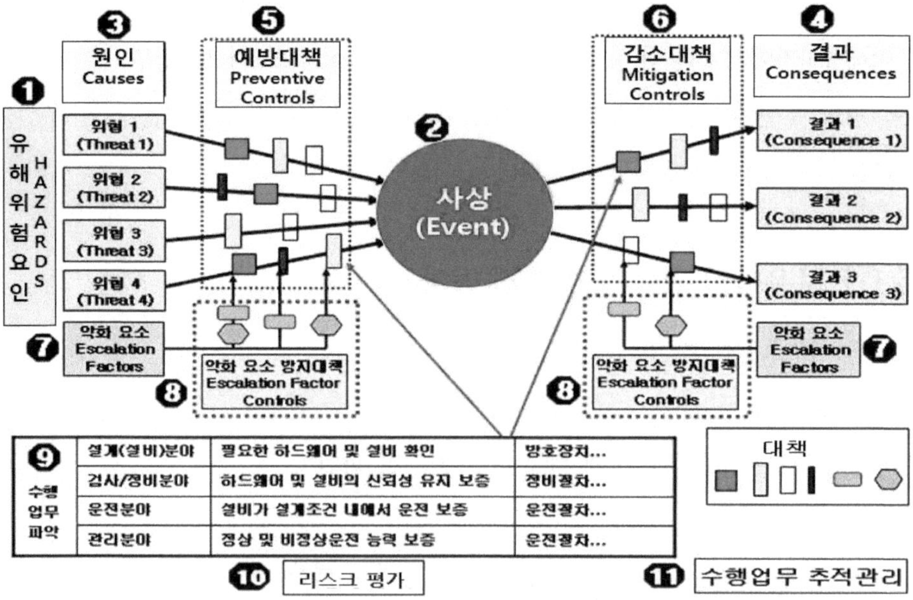

<그림 15.2> BowTie 위험성 평가의 도식화 11단계별 작성

15.1.6 보우타이의 위험(Risk)

보우타이의 시작은 '위험'이다. 위험 요소는 환경의 내부, 주변 또는 일부이다. 피해를 입힐 가능성이 있는 조직과 유해물질을 다루는 작업들이다. 예를 들어 자동차를 운전하거나 민감한 데이터를 저장하는 것도 조직의 위험한 측면이다. 위험에 대한 아이디어는 위험 요소를 찾는 것이다. 조직의 일부이며 해당 측면에 대한 통제력이 상실되면 부정적인 영향을 미칠 수 있다. 이는 조직의 일반적인 측면으로 공식화되어야 한다. 나머지 보우타이는 평범하지만 위험한 측면이 무언가로 변하는 것을 방지하는 방법에 치중한다. 첫 번째 단계가 항상 가장 어려운데, 여기서도 마찬가지이다. 일반적으로 시작하면 예를 들어 HAZID가 있는 경우 가능한 모든 위험의 긴 목록을 얻을 수 있는 좋은 방법이다. 보우타이는 그런 다음 광범위한 피해를 입힐 가능성이 높은 위험에 대해서만 수행된다. 보통 5~10가지 위험이 좋은 출발점이다.

15.1.7 보우타이의 위협(Threat)

'위협'은 최고의 이벤트를 유발하는 것이다. 여러 가지 위협이 있을 수 있다. 피하려고 노력하는 '사람의 실수', '장비 고장' 또는 '기상 조건'과 같은 일반적인 것이다. 사람이 실제로 최고의 이벤트를 일으키는 원인이 되는가? 어떤 장비인가? 어떤 날씨인가? 아니면 날씨가 어떤 영향을 미치는가?

15.1.8 보우타이의 상위 이벤트

위험 요소가 선택되면 다음 단계는 '상위 이벤트'를 정의하는 것이다. 위험에 대한 통제력이 상실된다. 아직까지 피해나 부정적인 영향은 없지만, 임박한 상황이다. 이는 이벤트가 실제 피해를 입히기 시작하기 직전에 최상위 이벤트가 선택된다는 의미이다. 상단 이벤트는 선택이지만 제어권을 상실하는 정확한 순간은 언제인가? 이는 대체로 주관적이고 실용적인 선택. 종종 최상위 이벤트는 나머지 이벤트 이후에 다시 구성하여 보우타이를 완성한다.

15.1.9 보우타이의 시나리오와 장벽 사용

위험과 통제해야 할 사항을 명확히 이해하고, 위험, 주요 사건, 위협 및 결과는 우리가 원하지 않는 모든 것에 대한 정보를 제공한다. 보우타이를 통과하는 모든 선은 서로 다른 잠재적 사건을 나타낸다. 이미 발생했을 수도 있는 사건 시나리오를 담는 것 외에도 보우타이는 아직 발생하지 않은 시나리오의 여지도 있다는 것이다.

원치 않는 시나리오를 식별하고 도출한 후에 어떻게 해야 할지를 살펴본다. 조직으로서 이러한 시나리오를 제시하고, '장벽'을 사용하여 이를 수행된다.

보우타이의 장벽은 상단 이벤트의 양쪽에 나타난다. 왼쪽의 장벽은 방해한다. 위협이 발생하지 않도록 시나리오를 작성하고, 발생하더라도 통제력을 상실하지 않도록(최고 이벤트) 한다. 오른쪽의 장벽은 최상위 이벤트에 도달하면 시나리오가 실제 영향(결과)으로 확대되지 않거나 영향을 완화하지 않는다.

인간의 행동이 결합된 다양한 유형의 장벽이 있다. 하드웨어/기술 장벽이 식별되면, 어떻게 해야 하는지에 대한 기본적인 이해를 갖게 되고, 위험이 관리된다. 이 기본 장벽 구조를 더욱 발전시켜 더 깊이 있게 구축할 수 있다. 강점과 약점이 어디에 있는지 이해한다. 장벽은 다음과 같이 분류될 수 있다.

예를 들어 장벽 효과를 포함하기 위해 장벽 유형과 함께 평가된다. 이를 통해 평가할 수 있다. 사용 가능한 데이터 및 의존성을 기반으로 장벽이 얼마나 잘 수행되거나 수행될 것으로 예상되는지 전문가의 판단에 따라. 그 후에는 지정한 활동을 살펴보고 구현할 수 있다. 장벽을 유지하는 것은 본질적으로 안전 관리 시스템을 매핑하는 것을 의미한다. 또한 장벽에 대한 책임이 있는 사람을 결정할 수 있으며 기타 모든 관련 정보의 맥락에서 장벽의 중요성을 평가한다. 이것들은 모두 장벽에 대한 이해를 높이기 위해 할 수 있는 일이다. 이 모든 정보를 장벽에 시각화하여 안전에 대한 전체적인 개요를 제공한다. 위험 시나리오의 맥락에서 관련 데이터를 사용하여 측정한다. 장벽은 결코 완벽하지 않다. 최고의 하드웨어 장벽이라도 실패할 수 있다. 이 사실을 감안하고, 알아야 할 것은 장벽이 실패하는 이유이다. 이는 '확산 요인'을 사용하여 수행된다. 뭐든지 장벽을 실패하게 만드는 요인은 확대 요인으로 설명할 수 있다. 예를 들어, 열리는 문에 정전이 발생하면 전기 메커니즘을 사용하여 자동으로 닫힐 수 있다.

15.1.10 보우타이를 위험 관리 도구로 사용하는 이유

위험 관리 도구로 사용되는 보우타이 분석방법은 위험 식별을 위한 시각적 시나리오 기반 방법이다. 이 모델은 과도한 조치 없이 위험한 현실을 단순화한다. 단순화하고 장벽의 무결성을 유지하는 데 도움이 된다. 위험을 이해하고 관리하기 위해 전체 상황에 대한 통찰력을 얻을 수 있는 방법이다. 보우타이 분석방법은 위험과 장벽을 관리하는 시각적인 도구이다.

15.1.11 보우타이와 HAZOP의 비교

국내에서는 각각의 공정에 맞는 위험성평가 기법을 선정하여 수행하고 있으나, 설계·건설·시운전 단계에서 위험성평가를 많이 수행하고 있으며, 많이 사용되고 있는 위험성평가는 HAZOP이다.

HAZOP은 노드별로 설계 의도로부터 벗어날 수 있는 다양한 변수에 대해서 원인, 결과, 기존 안전대책, 위험도 순위로 분석하는 기법이다. HAZOP은 체계적으로 위험요인을 분석하는데 적합한 위험성평가 기법이다. 하지만 노드 위주의 분석으로 공정의 전반적인 위험성평가가 어렵고, 연속 공정에 적합하며, 또한 설비가 아닌 휴먼에러와 같은 운전원의 작업에 대해서는 분석하기 부족한 것이 사실이다. 하지만 BowTie 위험성평가 기법은 분석할 위험요인에 대해서 공정 전체를 대상으로 원인과 결과의 분석이 가능하며, 운전원의 작업도 안전대책(예방대책, 감소대책)으로 포함할 수 있어서 휴먼에러 분석과 발생원인(악화요소)을 분석할 수 있다. 또한 도식적인 BowTie 선도로 구현되어 누구나 쉽게 이해할 수 있으며, 다른 안전관리 시스템과도 연계가 가능하다.

15.1.12 보우타이 위험평가 단계별 수행내용

유해위험요인은 KOSHA Guide X-13-2010(중소규모 사업장의 위험 평가 관련 유해

위험요인 분류를 위한 기술지침)의 부록에 표시된 유해위험요인별 분류 및 점검 확인사항에서 소개되는 아래와 같은 요인을 참조하여 파악한다.

① 기계적 요인

② 전기적 요인

③ 물질(화학물질, 방사선) 요인

④ 생물학적 요인

⑤ 화재 및 폭발 위험요인

⑥ 고열 및 한랭 요인

⑦ 물리학적 작용에 의한 요인

⑧ 작업환경조건으로 인한 요인

⑨ 육체적 작업부담/작업의 어려움 요인

⑩ 인지 및 조작능력 요인

⑪ 정신적 작업부담 요인

⑫ 조직관련 요인

⑬ 그 밖의 요인

15.1.13 보우타이의 위험평가

① 위협(또는 원인)의 발생빈도(확률)는 〈표 3〉를 사용하거나 또는 다른 적절한 기준을 정하여 산정한다.

② 결과의 심각도는 〈표 4〉를 사용하거나 또는 다른 적절한 기준을 정하여 산정한다.

③ 〈표 5〉에 따라 빈도와 심각도를 조합하여 위험 등급을 산정한다.

④ 위험 등급이 허용수준 이상일 경우에는 추가적인 예방대책 또는 감소대책을 수립한 후에 단계 (5)에서 (10)까지를 반복한다.

⑤ 위험의 허용수준은 ALARP(as low as reasonably practical : 합리적으로 실행가능한 낮은 수준) 원칙에 따라 사업장의 관리기준에 의해 정한다.

⑥ 발생빈도 및 심각도 산정 시에 현재의 예방대책 및 감소대책을 고려하여 산정한다.

<표 15.3> 발생 빈도 (예)

등급	발생 빈도	설명
1	1회/(500년 초과)	거의 희박함
2	1회/(100~500년)	매우 낮음
3	1회/(50~100년)	낮음
4	1회/(10~50년)	중간정도
5	1회/(1~10년)	높음
6	1회/1년 이내	매우 높음

<표 15.4> 결과의 심각도 (예)

등급	신체상해 기준	재산손해 기준 (원)	운전정지 기준	지역사회(주민) 영향 기준	환경 영향 기준	사업장 명성 손상
1	통원 치료 상해	100만 미만	생산량 감소운전	거의 없음	거의 없음	거의 없음
2	경상 (4일 이상의 입원)	100만~1천만 미만	1일 미만	약간의 악취 또는 소음	가벼운 영향	가벼운 충격
3	신체 상해	1천만~1억 미만	1일~10일미만	악취 또는 소음 (민원야기)	소규모 영향	상당한 충격 (제한지역)
4	사망 1명	1억~10억미만	10일~1개월미만	부상 발생 (1인 이상)	중규모 영향	상당한 충격 (국내적)
5	2~9인 사망	10억~100억 미만	1~3개월미만	중상 발생 (1인 이상)	중대한 영향	엄청난 충격 (국내적)
6	10인 이상 사망	100억 이상	3개월 이상	사망 또는 불구	대규모 심각한 영향	엄청난 충격 (국제적)

<표 15.5> 위험 산정표 (예)

구분		결과의 심각도					
		1	2	3	4	5	6
발생 빈도	1	8등급	8등급	7등급	6등급	6등급	5등급
	2	8등급	7등급	6등급	6등급	5등급	4등급
	3	7등급	6등급	6등급	5등급	4등급	3등급
	4	6등급	6등급	5등급	4등급	3등급	2등급
	5	6등급	5등급	4등급	3등급	2등급	1등급
	6	5등급	4등급	3등급	2등급	1등급	1등급

15.1.13 정성적 보우타이의 위험평가 관리표 사용

(1) 이 지침에서 사용하는 "정성적 보우타이 위험 평가 및 관리표(이하 "도표"라고 한다)"는 [별지서식3]과 같다.

[별지서식3] 정성적 보우타이 위험 평가 및 관리표

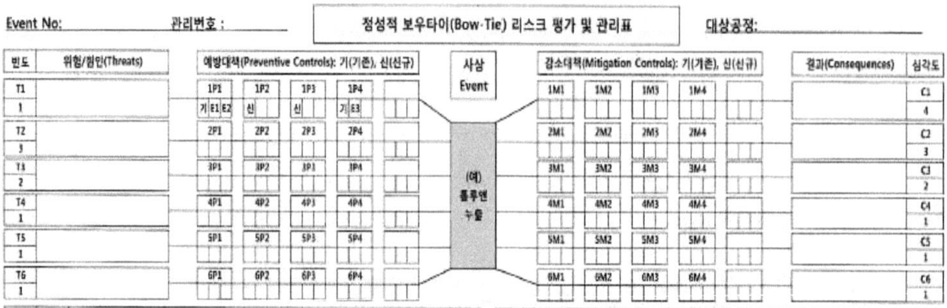

No	상태	예방대책	담당	기한	관련 사항(절차 등)	완료
1P1						
1P2						
1P3						
1P4						
2P1						
3P1						

No	상태	감소대책	담당	기한	관련사항(절차 등)	완료
1M1	기존					
1M2						
1M3						
2M1						
3M1						

No	악화요소(EF, Escalation Factor)	악화요소 방지대책(EFC)	담당	기한	완료
1P1E1					
1P1E2					
1P4E3					

No	악화요소(EF, Escalation Factor)	악화요소 방지대책(EFC)	담당	기한	완료
1M2E1					
1M4E2					

리스크 계산(=빈도*심각도)		C1	C2	C3	C4	C5	C6
빈도 \ 심각도		4	3	2	1	1	1
T1	1	4	3	2	1	1	1
T2	3	12	9	6	3	3	3
T3	2	8	6	4	2	2	2
T4	1	4	3	2	1	1	1
T5	1	4	3	2	1	1	1
T6	1	4	3	2	1	1	1

허용 수준
7점 이하 (예)

허용기준 초과	기존 리스크	신규 방호대책 후 리스크 수준 빈도	심각도	리스크	평가
T2-C1	12				
T2-C2	9				
T3-C1	8				

평가일자 :			
소속	직책	성명	서명

(2) 도표에는 보우타이 선도(BTD), 예방대책 및 감소대책, 악화요소 및 악화요소 방지대책, 정성적 위험 평가표 및 평가반 등의 항목이 포함된다.

(3) 도표에 사용되는 용어에 대한 개념과 사용방법은 아래와 같다.

(가) "사상"은 보우타이 선도(BTD)의 중심에 위치하며, 그 부분에는 예방하고자 하는 주 이유가 되는 사상을 기입한다. 화학물질과 관련된 경우에는 해당물질명도 함께 기입한다.

(나) “위협/원인”란에는 사상의 원인을 종류별로 기입한다.

② 악화요소가 모두 조치되어야 해당대책은 방호대책으로 인정된다.

(차) 시나리오 행로 : 하나의 위협/원인이 사상을 통해 결과로 이어지는 행로를 의미한다.

(카) 도표에 있는 양식에 따라 정성적 위험 평가를 실시한다.

① 발생빈도와 결과의 심각도에 의한 위험을 산정한다.

② 산정된 위험이 사업장의 허용수준을 초과할 경우 추가적인 대책을 수립하여 평가를 반복한다.

(타) 위험 평가반과 평가일자 등을 기입하고 평가 결과를 정리한다.

(4) 도표를 사용하는 위험 평가에 대한 예는 [붙임 1]과 같다.

[붙임 1] 정성적 보우타이 위험 평가 및 관리표(예)

Event No: 울산-1101 관리번호 : U-1101

정성적 보우타이(Bow-Tie) 리스크 평가 및 관리표 (예)

대상공정: 사무동

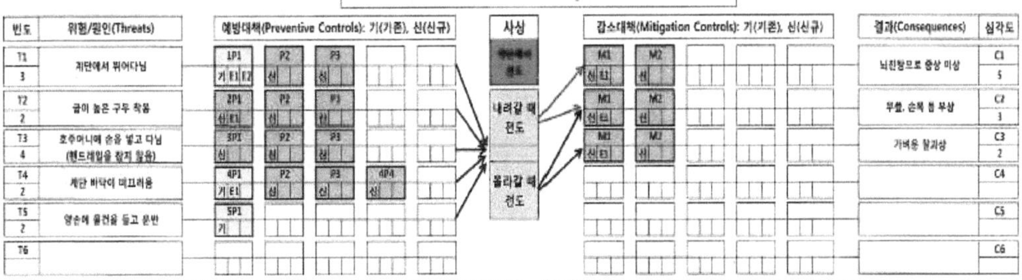

No	상태	예방대책	담당	기한	관련 사항(절차 등)	완료
1P1	기존	긴급상황 외 사업장 내 뛰는 행위 금지			일반안전규칙 재교육	
P2	신규	계단 통행 시 핸드 레일 사용 규칙 제정, 벽면측 핸드레일 설치	관리	12.30	계단통행규칙 제정, 벽면측 핸드레일 설치 대상 파악	
P3	신규	층별 계단에 핸드 레일 사용 표어 부착	관리	12.30	부착 대상 파악	
2P1	신규	굽이 높은 구두 착용 금지(굽 높이 제한)	관리	12.30	복장보호구 착용기준에 추가	
3P1	신규	호주머니에 손넣고 다니는 행위 금지	관리	12.30	계단통행규칙 제정 및 교육	
4P1	기존	주기적인 계단 청소	관리		청소주기 확인	
4P4	신규	미끄럼 방지 패드 부착	관리	12.30	필요 장소 파악	
5P1	기존	물량물 운반수칙			표준운반수칙 교육	

No	상태	감소대책	담당	기한	관련사항(절차 등)	완료
M1	신규	건강증진 프로그램으로 유연성 증대	보건	12.30	사내 체력 단련장 설치	
M2	신규	계단의 날카로운 모서리 보수	보건	12.30		

No	악화요소(EF, Escalation Factor)	악화요소 방지대책(EFC)	담당	기한	완료
1P1E1	사규 무시 풍토 만연	사규 준수 풍토 조성 및 교육 실시	관리	11.30	
1P1E2	식당 혼잡으로 중식시간에 서두름	부서별 식사시간 조정	관리	11.30	
2P1E1	신발장 부족으로 굽이 높은 구두 착용한 채 통행	신발장 확보 및 사규 교육	관리	11.30	
4P1E1	현장에서 들어올 때 안전화에 기름기가 묻음	신발 밑바닥 청소용 발판 사용	관리	11.30	

No	악화요소(EF, Escalation Factor)	악화요소 방지대책(EFC)	담당	기한	완료
M1E1	건강증진운동 경시 풍조	보건교육 강화로 인식 개선	보건	12.3	

리스크 계산(=빈도*심각도)							
빈도 \ 심각도		C1	C2	C3	C4	C5	C6
		4	3	2			
T1	3	12	9	6			
T2	2	8	6	4			
T3	4	16	12	8			
T4	2	8	6	4			
T5	2	8	6	4			
T6							

허용 수준
8점 이하 (예)

허용기준 초과	기존 리스크	후 리스크 수준 빈도	심각도	리스크	평가
T1-C1	12	2	2	4	적정
T1-C2	9	2	2	4	적정
T3-C1	16	2	2	4	적정
T3-C2	12	2	2	4	적정

평가일자 :		2011.11.18	
소속	직책	성명	서명

(카) “목표수준(Target factor)”이란 시나리오 결과의 크기(심각도)에 따라 관리해야 할 수준을 말한다.

(타) “기본공정제어시스템(Basic process control system, BPCS)"이란 공정이나 운전원으로부터 나온 입력신호에 대응하는 시스템으로 출력신호를 발생시켜 공정이 정상 운전 범위 내에서 운전되도록 하는 시스템을 말한다. 기본공정제어시스템은 센서, 논리연산기, 공정제어기 및 최종제어요소로 구성되며, 공정이 정상 운전범위 내에서 운전되도록 제어한다. BPCS는 인간기계인터페이스(Human machine interface, HMI)도 포함하며, 공정제어시스템으로도 불린다.

(파) “최종제어요소(Final control element)"란 제어를 달성하기 위하여 공정변수를 조작하는 장치를 말한다.

(거) “작동요구 시 고장확률(Probability of failure on demand, PFD)"이란 시스템이 특정한 기능을 작동하도록 요구받았을 때 실패할 확률을 말한다.

(너) “안전계장기능(Safety instrumented function, SIF)"이란 한계를 벗어나는(비정상적인) 조건을 감지하거나, 공정을 인간의 개입 없이 기능적으로 안전한 상태로 유도하거나 경보에 대하여 훈련받은 운전원을 대응하도록 하는 특정한 안전무결성등급(Safety integrity level, SIL)을 갖는 기능을 말한다.

(더) “안전계장시스템(Safety instrumented system, SIS)"이란 하나 이상의 안전계장 기능을 수행하는 센서, 논리해결기, 최종제어요소의 조합을 말하며, 일반적으로 비상정지 시스템(Emergency shut-down system, ESD) 또는 안전 인터록시스템으로 불린다.

(러) “안전무결성등급(Safety integrity level, SIL)"이란 안전계장시스템에 대한 신뢰도 수준이며, 작동요구 시 그 기능을 수행하는데 실패할 안전계장기능의 확률을 규정하는 안전계장기능에 대한 성능기준을 말한다.

(머) “ERPG-3”란 비상대응계획수립지침(Emergency response planning guideline)에서 사용되는 농도 중 거의 모든 사람이 1시간까지 노출되어도 생명의 위험을 느끼지 않는 공기 중 최대 농도를 말한다.

15.1.14 반정량적 보우타이의 위험평가 시기

일반적으로 반정량적 보우타이 위험 평가는 다음과 같은 시기에 실시한다.

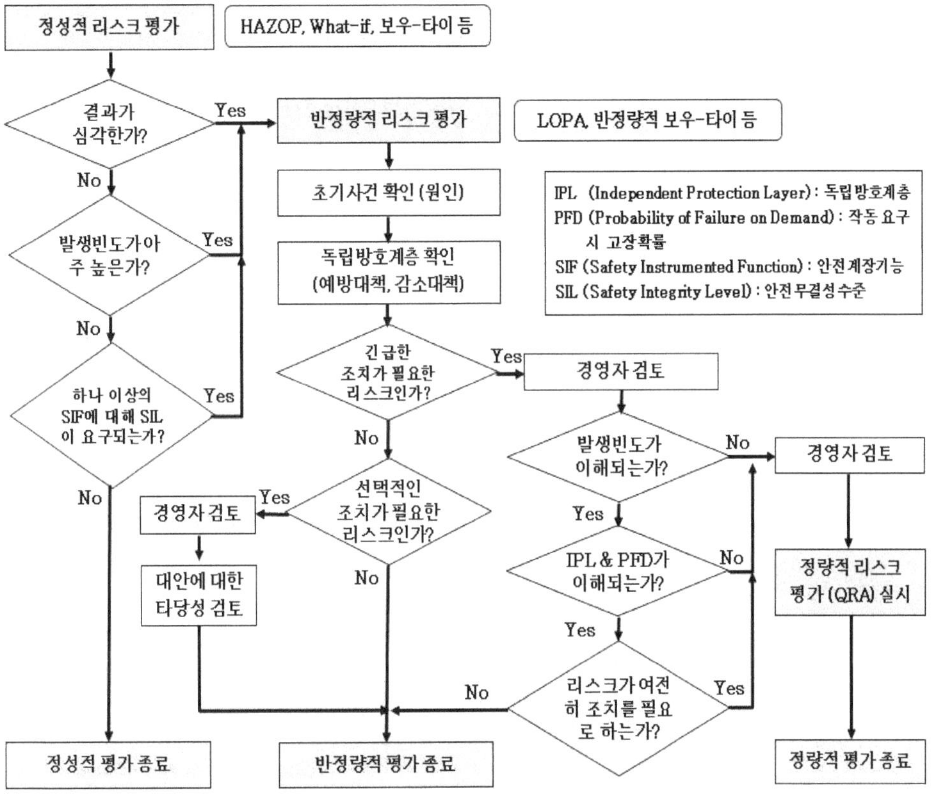

① 다른 정성적 위험 평가 결과 중 심각도가 높은 경우

② 새로운 공정이나 설비를 도입하는 경우

③ 공정 또는 작업방법을 변경할 경우

④ 새로운 물질을 사용할 경우

⑤ 사고 발생 시 원인을 파악하고 대책의 적절성을 평가할 경우

⑥ 이해당사자에게 사용하는 설비의 안전성을 쉽게 설명하고자 할 경우

위험 평가 우선순위는 KOSHA Guide P-8-2009(위험성평가 실시를 위한 우선순위 결정가이드)를 참조하여 결정할 수 있다.

15.1.15 반정량적 보우타이의 위험평가 적용 시기

① 일반적으로 반정량적 위험 평가는 정성적 위험 평가 결과 중 심각도가 높은 경우에 대해 적용한다.

② 반정량적 위험 평가 결과에 대해 만족하지 못할 경우에는 결함수 분석기법 또는 사건수 분석기법 등과 같은 정량적 위험 평가를 수행해야 한다.

- 결함수 분석기법은 KOSHA Code P-4-2005를 참조한다.
- 사건수 분석기법은 KOSHA Code P-8-2000을 참조한다.

15.1.16 반정량적 보우타이의 방호계층과 위험평가

① 반정량적 보우-타이 위험 평가 실시할 경우 기본 개념은 방호계층분석 (Layer of protection analysis, LOPA)의 개념을 따른다.

② 방호계층분석 기법의 개념은 〈그림 15.3〉와 같다. 어떤 잠재적인 위험이 최악의 결과로 나타나기 위해서는 그 위험을 둘러싸고 있는 다양한 모든 방호계층들이 모두 실패했을 경우가 된다.

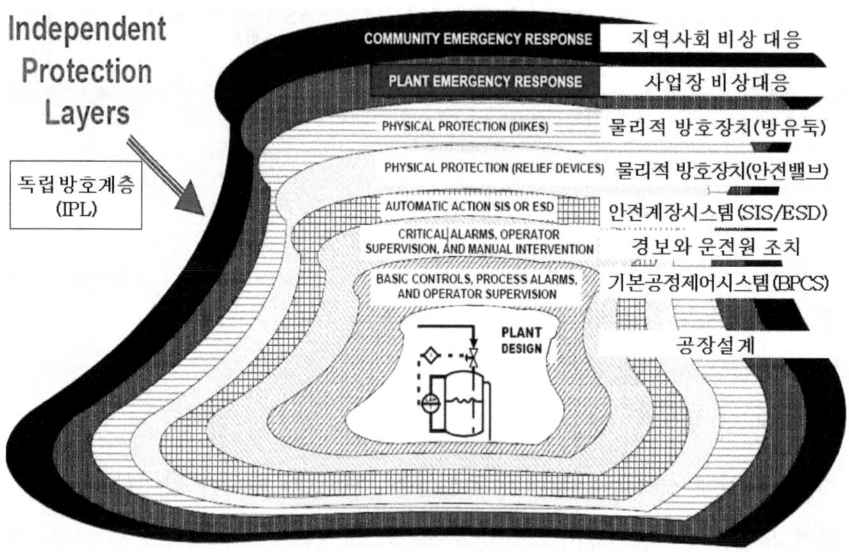

<그림 15.3> 시나리오에 대한 방호계층의 개념

참고 사이트

[1] ABS, 2017. Guidance Notes on Review and Approval of Novel Concepts.

[2] ABS, BowTie MASTER,

https://www.abs-group.com/content/documents/Market_Fact_Sheets/BowTie-Master-Software还Solutions.pdf [Accessed 4 March 2022].

[3] Bow Tie Pro Limited, Features of BowTie Pro,

https://BowTiepro.com/software/features.aspx [Accessed 4 March 2022].

[4] CCPS & EI, 2018. Bow ties in risk management: A concept book for process safety, Wiley.

[5] CGE, BowTieXP, https://www.BowTiexp.com/ [Accessed 4 March 2022.

[6] DNV, 2022. Risk Based Certification,

https://www.dnv.com/assurance/Management-Systems/risk-based-certification.html [Accessed 14 January 2022].

[7] DNV, SYNERGI LIFE Barrier Management module,

https://www.dnv.com/Images/Synergi-Life-Barrier-Management-Module-flier_tcm8-58731.pdf [Accessed 4 March 2022].

[8] ISO 17776:2002. Petroleum and natural gas industries - Offshore production installations - Guidelines on toold and techniques for hazard identification and risk assessment.

[9] ISO 17776:2016. Petroleum and natural gas industries - Offshore production installations - Major Accident hazard management during the design of new installations.

[10] John S., 1999. A guide to quantitative risk assessment for offshore installations, CMPT.

[11] Korean Register, 2015. Guidance for Approval of Risk-based ship design.

[12] Lloyd's Register, 2018. ShipRight Design and Construction: Additional Design Procedure - Risk Based Designs (RBD)

[13] 보우타이 관련 사이트
https://m.blog.naver.com/zulseminyu/222595894350?view=img_1

[14] 보우타이 다이어그램 소개 동영상
Yasmin Endlich, Martin D. Culwick 및 Stavros N. Prineas 디자인 및 제작 (https://links.lww.com/COAN/A68).

[15] Tae-Hwan, Kim, "The Study on the Risk Assessment Methodology", J. of Korean Institute of Fire Sci. & Eng. 3(1), 2-5(2000)

[16] Jae Min, Lee and Jae Wook, Ko, "A Study on Hazard Identification Method for Small and Meㆆdium Chemical Industries", Korean Chem. Eng. Res., 45(1), 103-108(2007)

[17] Jung Hwan, Kim and Jae Wook, Ko, "A Study of Risk Reduction by SIL(Safety Integrity Level) Determination", KIGAS, 15(5), 57-62(2011)

[18] Sung-Man, Hong and Su-bin, Sun, "Development of Risk Assessment System for Steel and Iron Works", Journal of the Korea Safety Manageㆆment & Science, 11(4), 7-14(2009)

[19] Jung Won, Kim, "A study on Selction Method of Hazard Evaluation Techniques for Gas Induㆆstires", 13-21(2003)

[20] Ik-Keun, Yoon and En-Sup, Yoon, "A Develop of System for Efficient Quantitative Risk Assessment on Natural Gas Supply Facilties", KIGAS, 16(1), 39-45 (2012)

[21] Cadmus Solution Ltd., http://www.BowTiepro.com/BowTie_hisroy.asp

[22] ICI Hazan Course Notes, University of Queensland in Australia (1979)

[23] Heon Seok Lee, Seung Gyun Kang and Jae Wook Ko, "Development of Emergency Response System by Risk Assessment Methodology in Energy Facility", KIGAS, 12(2), 118-123 (2008)

[24] KOSHA Gudie, "Guidelines for Semi-quantiㆆtative Risk Assessment Method BowTie", (2011)

[25] KOSHA "OSH Research Brief", 30, 32-37 (2010)

16장
HFACS-OGAPI 방법과 코드화의 개발

기존 HFACS 방법을 토대로 석유, 발전, 가스 산업에 특화된 HFACS-OGAPI 방법을 수정 개발하여 이에 대한 설문지와 점검치, 그리고 코드화 도구 등을 개발하였다 (양정모, 2022). 굳이 책에 양정모 박사의 박사 논문에 사용된 것을 소개하는 이유는 이러한 방법의 개발과 유사 연구와 검증연구가 보다 쉽게 추후 이루어지기를 바라는 마음에서 여기에 수록하게 되었다. 그리고 군대에서 사용하는 목적으로 홀라겐 교수의 4대 역량을 점검하기 위한 설문지도 부록 마지막에 첨부하였으니 참고해서 검증과 유사 연구가 많이 이루어지기를 바란다.

[부록 1] HFACS 4대 대문항 설문지의 개발

HFACS의 4대 대항목인 1) 조직의 영향, 2) 불안전한 감독, 3) 불안전한 행동, 4) 불안전한 행동에 대한 전제조건에 대한 신뢰도 분석 결과를 통해서 최종 수정된 설문지가 개발되었다 (양정모, 2022).

[부록 2] 미국 NASA의 인간실수 기여 요인 점검 체크리스트

점검 체크리스트는 인간실수 기여 요인을 점검하기 위하여 미국 NASA가 2019년에 개발하였다. 체크리트스는 4개의 수준에 대한 20개의 점검내용으로 구성되어 있다. HFACS의 4개의 구조와 유사해서 함께 분석하기가 편하다.

수준 4 조직(organization)은 문화/분위기, 조직운영, 자원 3가지 항목으로 구성되어 있다.

수준 3 감독(supervision)은 문제수정 실패, 부적절한 감독, 계획된 부적절한 운영, 위반 4가지 항목으로 구성되어 있다.

수준 2 전제조건(precondition)은 물리적 환경, 기술적 환경, 의사소통, (자기강요) 스트레스, 인지요인, 심리적 요인, 생리학적 요인, 의료/정신적 요인, 인식요인 등 9가지 항목으로 구성되어 있다.

수준 1 행동(act)은 결정적 사건, 기술적 사건, 인지적 사건, 위반 등 4가지 항목으로 구성되어 있다. Table 2는 미국 NASA 인간실수 기여 요인 점검표이다.

[부록 3] HFACS-OGAPI 기반 인간실수 기여 요인 설문서의 개발

미국 NASA/국방부와 항공 안전센터가 개발하여 사용 중인 HFACS 조사 체크리스트와 국내와 해외 45건의 사고분석 자료를 기반으로 개발한 HFACS-OGAPI 체계를 기반으로 Table 4와 같이 인간실수 기여 요인 설문서를 개발되었다 (양정모, 2022). 여기에는 HFACS-OGAPI 체계의 5번째 법규의 영향(국가법규체계, 산업코드와 표준, 감독기관의 능력)은 빠져 있다.

조직영향 9개, 불안전한 감독 6개, 불안전한 행동 전제조건 6개 및 불안전한 행동 3개 문항으로 구성하고 요인분석을 시행하여 유의한 것을 추출하였다. Yang과 Kwon(2022)이 개발한 HFACS-OGAPI(2022)의 특성을 반영하여 24문항이 개발되었다(양정모, 2022).

[부록 4] HFACS-OGAPI의 개발

개발된 HFACS-OGAPI의 수준은 5개이고 단계 1은 5개, 단계 2는 17개, 단계 3은 22개, 단계 4는 56개의 기여 요인으로 설정하였다 (양정모, 2022). 여기에는 5단계인 법규영향이 특별히 추가되어 있는 점이 다른 4단계 모델과의 차이점이다. 5단계 법규 영향을 빼면 51개의 소항목으로 이루어진 4단계 HFACS 모델이다.

[부록 5] HFACS-OGAPI의 코드화

개발된 HFACS-OGAPI를 보다 쉽게 분석하기 위해 엑셀 등으로 전산 분석용으로 3단계인 22개에 7개를 더 추가한 29개의 단계로 간편한 분류가 가능하도록 항목을 코드화하여 개발하였다 (양정모, 2022). 아래에서 안전공단의 사례를 통하여 점검해 보자.

[부록 6] HFACS-OGAPI 코드화의 사례

개발된 HFACS-OGAPI를 보다 쉽게 분석하기 위해 엑셀 등으로 전산 분석용으로 3단계인 22개에 7개를 더 추가한 29개의 단계로 간편한 분류가 가능하도록 항목을 코드화하여 개발하였다 (양정모, 2022). 아래에서 안전공단의 사례를 통하여 점검해 보자.

[부록 7] 홀라겐 교수의 4대 역량을 토대로 군대 검증용 점검 설문지의 개발

회복성(Resilience) 역량 설문지를 작성하기 위해 Hollnagel이 개발한 Resilience Analysis Grid(RAG)의 4대 역량(대응, 관찰, 학습, 예측)을 기반으로 설문 문항의 구성은 대응역량 10항목, 관찰역량 10항목, 학습역량 10문항, 예측역량 10문항 총 40문항으로 수정 구성하였다.

Hollnagel이 개발한 문항(RAG)은 기본으로 하고 윤완철 & 양정열(2019), 이지희 외(2018), 홍성호 외(2020), 추찬호 외(2020)를 기반으로 군대의 핵심역량을 검증하기 위한 용도로 수정한 설문 문항을 개발하였다 (김무천, 2023).

대응역량이란 무엇을 해야 할지 알고 현재의 기능을 조정함으로써 위험 및 기회에 대응할 수 있는 능력이다. 관찰역량이란 무엇을 찾아야 하는지 알고 시스템 성능 및 환경을 포함해 운영에 영향을 미치는 변화를 탐지하는 능력이다. 학습역량이란 무슨 일이 일어났는지 알고 있으며 이를 통해 무엇을 학습해야 할지를 알고 있는 능력이다. 예측역량이란 무엇을 예측해야 할지 알고 잠재적인 위협 및 기회와 같은 미래 발전을 예측할 수 있는 능력이다.

참고문헌

[1] Zhang, J., Fu, J., Hao, H., Fu, G., Nie, F., & Zhang, W. (2020). "Root causes of coal mine accidents: Characteristics of safety culture deficiencies based on accident statistics", Process Safety and Environmental Protection, 136, pp. 78-91.

[2] 권영국. (2021). "새로운 인간공학", 도서출판 디자인, pp. 159-170.

[3] International Atomic Energy Agency (IAEA). (1999). "Management of operational safety in nuclear power plants (INSAG-13)", Retrieved from International Atomic Energy Agency, Vienna, p. 2.

[4] Li, Y., & Guldenmund, F. W. (2018). "Safety management systems: A broad overview of the literature", Safety science, 103, pp. 94-123.

[5] Zohar, D. (1980). "Safety climate in industrial organizations: theoretical and applied implications", Journal of applied psychology, 65(1), pp. 96-98.

[6] Kines, P. Lappalainen. J., Mikkelsen, K. L., Olsen, E., Pousette, A., Tharaldsen, J., & Torner, M. (2011)."Nordic Safety Climate Questionnaire (NOSACQ-50): A new tool for diagnosing occupational safety climate", International Journal of industrial Ergonomics, 41(6), pp. 634-646.

[7] Holstvoogd, R., van der Graaf, G., Bryden, R., Zijlker, V., & Hudson, P. (2006). "Hearts and minds programs the road map to improved HSE culture", Institution of Chemical Engineers, pp. 1-13.

[8] McAfee, R. Bruce, & Ashley R. Winn. (1989). "The use of incentives/feedback to enhance work place safety: A critique of the literature", Journal of Safety Research, 20.1, pp. 7-19.

[9] Guastello, S. J. (1993). "Do we really know how well our occupational accident prevention programs work?", Safety science, 16(3-4), pp. 445-463.

[10] Standard, D. O. E. (2009). "Human performance improvement handbook volume 1: concepts and principles", US Department of Energy AREA HFAC Washington, DC, 20585. pp. 1-26.

[11] Asadi, S., Karan, E., & Mohammadpour, A. (2017). "Advancing safety by in-depth assessment of workers attention and perception" International Journal of Safety, 1(03), pp. 46-60.

[12] Ivensky, V. (2017). "Optimizing safety engineering, systems, human factors: part 2", Professional Safety, 62(02), pp. 46-49.

[13] Cooper, M.D. (2006). "Exploratory analyses of the effects of managerial support and feedback consequences on behavioral safety maintenance", Journal of Organizational Behavior Management, 26, pp. 1-41.

[14] Wirth, O., & Sigurdsson, S. O. (2008). "When workplace safety depends on behavior change: Topics for behavioral safety research", Journal of safety Research, 39(6), pp. 589-598.

[15] Perrow, C. (1999). "Normal, accidents, lIving with high risk technologies", Princeton university pres, Princeton NJ, pp. 108-122.

[16] Nwankwo, C. D., Arewa, A. O., Theophilus, S. C., & Esenowo, V. N. (2021). "Analysis of accidents caused by human factors in the oil and gas industry using the HFACS-OGI framework", International journal of occupational safety and ergonomics, pp. 1-13.

[17] Saleh, J. H., Haga, R. A., Favarò, F. M., & Bakolas, E. (2014). "Texas City refinery accident: Case study in breakdown of defense-in-depth and violation of the safety-diagnosability principle in design", Engineering Failure Analysis, 36, pp. 121-133.

[18] Ismail, Z., Kong, K. K., Othman, S. Z., Law, K. H., Khoo, S. Y., Ong, Z. C., & Shirazi, S. M. (2014). "Evaluating accidents in the offshore drilling of petroleum", Regional picture and reducing impact Measurement, 51, pp. 18-33.

[19] Wiegemann, D. A., & Shappell, S. A. (2003). "A human error approach to aviation accident analysis", Routledge, pp. 1-18.

[20] DOE. (2009). "Human Performance Improvement Handbook", DOE Vol 1, pp.1-27.

[21] Theophilus, S. C., Esenowo, V. N., Arewa, A. O., Ifelebuegu, A. O., Nnadi, E. O., & Mbanaso, F. U. (2017). "Human factors analysis and classification system for the oil and gas industry (HFACS-OGI)", Reliability Engineering & System Safety, 167, pp. 168-176.

[22] 고용노동부 (2013). "현대제철(주) 산업재해, 구조적 문제로 밝혀져!", pp. 1-5.

[23] Swain, Alan D. (1983). "Handbook of human reliability analysis with emphasis on

nuclear power plant applications", NUREG/CR-1278, SAND 80-0200, 2-7.
[24] Sidney, D. (2014). "The field guide to understanding human error", CRC Press Taylor & Francis NW, pp. 1-26.
[25] Pidgeon, N., & O'Leary, M. (2000). "Man-made disasters: why technology and organizations (sometimes) fail", Safety science, 34(1-3), pp. 15-30.
[26] Reason, J. (2016). "Organizational accidents revisited", CRC Press. pp. 1-55.
[27] Larouzee, J., & Le Coze, J. C. (2020). "Good and bad reasons: The Swiss cheese model and its critics", Safety science, 126, 104660, pp. 1-11.
[28] Shappell, S. A., & Wiegmann, D. A. (2000). "The human factors analysis and classification system—HFACS", University of Illinois at Urbana-Champaign Institute of Aviation, pp. 1-19.
[29] Reason, J., Hollnagel, E., & Paries, J. (2006). "Revisiting the Swiss cheese model of accidents", Journal of Clinical Engineering, 27(4), pp. 110-115.
[30] Underwood, P., & Waterson, P. (2014). "Systems thinking, the Swiss Cheese Model and accident analysis: a comparative systemic analysis of the Grayrigg train derailment using the ATSB, AcciMap and STAMP models", Accident Analysis & Prevention, 68, pp. 75-94.
[31] Zhan, Q., Zheng, W., & Zhao, B. (2017). "A hybrid human and organizational analysis method for railway accidents based on HFACS-Railway Accidents (HFACS-RAs)", Safety science, 91, pp. 232-250.
[32] Liu, R., Cheng, W., Yu, Y., & Xu, Q. (2018). "Human factors analysis of major coal mine accidents in China based on the HFACS-CM model and AHP method", International journal of industrial ergonomics, 68, pp. 270-279.
[33] Schröder-Hinrichs, J. U., Baldauf, M., & Ghirxi, K. T. (2011). "Accident investigation reporting deficiencies related to organizational factors in machinery space fires and explosions", Accident Analysis & Prevention, 43(3), pp. 1187-1196.
[34] Liu, S. Y., Chi, C. F., & Li, W. C. (2013). "The application of human factors analysis and classification system (HFACS) to investigate human errors in helicopter accidents", International conference on engineering psychology and cognitive ergonomics, pp. 85-94.
[35] Bonsu, J., Van Dyk, W., Franzidis, J. P., Petersen, F., & Isafiade, A. (2016). "A systems approach to mining safety: an application of the Swiss cheese model", Journal of the Southern African Institute of Mining and Metallurgy, 116(8), pp. 776-784.
[36] Liu, R., Cheng, W., Yu, Y., & Xu, Q. (2018). "Human factors analysis of major coal mine accidents in China based on the HFACS-CM model and AHP method",

International journal of industrial ergonomics, 68, pp. 270-279.
[37] Alexander, T. M. (2019). "A case based human reliability assessment using HFACS for complex space operations", Journal of Space Safety Engineering, 6(1), pp. 53-59.
[38] Xia, N., Zou, P. X., Liu, X., Wang, X., & Zhu, R. (2018). "A hybrid BN-HFACS model for predicting safety performance in construction projects", Safety science, 101, pp. 332-343.
[39] Celik, M., & Cebi, S. (2009). "Analytical HFACS for investigating human errors in shipping accidents", Accident Analysis & Prevention, 41(1), pp. 66-75.
[40] Chauvin, C., Lardjane, S., Morel, G., Clostermann, J. P., & Langard, B. (2013). "Human and organisational factors in maritime accidents: Analysis of collisions at sea using the HFACS", Accident Analysis & Prevention, 59, pp. 26-37.
[41] Patterson, J. M., & Shappell, S. A. (2010). "Operator error and system deficiencies: analysis of 508 mining incidents and accidents from Queensland, Australia using HFACS", Accident Analysis & Prevention, 42(4), pp. 1379-1385.
[42] Omole, H., & Walker, G. (2015). "Offshore transport accident analysis using HFACS", Procedia Manufacturing, 3, pp. 1264-1272.
[43] Gong, Y., & Fan, Y. (2016). "Applying HFACS approach to accident analysis in petro-chemical industry in China: Case study of explosion at Bi-benzene Plant in Jilin", In Advances in Safety Management and Human Factors, pp. 399-406. .
[44] Hsieh, M. C., Wang, E. M. Y., Lee, W. C., Li, L. W., Hsieh, C. Y., Tsai, W., ... & Liu, T. C. (2018). "Application of HFACS, fuzzy TOPSIS, and AHP for identifying important human error factors in emergency departments in Taiwan", International Journal of Industrial Ergonomics, 67, pp. 171-179.
[45] Reinach, S., & Viale, A. (2006). "Application of a human error framework to conduct train accident/incident investigations", Accident Analysis & Prevention, 38(2), pp. 396-406.
[46] Wang, J., Fan, Y., & Gao, Y. (2020). "Revising HFACS for SMEs in the chemical industry: HFACS-CSMEs", Journal of Loss Prevention in the Process Industries, 65, pp. 1-10.
[47] Waterson, Patrick, Michelle M. Robertson, Nancy J. Cooke, Laura Militello, Emilie Roth, and Neville A. Stanton. (2015). "Defining the methodological challenges and opportunities for an effective science of sociotechnical systems and safety", Ergonomics 58, no. 4, pp. 565-599.
[48] Benner Jr, L. (2019). "Accident investigation data: Users' unrecognized challenges", Safety science, 118, pp. 309-315.

[49] Hollnagel, E. (2018). "Safety-I and safety-II-the past and future of safety management", CRC press. pp. 24-34.
[50] Underwood, P., & Waterson, P. (2013). "Accident analysis models and method guidance for safety professionals", Loughborough University, pp. 1-29.
[51] Qureshi, Z. H., Ashraf, M. A., & Amer, Y. (2007). "Modeling industrial safety: A sociotechnical systems perspective", In 2007 IEEE International Conference on Industrial Engineering and Engineering Management, pp. 1883-1887.
[52] Waterson, P., Robertson, M. M., Cooke, N. J., Militello, L., Roth, E., & Stanton, N. A. (2015). "Defining the methodological challenges and opportunities for an effective science of sociotechnical systems and safety", Ergonomics, 58(4), pp. 565-599.
[53] Niskanen, T., Louhelainen, K., & Hirvonen, M. L. (2016). "A systems thinking approach of occupational safety and health applied in the micro-, meso-and macro-levels A Finnish survey", Safety science, 82, pp. 212-227.
[54] Siemieniuch, C. E., & Sinclair, M. A. (2014). "Extending systems ergonomics thinking to accommodate the socio-technical issues of Systems of Systems", Applied ergonomics, 45(1), pp. 85-98.
[55] Leveson, N. (2004). "A new accident model for engineering safer systems", Safety science, 42(4), pp. 237-270.
[56] Karanikas, N., Chionis, D., & Plioutsias, A. (2020). "Old and new safety thinking: Perspectives of aviation safety investigators", Safety science, 125, 104632. pp. 1-17.
[57] Grant, E., Salmon, P. M., Stevens, N. J., Goode, N., & Read, G. J. (2018). "Back to the future: What do accident causation models tell us about accident prediction?", Safety Science, 104, pp. 99-109.
[58] De Linhares, T. Q., Maia, Y. L., & e Melo, P. F. F. (2021). "The phased application of STAMP, FRAM and RAG as a strategy to improve complex sociotechnical system safety", Progress in Nuclear Energy, 131, 103571 pp. 1-11.
[59] Hulme, A., Stanton, N. A., Walker, G. H., Waterson, P., & Salmon, P. M. (2019). "What do applications of systems thinking accident analysis methods tell us about accident causation? A systematic review of applications between 1990 and 2018", Safety science, 117, pp. 164-183.
[60] Ham, D. H. (2021). "Safety-II and resilience engineering in a nutshell: an introductory guide to their concepts and methods", Safety and health at work, 12(1), pp. 10-19.
[61] Underwood, P., & Waterson, P. (2012). "A critical review of the STAMP, FRAM and Accimap systemic accident analysis models", Advances in human aspects of road

and rail transportation, pp. 385-394.
[62] Salehi, V., Hanson, N., Smith, D., McCloskey, R., Jarrett, P., & Veitch, B. (2021). "Modeling and analyzing hospital to home transition processes of frail older adults using the functional resonance analysis method (FRAM)", Applied Ergonomics, 93, 103392. pp. 1-17.
[63] Hollnagel, E., Hounsgaard, J., & Colligan, L. (2014). "FRAM-the Functional Resonance Analysis Method", a handbook for the practical use of the method-Handbook. pp. 1-76.
[64] Hollnagel, E. (2018). "The Functional Resonance Analysis Method", FRAMSYNT, pp. 1-25.
[65] Hollnagel, E. (2012). "FRAM The functional Resonance Analysis Method", CRC Press, pp. 1-94.
[66] Hollnagel, Erik. (2012). "An Application of the Functional Resonance Analysis Method (FRAM) to Risk Assessment of Organisational Change", pp. 49-73.
[67] Bjerga, T., Aven, T., & Zio, E. (2016). "Uncertainty treatment in risk analysis of complex systems: The cases of STAMP and FRAM", Reliability Engineering & System Safety, 156, pp. 203-209.
[68] 최은비, 함동한. (2020). "인적오류가 관여된 철도 사고의 체계적 분석을 위한 FRAM 의 활용", 대한안전경영과학회지, 22(1), pp. 23-32.
[69] Del Carmen Pardo-Ferreira, María, Juan Carlos Rubio-Romero, Alistair Gibb, and Santiago Calero-Castro. (2020). "Using functional resonance analysis method to understand construction activities for concrete structures", Safety Science, 128, pp. 1-13.
[70] Stemn, E., Hassall, M. E., & Bofinger, C. (2020). "Systemic constraints to effective learning from incidents in the Ghanaian mining industry: A correspondence analysis and AcciMap approach", Safety science, 123, 104565. pp. 1-14.
[71] Rasmussen, J. (1997). "Risk management in a dynamic society: a modelling problem", Safety science, 27(2-3), pp. 183-213.
[72] Waterson, P., Jenkins, D. P., Salmon, P. M., & Underwood, P. (2017). "Remixing Rasmussen: the evolution of Accimaps within systemic accident analysis", Applied ergonomics, 59, pp. 483-503.
[73] Cassano-Piche, A. L., Vicente, K. J., & Jamieson, G. A. (2009). "A test of Rasmussen's risk management framework in the food safety domain: BSE in the UK", Theoretical Issues in Ergonomics Science, 10(4), pp. 283-304.
[74] Goode, N., Salmon, P. M., Taylor, N. Z., Lenné, M. G., & Finch, C. F. (2017). "Developing a contributing factor classification scheme for Rasmussen's AcciMap:

reliability and validity evaluation", Applied ergonomics, 64, pp. 14-26.
[75] Jenkins, D. P., Salmon, P. M., Stanton, N. A., & Walker, G. H. (2010). "A systemic approach to accident analysis": a case study of the Stockwell shooting", Ergonomics, 53(1), pp. 1-17.
[76] Svedung, I., & Rasmussen, J. (2002). "Graphic representation of accident scenarios: Mapping system structure and the causation of accidents", Safety science. pp. 397-417.
[77] Salmon, P. M., Hulme, A., Walker, G. H., Waterson, P., Berber, E., & Stanton, N. A. (2020). "The big picture on accident causation: A review, synthesis and meta-analysis of AcciMap studies", Safety science, 126, 104650. pp. 1-15.
[78] Branford, K., Hopkins, A., & Naikar, N. (2009). "Guidelines for AcciMap analysis. In Learning from high reliability organisations", CCH Australia, pp. 1-12.
[79] Lee, S., Moh, Y. B., Tabibzadeh, M., & Meshkati, N. (2017). "Applying the AcciMap methodology to investigate the tragic Sewol Ferry accident in South Korea", Applied ergonomics, 59, pp. 517-525.
[80] Hamim, O. F., Hasanat-E-Rabbi, S., Debnath, M., Hoque, M. S., McIlroy, R. C., Plant, K. L., & Stanton, N. A. (2022). "Taking a mixed-methods approach to collision investigation: AcciMap, STAMP-CAST and PCM", Applied Ergonomics, 100, 103650. pp. 1-12.
[81] Beach, P. M., Mills, R. F., Burfeind, B. C., Langhals, B. T., & Mailloux, L. O. (2018)."A STAMP-based approach to developing quantifiable measures of resilience. In Proceedings of the International Conference on Embedded Systems, Cyber-physical Systems and Applications", Las Vegas, NV, USA (Vol. 30). pp. 1-8.
[82] Allison, C. K., Revell, K. M., Sears, R., & Stanton, N. A. (2017). "Systems Theoretic Accident Model and Process (STAMP) safety modelling applied to an aircraft rapid decompression event", Safety science, 98, pp. 159-166.
[83] Leveson, N. G., & Handbook, C. A. S. T. (2019). "How to learn more from incidents and accidents", Procedia manufacturing pp. 1-103.
[84] CAST 핸드북 과기정통부. (2019). "How to Learn More from Incidents and Accidents", 영문/한글판. pp. 1-103.
[85] Leveson, N. G. (2002)."A new approach to system safety engineering.Manuscript in preparation, Aeronautics and Astronautics Massachusetts Institute of Technology, pp. 43-49.
[86] Geller ES. (2001). "Working safe: How to help people actively care for health and safety (US)", CRC Press, pp. 118-119.
[87] Nwankwo, C. D., Theophilus, S. C., & Arewa, A. O. (2020). "A comparative analysis

of process safety management (PSM) systems in the process industry", Journal of Loss Prevention in the Process Industries, 66, 104171. pp. 1-14.

[88] Kwon, H. M., Lee, C. J., Seo, D., & Moon, I. (2016). "Korean experience of process safety management (PSM) regulation for chemical industry", Journal of Loss Prevention in the Process Industries, 42, pp. 2-5.

[89] Thoroman, B., Salmon, P., & Goode, N. (2020). "Applying AcciMap to test the common cause hypothesis using aviation near misses", Applied Ergonomics, 87, 103110. pp. 1-13.

[90] Yang, J., & Kwon, Y. (2022). "Human factor analysis and classification system for the oil, gas, and process industry", Process Safety Progress, pp. 1-9.

[91] Goncalves Filho, A. P., Jun, G. T., & Waterson, P. (2019)."Four studies, two methods, one accident-An examination of the reliability and validity of Accimap and STAMP for accident analysis", Safety science, 113, pp. 310-317.

[92] Zhang, Y., Jing, L., & Sun, C. (2018). "Systems-Based Analysis of China-Tianjin port fire and explosion: A comparison of HFACS, AcciMap, and STAMP", Journal of failure analysis and prevention, 18(6), pp. 1386-1400.

[93] Adriaensen, A., Costantino, F., Di Gravio, G., & Patriarca, R. (2022). "Teaming with industrial cobots: A socio-technical perspective on safety analysis", .Human Factors and Ergonomics in Manufacturing & Service Industries, 32(2), pp. 173-198.

[94] 김대호. (2020). "시스템안전 관점에서의 사고 모형 고찰", Journal of the Korean Society for Aviation and Aeronautics, 28(2), pp. 63-70.

[95] 구채칠, 서동현, & 이필혁. (2021). "시스템적 사고원인분석 기법인 STAMP 를 이용한 화학공장 폭발 사고사례 분석", 한국화재소방학회논문지, 35, pp. 17-23.

[96] 기도형. (2021). "문헌조사에 기반한 시스템적 사고 분석 기법의 연구 현황 및 비교", 대한인간공학회지, 40(1), pp. 55-63.

[97] Seo, D. H., Choi, Y. R., & Han, O. S. (2021). "Analysis of a Fire Accident during a Batch Reactor Cleaning with AcciMap, STAMP and FRAM", Journal of the Korean Society of Safety, 36(4), pp. 62-70.

부록

부록 1. HFACS 4대 대문항 설문지의 개발

HFACS의 4대 대항목인 ① 조직의 영향, ② 불안전한 감독, ③ 불안전한 행동, ④ 불안전한 행동에 대한 전제조건에 대한 신뢰도 분석 결과를 통해서 최종 수정된 설문지가 개발(HFACS-OGAPI)되었다 (양정모, 2022).

<표 1>. 조직영향, 불안전감독, 불안전한 행동 전제조건 및 불안전한 행동 설문지

요인		변수
조직 영향	자원관리	1. 우리 회사는 업무추진/운영/정비에 있어 안전 우선순위가 높다.
		2. 우리 회사는 안전한 작업을 수행하기 위한 충분한 자원(공사 기간, 재정, 인력 등)이 투입한다.
		3. 우리 회사의 교육 프로그램은 위험 상황을 인식하기에 충분하다.
	조직 분위기	4. 우리 회사는 안전 태도, 가치 또는 사기 저하로 사고 위험이 크다.
		5. 우리 회사는 긍정적인 안전 분위기로 불안정한 상황을 관리한다.
	절차	6. 우리 회사는 안전 프로세스, 절차를 준수하여 안전한 운영을 한다.
		7. 근로자/종사자는 일을 정해진 기간 내에 끝내야 하는 압박감이 있다.
	공정 안전 문화	8. 우리 회사는 적절한 위험성 평가를 통한 안전작업허가 절차를 유지한다.
		9. 우리 회사는 변경 관리를 시행하여 시설이 개선되고 위험이 줄어든다.
불안전 감독	부적절한 감독	10. 관리감독자의 감독 부족으로 인해 근로자/종사자가 불안전한 행동을 한다.
		11. 관리감독자가 근로자/종사자에게 위험요인에 대한 교육과 기준을 제

요인		변수
		공하지 않아 불안전한 행동을 한다.
	부적절한 계획	12. 관리감독자는 위험을 적절하게 평가하지 않아 위험한 상황이 발생한다.
		13. 관리감독자는 근로자/종사자의 능력을 고려하지 않고 업무지시를 하여 위험한 상황이 발생한다.
	문제 미개선	14. 관리감독자는 위험 상황을 알고 있으면서 개선하지 않는다.
	감독위반	15. 관리감독자가 회사의 안전 규칙과 기준을 무시한다.
불안전 전제 조건	환경 영향	16. 근로자/종사자는 날씨와 기후로 인해 불안전한 행동을 한다.
		17. 근로자/종사자는 시설과 환경 부족으로 인해 불안전한 행동을 한다.
		18. 협력업체가 실시하는 안전계획, 안전평가 및 위험성 평가가 부족하여 불안전한 행동을 한다.
	개인과 팀	19. 근로자가 실시하는 안전평가가 부족하여 규칙준수가 어렵다.
		20. 근로자/작업자는 과도한 업무로 인하여 신체적 또는 정신적 능력이 부족을 초래하여 불안전한 행동을 한다.
	개인요인	21. 근로자/종사자는 휴식 요구조건을 지키지 않아 불안전한 행동을 한다.
불안전한 행동	실수	22. 근로자/종사자는 부주의, 판단 부족, 의사결정 부족으로 인하여 불안전한 행동을 한다.
	위반	23. 근로자/종사자는 부주의나 습관으로 인하여 불안전한 행동을 한다.
		24. 근로자/종사자는 시간 단축이나 편안함을 위해 위반을 한다.

부록 2. 미국 NASA의 인간실수 기여 요인 점검 체크리스트

점검 체크리스트는 인간실수 기여 요인을 점검하기 위하여 미국 NASA가 2019년에 개발하였다. 체크리트스는 4개의 수준에 대한 20개의 점검내용으로 구성되어 있다. HFACS의 4개의 구조와 유사해서 함께 분석하기가 편하다.

수준 4 조직(organization)은 문화/분위기, 조직운영, 자원 3가지 항목으로 구성되어 있다.

수준 3 감독(supervision)은 문제수정 실패, 부적절한 감독, 계획된 부적절한 운영, 위반 4가지 항목으로 구성되어 있다.

수준 2 전제조건(precondition)은 물리적 환경, 기술적 환경, 의사소통, (자기강요) 스트레스, 인지요인, 심리적 요인, 생리학적 요인, 의료/정신적 요인, 인식요인 등 9가지 항목으로 구성되어 있다.

수준 1 행동(act)은 결정적 사건, 기술적 사건, 인지적 사건, 위반 등 4가지 항목으로 구성되어 있다. Table 2는 미국 NASA 인간실수 기여 요인 점검표이다.

<표 2> 미국 NASA 인간실수 기여 요인 점검표

사건 :		
점검자 명 :		
Check	(불안전한) 행동 - 4개	발견 사항 간략 설명
	1) 결정적 사건: 발생 요인. 개인이 의도한 대로 진행되지만, 계획이 부적절하거나 부적절하다고 판명된 상황, 예를 들어 "솔직한 실수."	
	2) 기술적 사건: 행동 실수. 특정한 행동이 어떤 방식으로 수행될 때 그것이 사고로 이어짐.	
	3) 인지적 사건: 물건, 위협 또는 상황(시각, 청각, 고유수용성, 또는 착시, 인지 또는 주의 실패 등)이 인적 실수를 발생	
	4) 위반 : 개인이 의도적으로 규칙과 지침을 위반	
Check	(불안전한 행동에 대한) 전제 조건 - 9개	발견 사항 간략 설명
	5) 물리적 환경: 날씨, 기후, 안개, 먼지 또는 모래폭풍(브라운 아웃) 또는 눈보라(화이트아웃)에 영향을 미치는 개인의 행동	
	6) 기술적 환경: 자동화 또는 작업 공간의 디자인이 영향. 개인의 행동	

	7) 의사소통: 상호작용. 관련된 개인 (승무원)과 팀 간 준비 또는 수행과 함께 안전하지 않은 결과를 초래한 임무 상황	
	8) (자기 강요) 스트레스: 수행할 개인의 준비를 통제하거나 좋지 않은 판단을 보임. 통제되지 않은 준비 상태가 실수에 기여	
	9) 인지 요인: 주의 관리 조건이 되는 요인. 개인의 성과와 주의관리 상태의 영향이 실수에 기여	
	10) 심리적 요인: 개인은 심리적 사건을 경험. 성능 및 이 조건을 손상하여 실수에 기여	
	11) 생리학적 요인: 생리적 사건 경험. 성능 저하	
	12) 의료/정신적 요인: 개인이 일시적으로 또는 영구적으로 대처할 수 있는 신체적 또는 정신적 능력 상황 및 이 조건은 실수에 기여	
	13) 인식 요인: 성능 저하를 초래하는 요인. 감각 입력(시각, 청각) 물건, 위협 상황	
Check	(불안전한) 감독 - 4개	발견 사항 간략 설명
	14) (알려진) 문제의 수정 실패: 감독 실패로 사고 유발. 문서/절차 결함 미수정. 사람의 불안전한 행동 감독 미흡	
	15) 부적절한 감독: 감독이 부적절하거나 위험을 식별하지 못함. 위험관리, 지침 제공, 교육 및/또는 사람의 실수 또는 안전하지 않은 결과의 초래	
	16) 계획된 부적절한 작업: 감독이 실패하는 요인. 작업과 관련된 위험 평가 시 불필요한 위험의 허용. 감독이 미숙련 직원을 허용하는 경우 자신의 능력을 넘어서는 임무를 시도. 승무원 또는 비행 구성이 부적절할 때의 임무.	
	17) 위반: 감독을 하는 동안 조직에 고의로 관리 지시, 지침, 규칙을 무시하거나 운영 지침 및 이러한 감독의 부족. 불안전한 상황 초래.	
Check	조직 (영향) - 3개	발견 사항 간략 설명
	18) 문화/분위기: 부정적 태도, 가치, 신념 또는 사기. 운영에 영향을 미치거나 운영을 증가시키는 위험	
	19) 조직 운영: 조직 프로세스, 절차, 위험 관리와 감독에 부정적 영향	
	20) 자원: 사람이나 조직이 달성해야 하는 임무가 부적절. 부적절한 상태가 시스템의 안전을 감소나 증가시킴.	

부록 3. HFACS-OGAPI 기반 인간실수 기여 요인 설문지의 개발

미국 NASA/국방부와 항공 안전센터가 개발하여 사용 중인 HFACS 조사 체크리스트와 국내와 해외 45건의 사고분석 자료를 기반으로 개발한 HFACS-OGAPI 체계를 기반으로 Table 4와 같이 인간실수 기여 요인 설문지가 개발되었다 (양정모, 2022). 여기에는 HFACS-OGAPI 체계의 5번째 법규의 영향(국가법규체계, 산업코드와 표준, 감독기관의 능력)은 빠져 있다.

조직영향 9개, 불안전한 감독 6개, 불안전한 행동 전제조건 6개 및 불안전한 행동 3개 문항으로 구성하고 요인분석을 시행하여 유의한 것을 추출하였다. Yang과 Kwon(2022)이 개발한 HFACS-OGAPI(2022)의 특성을 반영하여 24문항이 개발되었다 (양정모, 2022).

<표 3> 개발된 인간실수 기여 요인 설문지

<table>
<tr><td rowspan="2">변수</td><td>문항 수</td><td>측정척도</td></tr>
<tr><td>24</td><td>Likert 5점 척도</td></tr>
<tr><td rowspan="4">조직영향
(9)</td><td>자원관리</td><td>1. 우리 회사는 업무추진/운영/정비에 있어 안전 우선순위가 높다.
2. 우리 회사는 안전한 작업을 수행하기 위한 충분한 자원(공사 기간, 재정, 인력 등)이 투입한다.
3. 우리 회사의 교육 프로그램은 위험 상황을 인식하기에 충분하다.</td></tr>
<tr><td>조직분위기</td><td>4. 우리 회사는 안전 태도, 가치 또는 사기 저하로 사고 위험이 크다.
5. 우리 회사는 긍정적인 안전 분위기로 불안정한 상황을 관리한다.</td></tr>
<tr><td>절차</td><td>6. 우리 회사는 안전 프로세스, 절차를 준수하여 안전한 운영을 한다.
7. 근로자/종사자는 일을 정해진 기간 내에 끝내야 하는 압박감이 있다.</td></tr>
<tr><td>공정안전
문화</td><td>8. 우리 회사는 적절한 위험성 평가를 통한 안전작업허가 절차를 유지한다.
9. 우리 회사는 변경 관리를 시행하여 시설이 개선되고 위험이 줄어든다.</td></tr>
<tr><td rowspan="3">불안전한
감독
(6)</td><td>부적절한
감독</td><td>10. 관리감독자의 감독 부족으로 인해 근로자/종사자가 불안전한 행동을 한다.
11. 관리감독자가 근로자/종사자에게 위험요인에 대한 교육과 기준을 제공하지 않아 불안전한 행동을 한다.</td></tr>
<tr><td>부적절한
계획</td><td>12. 관리감독자는 위험을 적절하게 평가하지 않아 위험한 상황이 발생한다.
13. 관리감독자는 근로자/종사자의 능력을 고려하지 않고 업무지시를 하여 위험한 상황이 발생한다.</td></tr>
<tr><td>문제</td><td>14. 관리감독자는 위험 상황을 알고 있으면서 개선하지 않는다.</td></tr>
</table>

변수	문항 수	측정척도
	24	Likert 5점 척도
	미개선	
	감독 위반	15. 관리감독자가 회사의 안전 규칙과 기준을 무시한다.
불안전한 행동 전제 조건 (6)	환경 영향	16. 근로자/종사자는 날씨와 기후로 인해 불안전한 행동을 한다. 17. 근로자/종사자는 시설과 환경 부족으로 인해 불안전한 행동을 한다. 18. 협력업체가 실시하는 안전계획, 안전평가 및 위험성 평가가 부족하여 불안전한 행동을 한다.
	개인과 팀	19. 근로자가 실시하는 안전평가가 부족하여 규칙준수가 어렵다. 20. 근로자/작업자는 과도한 업무로 인하여 신체적 또는 정신적 능력이 부족을 초래하여 불안전한 행동을 한다.
	개인 요인	21. 근로자/종사자는 휴식 요구조건을 지키지 않아 불안전한 행동을 한다.
불안전한 행동 (3)	실수	22. 근로자/종사자는 부주의. 판단 부족, 의사결정 부족으로 인하여 불안전한 행동을 한다.
	위반	23. 근로자/종사자는 부주의나 습관으로 인하여 불안전한 행동을 한다. 24. 근로자/종사자는 시간 단축이나 편안함을 위해 위반을 한다.

부록 4. HFACS-OGAPI의 개발

개발된 HFACS-OGAPI의 수준은 5개이고 단계 1은 5개, 단계 2는 17개, 단계 3은 22개, 단계 4는 56개의 기여 요인으로 설정하였다 (양정모, 2022). 여기에는 5단계인 법규 영향이 특별히 추가되어 있는 점이 다른 4단계 모델과의 차이점이다. 5단계 법규 영향을 빼면 51개의 소항목으로 이루어진 4단계 HFACS 모델이 되며, 이는 부록 3에 추출되어 있다.

<표 4> HFACS-OGAPI의 개발

수준/단계	1	2	3	4
5 (5개)	법규 영향	국가법규체계	1	1) 적절한 법규 존재 여부
5 (5개)	법규 영향	산업 코드와 표준	1	2) 산업 코드와 표준 존재 여부
5 (5개)	법규 영향	감독기관의 능력	3	3) 점검 여부, 4) 점검자의 능력, 5) 문제시정 여부
4 (16개)	조직 영향	자원 관리	인적 자원-1	6) 교육
4 (16개)	조직 영향	자원 관리	비용/예산 자원-2	7) 과도한 예산삭감, 8) 투자 부족
4 (16개)	조직 영향	자원 관리	도구/설비 자원-1	9) 알려진 설계 문제 미개선
4 (16개)	조직 영향	조직 분위기	문화-1	10) 규범 및 규칙
4 (16개)	조직 영향	조직절차	운영-1	11) 시간 압박과 일정
4 (16개)	조직 영향	조직절차	절차-1	12) 절차/지침 부족
4 (16개)	조직 영향	조직절차	감독-2	13) 안전/위험 평가 프로그램, 14) 자원/분위기/절차 확인
4 (16개)	조직 영향	공정안전문화	변경 관리-2	15) 변경절차 부재, 16) 부적절한 위험성 평가
4 (16개)	조직 영향	공정안전문화	안전작업 허가-2	17) 절차 미준수, 18) 위험요인을 제거하지 않은 채 승인
4 (16개)	조직 영향	공정안전문화	위험성 평가-2	19) 위험성 평가 미실시, 20) 부적절한 위험성 평가
3 (9개)	불안전한 감독	부적절한 감독	- 3	21) 적절한 교육 제공 실패, 22) 적절한 휴식시간 제공 실패, 23) 책임 부족
3 (9개)	불안전한 감독	계획된 부적절한 운영	1	24) 적절한 감독을 제공하지 못함
3 (9개)	불안전한 감독	문제수정 실패	1	25) 부적절한 행동을 바로잡지 못함/위험한 행동을 식별하지 못함
3 (9개)	불안전한 감독	감독 위반	4	26) 규칙과 규정을 시행하지 못함, 27) 절차 위반, 28) 위험요인 승인, 29) 감독자의 고의적인 무시
2 (16개)	불안전한 행동 전제조건	환경요인	물리적 조건-1	30) 날씨와 조명
2 (16개)	불안전한 행동 전제조건	환경요인	기술적 조건-1	31) 장비/제어 설계
2 (16개)	불안전한 행동 전제조건	환경요인	계약 조건-3	32) 안전기준 포함, 33) 적절한 안전계획,

수준/단계	1	2	3	4
				34) 적절한 위험성 평가
		개인과 팀	부정적 정신상태-4	35) 상황인식 상실, 36) 스트레스, 과신, 37) 정신적 피로
			부정적 생리 생태-1	38) 육체적 피로
			신체/정신 제약-1	39) 실신
		개인 요인	승무원 자원 관리(CRM)-1	40) 팀워크 부족
			개인 준비-3	41)승무원 휴식 요구사항을 미준수, 42)부적절한 훈련, 43)부적절한 위험판단 패턴
1 (12개)	불안전한 행동	실수	기술기반 실수-3	44)체크리스트 항목 생략, 45)부주의, 46)작업 과부하, 47)불안전한 행동 습관
			결정적 실수-3	48)부적절한 조작/절차, 49)시스템/절차에 대한 부적절한 지식, 50)비상사태에 대한 잘못된 대응
		위반	일상적 위반-4	51)훈련 규칙 위반, 52)명령/규정/SOPS 위반, 53) 약간의 위험 감수, 54) 단체 규범 위반
			상황적 위반-2	55) 시간 압박, 56) 감독 부족
기여 요인	5	17	22	56

부록 5. HFACS-OGAPI의 코드화 (양정모, 2022)

개발된 HFACS-OGAPI를 보다 쉽게 분석하기 위해 엑셀 등으로 전산 분석용으로 3단계인 22개에 7개를 더 추가한 29개의 단계로 간편한 분류가 가능하도록 항목을 코드화하여 개발하였다 (양정모, 2022).

<표 5> HFACS-OGAPI의 코드화

수준/단계	1	2	3	코드
5 (3개)	법규 영향	국가법규체계		1) L5-RS-NRF
		산업 코드와 표준		2) L5-RS-ICS
		감독기관의 능력		3) L5-RS-CA
4 (10개)	조직영향	자원 관리	인적자원	4) L4-OI-RM-HR
			비용/예산 자원	5) L4-OI-RM-MB
			도구/설비자원	6) L4-OI-RM-EFR
		조직 분위기	문화	7) L4-OI-OC-C
		조직절차	운영	8) L4-OI-OP-Op
			절차	9) L4-OI-OP-P
			감독	10) L4-OI-OP-Ov
		공정안전문화	변경 관리	11) L4-OI-PSC-MOC
			안전 작업허가	12) L4-OI-PSC-PTW
			위험성 평가	13) L4-OI-PSC-RA
3 (4개)	불안전한 감독	부적절한 감독		14) L3-US-IS
		계획된 부적절한 운영		15) L3-US-PIO
		문제수정 실패		16) L3-US-FCP
		감독위반		17) L3-US-SV
2 (8개)	불안전한 행동 전제조건	환경요인	물리적 조건	18) L2-PUA-EF-PE
			기술적 조건	19) L2-PUA-EF-TE
			계약조건	20) L2-PUA-EF-CM
		개인과 팀	부정적 정신상태	21) L2-PUA-IT-AMS
			부정적 생리생태	22) L2-PUA-IT-APS
			신체/정신 제약	23) L2-PUA-IT-PML
		개인요인	승무원 자원관리	24) L2-PUA-IT-CRM
			개인 준비	25) L2-PUA-PF-PR
1 (4개)	불안전한 행동	실수	기술기반 실수	26) L1-UAO-E-SE
			결정적 실수	27) L1-UAO-E-DE
		위반	일상적 위반	28) L1-UAO-V-RV
			상황적 위반	29) L1-UAO-V-SV

부록 6. HFACS-OGAPI 코드화의 사례(양정모, 2022)

개발된 HFACS-OGAPI를 보다 쉽게 분석하기 위해 엑셀 등으로 전산 분석용으로 3단계인 22개에 7개를 더 추가한 29개의 단계로 간편한 분류가 가능하도록 항목을 코드화하여 개발하였다(양정모, 2022). 아래에서 안전공단의 사례를 통하여 점검해 보자.

<표 6> HFACS-OGAPI의 코드화 사례

<table>
<tr><td colspan="5">사고명 : 발전시설 예열기 내부 중독사고 (00 제철 발전소) #1</td></tr>
<tr><td colspan="5">출처 : 안전보건공단 (2013). 제철 부생가스 중독사고 사례연구, pp. 1-30.</td></tr>
<tr><th>발생 연월</th><th>사고유형</th><th>구분</th><th>피해 정도</th><th>출처</th></tr>
<tr><td>2013.11</td><td>질식</td><td>국내</td><td>사망</td><td>KOSHA</td></tr>
<tr><td colspan="5">사고내용: 2013년 11월 26일 충남 당진시 송악산업단지에 소재한 00파워 발전시설의 가스 예열기 내부에서 보수작업 중 가스 중독사고가 발생하여 협력업체 근로자 1명이 사망하고 8명이 중독된 사고.</td></tr>
<tr><th>수준</th><th colspan="4">HFACS-OGAPI 분석 (코드:내용)</th></tr>
<tr><td>5. 법규 영향 (0/3)</td><td colspan="4">(해당 없음)</td></tr>
<tr><td>4. 조직영향
(5/10)</td><td colspan="4">1) L4-OI-RM-EFR : 결함이 있는 설계구조 개선 실패 (BFG/LDG 부생가스 배기관/배기구 크기 부족으로 가스 일부가 BFG 예열기로 역류)
2) L4-OI-OC-C : 규범/기준 (예열기 보수작업 중 보일러 기동/차단 밸브 미차단 및 누설 여부 미확인/비상조치 계획 미흡)
3) L4-OI-OP-P : 절차/지침 (예열기 전단/후단 차단 밸브 미차단, 누설 여부 확인 절차 미준수)
4) L4-OI-PSC-PTW : 안전작업허가 (예열기 보강/예열 동시 작업 시 에너지 누설 미확인 상태로 작업허가)
5) L4-OI-PSC-RA : 위험성 평가 (누설가스로 인한 질식위험에 대한 위험성 평가 미시행)</td></tr>
<tr><td>3. 불안전한 감독
(4/4)</td><td colspan="4">1) L3-US-IS : 적절한 교육 미제공 (누설가스로 인한 질식위험에 대한 교육 미제공)
2) L3-US-PIO : 적절한 감독시간 제공실패 (일회용 산소호흡기 미착용 개선 실패, 가스누설확인 감독 미시행)
3) L3-US-FCP : 불안전한 행동/위험 행동 개선 실패 (일회용 산소호흡기 미착용 행동, 가스누설 미확인 행동 개선 실패)
4) L3-US-SV : 위험 상황을 의도적으로 묵인 (일회용 산소호흡기 미착용, 가스누설 미확인과 같은 위험 상황을 의도적으로 묵인)</td></tr>
<tr><td>2. 불안전한 행동 전제 조건 (2/8)</td><td colspan="4">1) L2-PUA-EF-CM : 공사 위험성 평가 시행/적정 여부 (건설 시험 운전을 맡은 수급인은 현장과 일치하지 않는 연료 배관과 환기구(vent) 도면 제공 (수급인의 역량)
2) L2-PUA-PF-PR : 부적절한 교육 (차단 밸브 차단/누설 여부 확인 지식 미흡)</td></tr>
<tr><td>1. 불안전한 행동
(2/4)</td><td colspan="4">1) L1-UAO-V-RV : 단체위반(묵인) (예열기 보수작업 중 보일러 기동/차단 밸브 미차단 및 누설 여부 미확인/비상조치 계획 위반)
2) L1-UAO-V-SV : 감독 부재 (차단 밸브 미차단, 질식위험 예방조치 위반)</td></tr>
</table>

부록 7. 홀라겐 교수의 4대 역량 중 대응역량 군용 설문지의 개발

안전탄력성(Resilience) 역량 설문지를 작성하기 위해 Hollnagel이 개발한 안전탄력성 분석 격자 (Resilience Analysis Grid: RAG)의 4대 역량(대응, 관찰, 학습, 예측)을 기반으로 설문 문항의 구성은 대응(responding) 역량 10항목, 관찰(monitoring) 역량 10항목, 학습(learning) 역량 10문항, 예측(anticipating) 역량 10문항 총 40문항으로 수정 구성하였다.

Hollnagel이 개발한 문항(RAG)은 기본으로 하고 윤완철 & 양정열(2019), 이지희 외(2018), 홍성호 외(2020), 추찬호 외(2020)를 기반으로 군대의 핵심역량을 검증하기 위한 용도로 수정한 설문 문항을 개발하였다 (김무천, 2023). 대응역량이란 무엇을 해야 할지 알고 현재의 기능을 조정함으로써 위험 및 기회에 대응할 수 있는 능력이다.

<표 7> 안전탄력성 분석 격자 (RAG)의 대응 역량(대응, 관찰, 학습, 예측)

번호	내용	전혀 그렇지 않다	그렇지 않다	보통 이다	그렇다	매우 그렇다.
1	우리 부대는 사고 발생 가능성이 있는 사고 목록(list)들을 준비하고 있다.	①	②	③	④	⑤
2	우리 부대는 사고 발생 가능성이 있는 사고 목록을 준비하는 데 있어 경험, 규제, 위험성 평가, 관련 표준 등을 활용하여 검토한다.	①	②	③	④	⑤
3	우리 부대는 사고대응을 하기 위한 인적, 물적, 기술적, 전문지식 등 자원이 적절하다.	①	②	③	④	⑤
4	우리 부대는 “비상” 상태에서 “정상” 상태(일상적인 상태)로 돌아오기 위한 기준이 있다.	①	②	③	④	⑤
5	우리 부대는 대응하는 방법이 올바른지, 정상 상태의 기준이 올바른지 등 대응 활동의 유효성을 정기적으로 점검하고 보완한다(범위, 정상 상태 기준, 내용, 방법 등).	①	②	③	④	⑤
6	우리 부대는 관찰, 학습, 예측의 결과를 대응능력을 보완한다.	①	②	③	④	⑤
7	우리 부대는 대응의 결과와 내용을 학습하고 공유한다(피드백).	①	②	③	④	⑤
8	우리 부대의 의사결정자(지휘관) 또는 조직은 대응과 관련된 전문성을 가지고 있다	①	②	③	④	⑤
9	우리 부대는 대응을 수행하는 사람들이 각각의 경우에 대비하여 개개인이 과정과 방법을 미리 준비하고 있다.	①	②	③	④	⑤
10	우리 부대는 한쪽에 치우치지 않도록 안정성과 생산성(과업) 사이의 균형을 적절하게 유지한다.	①	②	③	④	⑤

부록 8. 홀라겔 교수의 4대 역량 중 관찰역량 군용 설문지의 개발

Hollnagel이 개발한 문항(RAG)은 기본으로 하고 윤완철 & 양정열(2019), 이지희 외(2018), 홍성호 외(2020), 추찬호 외(2020)를 기반으로 군대의 핵심역량을 검증하기 위한 용도로 수정한 설문 문항을 개발하였다 (김무천, 2023). 관찰(monitoring) 역량이란 무엇을 찾아야 하는지 알고 시스템 성능 및 환경을 포함해 운영에 영향을 미치는 변화를 탐지하는 능력이다.

<표 8> 안전탄력성 분석 격자 (RAG)의 관찰 역량(대응, 관찰, 학습, 예측)

번호	내용	전혀 그렇지 않다	그렇지 않다	보통 이다	그렇다	매우 그렇다
1	우리 부대는 발생 가능성이 있는 사고에 대한 관찰 목록들은 잘 관리되고 있다	①	②	③	④	⑤
2	우리 부대는 관찰 지표의 목록을 정기 또는 수시로 경험, 규제, 위험성 평가, 관련 표준 등을 활용하여 수정/보완한다..	①	②	③	④	⑤
3	우리 부대의 아차사고 보고횟수, 안전교육 실시횟수, 사고건수 등 관찰 지표의 형태와 종류는 적절하다.	①	②	③	④	⑤
4	우리 부대는 아차사고 보고횟수, 안전교육 실시횟수, 사고건수 등 관찰 지표를 자주 측정하고 수집한다..	①	②	③	④	⑤
5	우리 부대의 관찰 지표는 측정하는 것이 무엇인지 충분히 의미를 반영하고 있다.	①	②	③	④	⑤
6	우리 부대의 관찰 지표는 빠뜨리는 정보 없이 정확하게 지표에 반영하고 있다.	①	②	③	④	⑤
7	우리 부대는 관찰하기 위한 인적, 물적, 기술적, 전문지식 등의 자원이 적절하다.	①	②	③	④	⑤
8	우리 부대는 관찰 지표의 측정, 분석, 해석 등의 정보를 조직 내에 잘 전달하고 활용한다(피드백)..	①	②	③	④	⑤
9	우리 부대는 관찰을 통해 감지된 위험요인을 현장 활동에 즉각적으로 반영한다..	①	②	③	④	⑤
10	우리 부대는 관찰 지표가 시기적절하게 활용될 수 있도록 자료 분석 시간이 적절하다.	①	②	③	④	⑤

부록 9 홀라겔 교수의 4대 역량 중 학습역량 군용 설문지의 개발

Hollnagel이 개발한 문항(RAG)은 기본으로 하고 윤완철 & 양정열(2019), 이지희 외(2018), 홍성호 외(2020), 추찬호 외(2020)를 기반으로 군대의 핵심역량을 검증하기 위한 용도로 수정한 설문 문항을 개발하였다 (김무천, 2023). 학습(learning) 역량이란 무슨 일이 일어났는지 알고 있으며 이를 통해 무엇을 학습해야 할지를 알고 있는 능력이다.

<표 9> 안전탄력성 분석 격자 (RAG)의 학습 역량(대응, 관찰, 학습, 예측)

번호	내용	전혀 그렇지 않다	그렇지 않다	보통 이다	그렇다	매우 그렇다
1	우리 부대는 어떤 내용의 보고와 공유에 대한 명확한 규정과 계획이 있다.	①	②	③	④	⑤
2	우리 부대는 보고 및 공유를 위한 공식적 절차가 있다. (사고 및 사건 분석, 현상 분석, 통계 등)	①	②	③	④	⑤
3	우리 부대는 사고(실패)뿐만 아니라 정상적인 상황에서의 성공 요건에서도 배우려고 한다.	①	②	③	④	⑤
4	우리 부대의 보고와 공유는 적절한 시간 내에 이루어진다.	①	②	③	④	⑤
5	우리 부대의 보고와 공유의 책임(또는 의무)은 명확히 부여되어 있다.	①	②	③	④	⑤
6	내가 소속된 조직은 학습을 정기적으로 이루어진다.	①	②	③	④	⑤
7	우리 부대는 효과적인 학습활동을 위해서 적절한 자원(IT, 책, 자료 등)을 제공한다.	①	②	③	④	⑤
8	학습한 것은 유용하게 사용되고, 규정, 절차, 훈련 개선, 지식 축적, 업무 재설계와 재조직 등으로 피드백이 된다.	①	②	③	④	⑤
9	우리 부대는 아차사고와 같은 학습할 정보를 제공할 기회가 장려되고 있다.	①	②	③	④	⑤
	예시로, 아차사고를 공유함으로써 다른 사람들이 경험을 학습할 수 있으므로 숨기지 않고 보고할 수 있게끔 되어있는지 등을 의미					
10	우리 부대는 학습을 위한 정보의 사고분석과 통계를 내는데 필요한 전문성이 있다.	①	②	③	④	⑤

부록 10. 홀라겐 교수의 4대 역량 중 예측역량 군용 설문지의 개발

Hollnagel이 개발한 문항(RAG)은 기본으로 하고 윤완철 & 양정열(2019), 이지희 외(2018), 홍성호 외(2020), 추찬호 외(2020)를 기반으로 군대의 핵심역량을 검증하기 위한 용도로 수정한 설문 문항을 개발하였다 (김무천, 2023). 예측(anticipating) 역량이란 무엇을 예측해야 할지 알고 잠재적인 위협 및 기회와 같은 미래 발전을 예측할 수 있는 능력이다.

<표 10> 안전탄력성 분석 격자 (RAG)의 예측 역량(대응, 관찰, 학습, 예측)

번호	내용	전혀 그렇지 않다	그렇지 않다	보통 이다	그렇다	매우 그렇다
1	우리 부대는 안전목표를 세워 미래를 예측하고자 한다.	①	②	③	④	⑤
2	우리 부대는 미래에 대한 예측 결과를 조직의 활동(관찰, 학습, 대응 등)이나 의사결정에 적절히 활용한다.	①	②	③	④	⑤
3	우리 부대는 미래의 어떤 위험이나 기회가 있는지를 정기적으로 확인하고 평가한다.	①	②	③	④	⑤
4	우리 부대는 미래의 위험을 수용할지를 판단할 수 있는 명확한 기준을 갖고 있다.	①	②	③	④	⑤
5	우리 부대는 위험에 대한 인식이 업무 내용으로 명시되어 있고, 담당자뿐만 아니라 위험 요소의 중대성과 심각성을 공감하고 있다.	①	②	③	④	⑤
6	우리 부대는 예측 대상의 범위를 정해놓고 있다.	①	②	③	④	⑤
7	우리 부대는 다가올 사고 위험요인을 예측하기 위한 프로그램이나 분석 도구(Tool)를 가지고 있다.	①	②	③	④	⑤
8	우리 부대는 내부 및 외부(민간)에 미래를 예측할 수 있는 전문가 또는 전문지식을 갖추고 있다.	①	②	③	④	⑤
9	우리 부대의 안전 관련 일정은 조직의 핵심 업무(훈련)와 일치한다.	①	②	③	④	⑤
10	우리 부대는 잠재적인 위협에 관련된 것을 보고하기 쉽다.	①	②	③	④	⑤

사고조사 개론

1판1쇄 2023년 12월 30일

저자 권영국
발행인 이경화

발행처 디자인21
주소 04560 서울특별시 중구 퇴계로 293-1 3층
전화 02-2269-6561(대)
팩스 02-2269-6568
이메일 21publish@naver.com
블로그 https://blog.naver.com/publish21
홈페이지 https://21publish.co.kr

등록번호 제1-1128호
등록일자 1991.2.12

ISBN 978-89-6131-136-6 93500

정가 25,000원